普.通.高.等.学.校
计算机教育"十三五"规划教材

SQL SERVER 2016
DATABASE COURSE

U0225606

SQL Server 2016

数据库教程

附微课视频 第4版

郑阿奇 刘启芬 顾韵华 | 主编

人民邮电出版社
北 京

图书在版编目（CIP）数据

SQL Server 2016 数据库教程：附微课视频 / 郑阿奇，刘启芬，顾韵华主编. -- 4版. -- 北京：人民邮电出版社，2019.2

普通高等学校计算机教育"十三五"规划教材

ISBN 978-7-115-49996-7

Ⅰ. ①S… Ⅱ. ①郑… ②刘… ③顾… Ⅲ. ①关系数据库系统—高等学校—教材 Ⅳ. ①TP311.132.3

中国版本图书馆CIP数据核字(2018)第248221号

内 容 提 要

SQL Server 是目前流行的关系数据库管理系统。本书在重点介绍 SQL Server 基本功能的基础上，突出应用 SQL Server 数据库解决问题。内容包含 3 部分：数据库基础及 SQL Server、实验和实习。

数据库基础及 SQL Server 部分包含 10 章，第 1 章简要介绍数据库的基本概念，第 2 章到第 10 章系统介绍 SQL Server 2016，分界面和 T-SQL 命令两种方式，并通过 9 个实验消化 SQL Server 基本内容。实习部分包含 6 个 SQL Server 2016 综合实例。在进行 SQL Server 2016 综合实例数据库准备过程中，本书浓缩了创建数据库、表结构、表记录操作、视图、触发器、完整性、存储过程等数据库的基本对象。开发平台综合实例包括 PHP、JavaEE、ASP.NET、Visual C#、Python 和 VB 6.0 开发 SQL Server 数据库等，每一个应用实现功能相同，突出操作数据库的主要方式，读者掌握了这些内容，这些应用的其他功能乃至设计新的应用系统就能够完成。

本书可作为大学本科和高职 SQL Server 数据库的教材，也可用作程序员学习 SQL Server 应用的参考书。

♦ 主　编　郑阿奇　刘启芬　顾韵华
　责任编辑　刘　尉
　责任印制　彭志环
♦ 人民邮电出版社出版发行　　北京市丰台区成寿寺路 11 号
　邮编　100164　电子邮件　315@ptpress.com.cn
　网址　http://www.ptpress.com.cn
　固安县铭成印刷有限公司印刷
♦ 开本：787×1092　1/16
　印张：21　　　　　　2019 年 2 月第 4 版
　字数：553 千字　　　2025 年 1 月河北第 9 次印刷

定价：59.80 元

读者服务热线：**(010)81055256**　印装质量热线：**(010)81055316**
反盗版热线：**(010)81055315**

第 4 版前言

SQL Server 是微软开发的关系数据库管理系统，SQL Server 2016 在已经简化的企业数据管理基础上再次简化了数据库分析方式，通过强化分析来深入接触那些需要管理的数据。

SQL Server 作为目前较流行的数据库管理系统，许多高校均将其列入教学内容。本书继承了《SQL Server 2012 数据库教程（第 3 版）》的成功经验，重点介绍 SQL Server 2016 的基本功能并用其解决问题。全书包含了数据库基础和 SQL Server、实验和实习 3 部分的内容。各部分的内容概述如下。

（1）数据库基础和 SQL Server 部分。第 1 章简要介绍数据库的基本概念；第 2 章到第 10 章系统介绍 SQL Server 2016，所有的操作均介绍界面和 T-SQL 命令两种方式。

（2）实验部分。该部分提供了 9 个实验，包括 SQL Server 2016 环境，创建数据库和表，表数据插入、修改和删除，数据库的查询和视图，T-SQL 编程，索引和数据完整性的使用，存储过程和触发器的使用，数据库的备份恢复与导入导出和数据库的安全性，力求使读者消化 SQL Server 2016 相关内容。

（3）实习部分。在 SQL Server 2016 综合实例数据库准备的基础上，介绍当前流行的 6 个开发平台对 SQL Server 2016 的综合应用。

在进行 SQL Server 2016 综合实例数据库准备过程中，本书简要回顾了创建和应用数据库、表结构、表记录操作、视图、触发器、完整性、存储过程等数据库的基本对象。开发平台综合实例包括 PHP 开发 SQL Server 综合实例、JavaEE 开发 SQL Server 综合实例、ASP.NET 开发 SQL Server 综合实例、Visual C#开发 SQL Server 综合实例、Python 开发 SQL Server 综合实例和 VB 6.0 开发 SQL Server 综合实例，包含了当前流行的 C/S 和 B/S 方面的典型应用。每一个应用不是突出功能的完备，而是突出它与数据库操作的主要方式。读者掌握了这些内容，就能够完成这些应用的其他功能乃至设计新的应用系统。

为了便于教学，本书配有 PPT 课件、SQL Server 综合实例源程序文件、数据库文件等，读者可以到人邮教育社区（http://www.ryjiaoyu.com）免费下载。

本书由南京师范大学郑阿奇、刘启芬和南京信息工程大学顾韵华主编。参加本书编写的还有周怡明、刘博宇、郑进、陶卫冬、严大牛、吴明祥、邓拼搏、刘建、刘忠等。

由于编者水平有限，书中不当之处在所难免，敬请读者指正。

编　者
2018 年 8 月

目录

第1章
数据库的基本概念

SQL Server 是 Microsoft 公司开发的数据库管理系统，在介绍 SQL Server 之前，首先来了解一下数据库的基本概念。

1.1 数 据 库

为了让读者了解数据库，需要先介绍数据库系统、数据库模型和数据库语言。

1.1.1 数据库系统

1. 数据库

数据库、数据库系统

数据库（DB）是存放数据的仓库。这些数据存在一定的关联，并按一定的格式存放在计算机上。从广义上讲，数据不仅包含数字，还包括文本、图像、音频、视频等。

例如，把一个学校的学生、课程、学生成绩等数据有序地组织并存放在计算机内，就可以构成一个数据库。因此，数据库是由一些持久的相互关联的数据的集合组成，并以一定的组织形式存放在计算机的存储介质中。数据库是事务处理、信息管理等应用系统的基础。

2. 数据库系统

数据库管理系统（DBMS）按一定的数据模型组织数据、管理数据库。数据库应用系统通过 DBMS 提供的接口操作数据库，数据库管理员（DBA）通过 DBMS 提供的界面管理操作数据库。

数据、数据库、数据库管理系统与操作数据库的应用程序，加上支撑它们的硬件平台、软件平台和与数据库有关的人员一起构成了一个完整的数据库系统。图 1.1 描述了数据库系统的构成。

图 1.1　数据库系统的构成

1.1.2 数据模型

数据模型是指数据库管理系统中数据的存储结构。数据库管理系统根据数据模型对数据进行存储和管理。

1. 常见的数据模型

常见的数据模型有：层次模型、网状模型和关系模型。

（1）层次模型

层次模型是最早用于商品数据库管理系统的数据模型。它以树状层次结构组织数据。树形结构的每个节点表示一个记录类型，记录之间的联系是一对多的。位于树形结构顶部的节点称为根节点，层次模型有且仅有一个根节点。根节点以外的其他节点有且仅有一个父节点。图 1.2 所示为某学校按层次模型组织的数据示例。

图 1.2　某学校按层次模型组织的数据示例

层次模型结构简单，容易实现，对于某些特定的应用系统效率很高，但如果需要动态访问数据（如增加或修改记录类型）时，效率并不高。另外，对于一些非层次性结构（如多对多联系），层次模型表达起来比较烦琐和不直观。

（2）网状模型

网状模型可以看作是层次模型的一种扩展。它采用网状结构组织数据，每个节点表示一个记录类型，记录之间的联系是一对多的。一个节点可以有一个或多个父节点和子节点，这样，数据库中的所有数据节点就构成了一个复杂的网络。图 1.3 所示为按网状模型组织的数据示例。

图 1.3　按网状模型组织的数据示例

与层次模型相比，网状模型具有更大的灵活性，更直接地描述现实世界，性能和效率也较好。网状模型的缺点是结构复杂，用户不易掌握。

（3）关系模型

关系模型是目前应用最多、最为重要的一种数据模型。关系模型建立在严格的数学概念基础上，以二维表格（关系表）的形式组织数据库中的数据，二维表由行和列组成。从用户观点看，关系模型是由一组关系组成的，关系之间通过公共属性产生联系。每个关系的数据结构是一个规范化的二维表，所以一个关系数据库就是由若干个表组成的。图 1.4 所示为按关系模型组织的数据示例。

"学生"表

学　号	姓　　名	性　　别	出生时间	专　业	总学分	备　注
081101	王林	男	1990-02-10	计算机	50	三好学生
081103	王燕	女	1989-10-06	计算机	50	三好学生

"成绩"表

学　　号	课程号	成　绩
081101	101	80
081103	102	70

"课程"表

课程号	课　程　名	开课学期	学　　时	学　　分
101	计算机基础	1	80	5
102	程序设计与语言	2	68	4

图 1.4　按关系模型组织的数据示例

在图中显示的关系模型中，描述学生信息时使用的"学生"表涉及的主要信息有：学号、姓名、性别、出生时间、专业、总学分及备注。

表格中的一行称为一个记录，一列又称为一个字段，每列的标题称为字段名。如果给关系表取一个名字，则有 n 个字段的关系表的结构可表示为：关系表名（字段名 1，……，字段名 n），通常把关系表的结构称为关系模式。

在关系表中，如果一个字段或几个字段组合的值可唯一标识其对应记录，则称该字段或字段组合为码。例如，学生的"学号"可唯一标识每一个学生，则"学号"字段为"学生"表的码。有时一个表可能有多个码，对于每一个关系表通常可指定一个码为"主码"，在关系模式中，一般用下画线标出主码。

设"学生"表的名字为 XSB，关系模式可表示为：XSB（学号，姓名，性别，出生时间，专业，总学分，备注）。

从图 1.4 可以看出，按关系模型组织数据表达方式简洁、直观，插入、删除、修改操作方便，而按层次、网状模型组织数据表达方式，操作比较复杂。因此，关系模型得到广泛应用，关系型数据库管理系统（RDBMS）成为主流。目前，比较流行的关系型数据库管理系统包括 SQL Server、Access、Oracle、Sybase、MySQL、DB2 等。

SQL Server 是由 Microsoft 公司开发的 Windows 平台大中型关系数据库管理系统。SQL Server 版本从 SQL Server 6.5、SQL Server 7.0、SQL Server 2000、SQL Server 2005、SQL Server 2008 到 SQL Server 2012、SQL Server 2014，SQL Server 2016 也已经上市。本书主要介绍 SQL Server 2016。

2. 其他数据模型

随着信息管理内容的不断扩展和新技术的层出不穷，数据库技术面临着前所未有的挑战。面对新的数据形式，除了层次模型、网状模型、关系模型，人们提出了丰富多样的数据模型，例如面向对象模型、半结构化模型等。同时也提出了众多新的数据库技术（XML 数据管理、数据流管理、Web 数据集成、数据挖掘等）。

3. 流行关系数据库产品

关系数据库分为两类：一类是桌面数据库，另一类是客户/服务器数据库。

一般而言，桌面数据库用于小型的、单机的应用程序，它不需要网络和服务器，实现起来比较方便，但它只提供数据的存取功能。例如 Access、FoxPro、Excel 和 dBase 等。

客户/服务器数据库主要适用于大型的、多用户的数据库管理系统，包括两部分：一部分驻留在客户机上，用于向用户显示信息及实现与用户的交互；另一部分驻留在服务器中，主要用来实现对数据库的操作和对数据的计算处理。

例如，大型关系型数据库管理系统一般为 Oracle，SQL Server、DB2、Ingers、Informix 和 Sybase 等。小型关系型数据库管理系统一般为 MySQL、PostgreSQL 和 SQLite。其中 SQLite 是一个强大的嵌入式关系型数据库管理系统；MySQL 是最流行的 RDBMS；PostgreSQL 是最先进 SQL 型开源 objective-RDBMS。

在开发数据库应用程序时，也可以将它们放在一台计算机上进行调试，调试完成后再把数据库放到服务器上。

1.1.3 关系型数据库语言

关系型数据库除了通过 DBMS 操作外，还可用关系型数据库的标准语言——SQL（Structured Query Language，结构化查询语言）操作。SQL 语言是用于关系数据库查询的结构化语言，功能包括数据查询、数据操纵、数据定义和数据控制 4 部分。

一般来说，关系型数据库管理系统均支持 SQL 语言，但每家关系型数据库管理系统都对 SQL 语言的功能进行了扩展。例如，SQL Server 数据库系统支持的是 Transact-SQL（简称 T-SQL），而 Oracle 数据库所使用的 SQL 语言则是 PL-SQL。所以，不同数据库管理系统之间的 SQL 语言不能完全通用。

1.2 数据库设计

数据库设计是将业务对象转换为表等数据库对象的过程。

关系型数据库的设计分为 6 个阶段：需求分析、概念结构设计、逻辑结构设计、物理结构设计、数据库实施、数据库运行与维护。其中需求分析是通过详细调查现实世界要处理的对象，明确用户的各种需求，在此基础上确定系统的功能。在需求分析的基础上，进行数据库设计，包括概念结构设计、逻辑结构设计、物理结构设计。数据库实施就是在数据库设计完成后由数据库管理员（DBA）在 DBMS 上进行操作，完成设计。运行与维护就是数据库投入使用，DBA 对数据库进行管理、维护和处置，保证正常运行。这里仅介绍概念结构设计、逻辑结构设计和物理结构设计。

1.2.1 概念结构设计

概念结构设计

通常，把每一类数据对象的个体称为"实体"，而每一类对象个体的集合称为"实体集"。例如，在管理学生所选课程的成绩时，主要涉及"学生"和"课程"两个实体集。

其他非主要的实体可以很多，例如，班级、班长、任课教师、辅导员等。把每个实体集涉及的信息项称为属性。就"学生"实体集而言，它的属性有学号、姓名、性别、出生时间、专业、总学分、备注；"课程"实体集的属性有课程号、课程名、开课学期、学时和学分。

第1章 数据库的基本概念

实体集"学生"和实体集"课程"之间存在"选课"的关系，通常把这类关系称为"联系"，将实体集及实体集联系的图称为 E-R 模型。E-R 模型的表示方法如下。

（1）实体集采用矩形框表示，框内为实体名。

（2）实体的属性采用椭圆框表示，框内为属性名，并用无向边与其相应实体集连接。

（3）实体间的联系采用菱形框表示，联系以适当的含义命名，名字写在菱形框中，用无向边将参加联系的实体矩形框分别与菱形框相连，并在连线上标明联系的类型，即 1:1、1:n 或 m:n。

（4）如果一个联系有属性，则这些属性也应采用无向边与该联系连接起来。

因此，E-R 模型也称为 E-R 图。关系数据库的设计者通常使用 E-R 图来对信息世界建模。从分析用户项目涉及的数据对象及数据对象之间的联系出发，到获取 E-R 图的这一过程就称为概念结构设计。

两个实体集 A 和 B 之间的联系可能是以下 3 种情况之一。

1. 一对一的联系（1:1）

A 中的一个实体至多与 B 中的一个实体相联系，B 中的一个实体也至多与 A 中的一个实体相联系。例如，"班级"与"班长"这两个实体集之间的联系是一对一的联系，因为一个班只有一个班长，反过来，一个班长只属于一个班。"班级"与"班长"两个实体集的 E-R 模型如图 1.5 所示。

2. 一对多的联系（1:n）

A 中的一个实体可以与 B 中的多个实体相联系，而 B 中的一个实体至多与 A 中的一个实体相联系。

图 1.5 "班级"与"班长"两个实体集 E-R 模型

例如，"班级"与"学生"这两个实体集之间的联系是一对多的联系，因为，一个班可有若干学生，反过来，一个学生只能属于一个班。"班级"与"学生"两个实体集的 E-R 模型如图 1.6 所示。

3. 多对多的联系（m:n）

A 中的一个实体可以与 B 中的多个实体相联系，而 B 中的一个实体也可与 A 中的多个实体相联系。例如，"学生"与"课程"这两个实体集之间的联系是多对多的联系，因为，一个学生可选多门课程；反过来，一门课程可被多个学生选修，每个学生选修了一门课以后都有一个成绩。"学生"与"课程"两个实体集的 E-R 模型如图 1.7 所示。

图 1.6 "学生"与"班级"两个实体集的 E-R 模型

图 1.7 "学生"与"课程"两个实体集的 E-R 模型

5

关系模式

1.2.2　逻辑结构设计

用 E-R 图描述学生成绩管理系统中实体集与实体集之间的联系，目的是以 E-R 图为工具，设计出关系模式，即确定应用系统所使用的数据库应包含的表和表的结构。通常这一设计过程就称为逻辑结构设计。

1.（1∶1）联系的 E-R 图到关系模式的转换

对于（1∶1）的联系，既可单独对应一个关系模式，也可以不单独对应一个关系模式。

（1）联系单独对应一个关系模式，则由联系属性、参与联系的各实体集的主码属性构成关系模式，其主码可选参与联系的实体集的任一方的主码。

例如，图 1.5 描述的"班级（bjb）"与"班长（bzb）"实体集通过"属于（syb）"联系的 E-R 模型可设计如下关系模式：

bjb（<u>班级编号</u>，院系，专业，人数）

bzb（<u>学号</u>，姓名）

syb（<u>学号</u>，班级编号）

（2）联系不单独对应一个关系模式，联系的属性及一方的主码加入另一方实体集对应的关系模式中。

例如，图 1.5 的 E-R 模型可设计如下关系模式：

bjb（<u>班级编号</u>，院系，专业，人数）

bzb（<u>学号</u>，姓名，班级编号）

或者

bjb（<u>班级编号</u>，院系，专业，人数，学号）

bzb（<u>学号</u>，姓名）

2.（1∶n）联系的 E-R 图到关系模式的转换

对于（1∶n）的联系既可单独对应一个关系模式，也可以不单独对应一个关系模式。

（1）联系单独对应一个关系模式，则由联系的属性、参与联系的各实体集的主码属性构成关系模式，n 端的主码作为该关系模式的主码。

例如，图 1.6 描述的"班级（bjb）"与"学生（xsb）"实体集的 E-R 模型可设计如下关系模式：

bjb（<u>班级编号</u>，院系，专业，人数）

xsb（<u>学号</u>，姓名，性别，出生时间，专业，总学分，备注）

syb（<u>学号</u>，班级编号）

（2）联系不单独对应一个关系模式，则将联系的属性及 1 端的主码加入 n 端实体集对应的关系模式中，主码仍为 n 端的主码。

例如，图 1.6 "班级（bjb）"与"学生（xsb）"实体集 E-R 模型可设计如下关系模式：

bjb（<u>班级编号</u>，院系，专业，人数）

xsb（<u>学号</u>，姓名，性别，出生时间，专业，总学分，备注，班级编号）

3.（m∶n）联系的 E-R 图到关系模式的转换

对于（m∶n）的联系，单独对应一个关系模式，该关系模式包括联系的属性、参与联系的各实体集的主码属性，该关系模式的主码由各实体集的主码属性共同组成。

例如，图 1.7 描述的"学生（xsb）"与"课程（kcb）"实体集之间的联系可设计如下关系模式：

xsb（<u>学号</u>，姓名，性别，出生时间，专业，总学分，备注）

kcb（<u>课程号</u>，课程名称，开课学期，学时，学分）

cjb（学号，课程号，成绩）

关系模式 cjb 的主码是由"学号"和"课程号"两个属性组合构成的，一个关系模式只能有一个主码。

1.2.3　物理结构设计

数据库在物理设备上的存储结构与存取方法称为数据库的物理结构。数据库的物理结构设计通常分为 2 步：

（1）确定数据库的物理结构，在关系数据库中主要指存取方法和存储结构；

（2）对物理结构进行评价，评价的重点是时间和空间效率。

1.3　数据库应用系统

C-S-B-S 应用系统

Microsoft 公司开发的 SQL Server 数据库管理系统是当前最流行的数据库管理系统。它提供 T-SQL 命令、界面和应用程序接口来操作数据库。T-SQL 命令和界面是 DBA、数据库开发人员操作数据库的工具，普通人员需要由专门设计的数据库应用系统界面来操作数据库。数据库应用系统通过 SQL Server 应用程序接口实现对 SQL Server 数据库的操作。

数据库应用系统可以采用客户-服务器（C/S）模式应用系统和三层客户-服务器（B/S）模式应用系统。

1.3.1　C/S 模式应用系统

客户-服务器（C/S）模式应用系统操作数据库方式如图 1.8 所示。由于应用程序直接与用户打交道，而数据库管理系统不直接与用户打交道，因而应用程序被称为"前台"，而数据库管理系统被称为"后台"。由于应用程序向数据库管理系统提出服务请求，故通常称为客户程序（Client）；而数据库管理系统为应用程序提供服务，故通常称为服务器程序（Server），这种操作数据库模式称为客户-服务器（C/S）模式。

目前，开发数据库应用系统比较流行的工具包括 Visual C#、Visual Basic、Visual C++、Visual FoxPro、Delphi、PowerBuilder 等。

应用程序和数据库管理系统可以运行在同一台计算机上（单机方式），也可以运行在网络方式下。在网络方式下，数据库管理系统在网络上的一台主机上运行，应用程序可以在网络上的多台

图 1.8　三者之间的关系

主机上运行，即一对多的方式。例如，用 Visual Basic 开发的客户-服务器（C/S）模式学生成绩管理系统的学生信息输入界面如图 1.9 所示。

1.3.2　B/S 模式应用系统

基于 Web 的数据库应用采用三层客户–服务器模式，也称为 B/S 结构。第一层为浏览器，第二层为 Web 服务器，第三层为数据库服务器。浏览器是用户输入数据和显示结果的交互界面。用户在浏览器表单中输入数据，然后将表单中的数据提交并发送到 Web 服务器。Web 服务器应用程序接收并处理用户的数据，通过数据库服务器，从数据库中查询需要的数据并返回给 Web 服务器。Web 服

务器再把返回的结果插入 HTML 页面，传送到客户端，在浏览器中显示出来。三层客户-服务器结构如图 1.10 所示。

图 1.9　C/S 模式的学生成绩管理系统界面

图 1.10　三层客户-服务器结构

目前，流行的开发 B/S 结构应用数据库的工具主要包括 ASP.NET、Java EE、PHP 等。例如，用 ASP.NET 开发的三层客户-服务器（B/S）模式的学生成绩管理系统中，学生增加/删除页面如图 1.11 所示。

图 1.11　B/S 模式的学生成绩管理系统页面

习　题

一、选择题

1. SQL Server 是（　　）。

    A．数据库　　　　　　　B．DBA　　　　　　　C．DBMS　　　　　　　D．数据库系统

2. SQL Server 组织数据采用（　　　）。

　　A. 层次模型　　　　　B. 网状模型　　　　C. 关系模型　　　　D. 数据模型

3. （　　　）是实体属性。

　　A. 形状　　　　　　　B. 汽车　　　　　　C. 盘子　　　　　　D. 高铁

4. 在数据库管理系统中设计表属于（　　　）。

　　A. 概念结构设计　　　B. 逻辑结构设计　　C. 物理结构设计　　D. 数据库设计

5. 图书与读者之间是（　　　）。

　　A. 一对一关系　　　　B. 多对一关系　　　C. 多对多关系　　　D. 一对多关系

6. SQL Server 用户通过（　　　）操作数据库对象。

　　A. DBMS　　　　　　B. SQL　　　　　　C. T-SQL　　　　　D. 应用程序

7. 用（　　　）平台开发的程序是 C/S 程序。

　　A. Java EE　　　　　B. PHP　　　　　　C. Visual C#　　　　D. ASP.NET

8. 下列说法错误的是（　　　）。

　　A. 数据库通过文件存放在计算机中　　　B. 数据库中的数据具有一定的关系

　　C. 浏览器中的脚本可操作数据库　　　　D. 浏览器中运行的文件存放在服务器中

二、说明题

1. 什么是数据、数据库、数据库管理系统、数据库管理员、数据库系统？

2. 关系数据模型的主要特征是什么？当前流行的关系数据库管理系统有哪些？

3. 采用什么方式操作关系数据库？

4. 某高校中有若干个系部，每个系部都有若干个年级和教研室，每个教研室有若干个教师，其中，教授和副教授每人带若干个研究生，每个年级有若干个学生，每个学生选修若干门课程，每门课可由若干个学生选修，试用 E-R 图描述此学校的关系概念模型。

5. 定义并解释概念模型中的以下术语：实体、属性、码、E-R 图。

6. 试举出一个自己身边的关系模型，并用 E-R 图来描述。

7. 试描述 SQL 语言的特点。

第2章
数据库创建

创建数据库是对该数据库进行操作的前提，在 SQL Server 环境下，创建数据库有两种方式：一种是通过界面方式创建数据库，另一种是通过命令方式创建数据库。在创建 SQL Server 数据库前，先认识一下 SQL Server 数据库和数据库包含的对象。

2.1 SQL Server 数据库

对于 SQL Server 数据库，从使用数据库的角度来说，它是一个逻辑数据库，只需要知道如何操作它就可以。从数据库保存角度来说，它是物理数据库，需要关心包含哪些文件、文件大小、存放位置等。

2.1.1 逻辑数据库

SQL Server 数据库是存储数据的容器，是一个由存放数据的表和支持这些数据的存储、检索、安全性和完整性的逻辑成分所组成的集合，组成数据库的逻辑成分称为数据库对象。SQL Server 的数据库对象主要包括表、视图、索引、存储过程、触发器和约束等。

1. 数据库对象

数据库是一个容器，主要存放数据库对象。下面先简单介绍一下 SQL Server 中所包含的常用数据库对象。

● 表：表是最主要的数据库对象。表由行和列组成，因此也称为二维表。表是存放数据及表示关系的主要形式。

例如，对于学生成绩管理系统，学生信息、课程信息和成绩信息分别存放在学生表、课程表和成绩表中。

● 视图：视图是从一个或多个基本表中引用表。由于视图本身并不存储实际数据，因此也可以称之为虚表。当基本表中的数据发生变化时，从视图中查询出来的数据也随之改变。

例如，对于成绩表，我们不能直接看出学生姓名、课程名称等比较直观的信息，所以，我们可以定义一个学生课程成绩视图，将学生表、课程表与成绩表关联起来，生成一个包含学号、姓名、课程号、课程名和成绩的虚表，打开这个表就能看到这些字段在一起的一个表了。

同时，视图一经定义，就可以像基本表一样被查询、修改、删除和更新了。修改、删除和更新的内容会反映到基本表中。

● 索引：表中的记录通常按其输入的时间顺序存放，这种顺序称为记录的物理顺序。为了实现对表记录的快速查询，可以对表的记录按某个或某些字段或它们的组合（称为索引表达式）进行排序，这种顺序称为逻辑顺序。通过逻辑顺序搜索索引表达式的值，可以实现对该类数据记录的快速访问。

例如，在学生表中，对学号字段进行索引，这样按学号进行查找对应学生信息记录时很快就可进行定位。将学号字段指定为"主键"，在学生表中就不可能存放相同学号的学生记录。

● 约束：约束用于保障数据的一致性与完整性。具有代表性的约束就是主键和外键。主键约束当前表记录的主键字段值唯一性，外键约束当前表记录与其他表的关系。

例如，在成绩表中，学号作为外键与学生表中学号（主键）建立关联，以使成绩对应相应的学生。

● 存储过程：存储过程是一组为了完成特定功能的 SQL 语句集合。这个语句集合经过编译后存储在数据库中，存储过程具有接受（输入）参数、输出参数、返回单个或多个值的功能。存储过程独立于表存在。

例如，在学生数据库中，编写若干条 T-SQL 语句计算总学分作为存储过程，可以汇总成绩表相应学生的总学分，然后放到学生表相应的学生总学分字段中。学号作为输入参数时，计算指定学生的总学分；输入参数为空时，则计算所有学生的总学分。

● 触发器：触发器与表紧密关联。它可以实现更加复杂的数据操作，更加有效地保障数据库系统中数据的完整性和一致性。触发器基于一个表创建，但可以对多个表进行操作。

例如，在学生表中没有学生时，成绩表的成绩不能输入。

● 默认值：默认值是在用户没有给出具体数据时，系统所自动生成的数值。它是 SQL Server 系统确保数据一致性和完整性的方法。

例如，在学生表中，学号默认值设置为初始学号，这样增加记录时系统预置了一个初始学号，用户只要修改后面两位，而不需要输入所有号。又例如，设置性别默认值为男，这样增加记录时只有女学生才需要修改性别字段内容。

● 用户和角色：用户是指对数据库有存取权限的使用者，角色是指一组数据库用户的集合。

● 规则：规则用来限制表字段的数据范围。例如，在学生表中，将出生时间字段设置为当前日期前的 16～65 年。

● 类型：用户可以根据需要在给定的系统类型之上定义自己的数据类型。

例如，可以定义系统的逻辑类型为性别类型，这样我们处理性别数据时可以采用性别类型。

● 函数：用户可以根据需要将系统若干个语句或者系统函数进行组合实现特定功能，定义成自己的函数。然后，在需要该功能处调用该函数。

2. 数据库对象的引用

用户通过数据库对象对其进行操作，数据库对象有两种对象名，即完全限定名和部分限定名。

（1）完全限定名。在 SQL Server 中，完全限定名是对象的全名，包括 4 个部分：

服务器名.数据库名.数据库架构名.对象名

在 SQL Server 中，每个对象都属于一个数据库架构。数据库架构是一个独立于数据库用户的非重复命名空间。一般可以将架构视为对象的容器。

（2）部分限定名。在使用 T-SQL 编程时，使用全名往往很烦琐且没有必要，所以常省略全名中的某些部分。对象全名的 4 个部分中的前 3 个部分均可以省略。当省略中间的部分时，圆点符"."不可省略。SQL Server 可以根据系统的当前工作环境确定对象名称中省略的部分。

3. 数据库中的架构

简单地说，架构的作用是将数据库中的所有对象分成不同的集合，每一个集合就称为一个架构。数据库中的每一个用户都会有自己的默认架构。这个默认架构可以在创建数据库用户时由创建者设定，若不设定则系统默认架构为 dbo。数据库用户只能对属于自己架构中的数据库对象执行相应的数据操作。至于操作的权限则由数据库角色决定。

2.1.2　物理数据库

从数据库管理员角度看，数据库是物理数据库，它存储逻辑数据库的各种对象的实体。在创建数据库时，了解 SQL Server 如何存储数据也是很重要的，这有助于规划分配给数据库的磁盘容量。

SQL Server 所使用的文件包括以下 3 类文件，通过文件组管理和组织在一起。

1. 数据库文件

（1）主数据文件。主数据文件简称主文件，正如其名字，该文件是数据库的关键文件，包含了数据库的启动信息，并且存储数据。每个数据库必须有且仅能有一个主文件，其默认扩展名为.mdf。

（2）辅助数据文件。辅助数据文件简称辅（助）文件，用于存储未包括在主文件内的其他数据。辅助文件的默认扩展名为.ndf。辅助文件是可选的，根据具体情况，可以创建多个辅助文件，也可以不使用辅助文件。一般当数据库很大时，有可能需要创建多个辅助文件。而当数据库较小时，则只需要创建主文件而不需要创建辅助文件。

（3）日志文件。日志文件用于保存恢复数据库所需的事务日志信息。每个数据库至少有一个日志文件，也可以有多个，日志文件的扩展名为.ldf。日志文件的存储与数据文件不同，它包含一系列记录，这些记录的存储不以页为存储单位。

 说明　SQL Server 允许在创建数据库时不使用上述的.mdf、.ndf 和.ldf 作为文件扩展名，但使用默认的扩展名有助于识别文件。

在创建一个数据库后，该数据库至少包含上述的主文件和日志文件。这些文件的名字是操作系统文件名，它们不是由用户直接使用的，而是由系统使用的，不同于数据库的逻辑名。

2. 数据库文件组

文件组是由多个文件组成的，为了管理和分配数据而将它们组织在一起。通常可以为一个磁盘驱动器创建一个文件组，然后将特定的表、索引等与该文件组相关联，那么对这些表的存储、查询和修改等操作都在该文件组中。

使用文件组可以提高表中数据的查询性能。在 SQL Server 中有两类文件组。

（1）主文件组。主文件组包含主要数据文件和任何没有明确指派给其他文件组的其他文件。管理数据库的系统表的所有页均分配在主文件组中。

（2）用户定义文件组。用户定义文件组是指在 CREATE DATABASE 或 ALTER DATABASE 语句中使用 FILEGROUP 关键字指定的文件组。

每个数据库中都有一个文件组作为默认文件组运行。若在 SQL Server 中创建表或索引时没有为其指定文件组，那么将从默认文件组中进行存储、查询等操作。用户可以指定默认文件组，如果没有指定默认文件组，则主文件组是默认文件组。

 说明　若不指定用户定义文件组，则所有数据文件都包含在主文件组中。

在设计文件和文件组时，一个文件只能属于一个文件组。只有数据文件才能作为文件组的成员，日志文件不能作为文件组成员。

3. FILESTREAM

借助 FILESTREAM，基于 SQL Server 的应用程序可以将非结构化的数据（如文档和图像）存储在文件系统中。 应用程序在利用丰富的流式 API 和文件系统性能的同时，还可保持非结构化数据和对应的结构化数据之间的事务一致性。

2.1.3　系统数据库和用户数据库

在 SQL Server 中有两类数据库：系统数据库和用户数据库。

系统数据库存储有关 SQL Server 的系统信息，它们是 SQL Server 管理数据库的依据。如果系统数据库遭到破坏，那么 SQL Server 将不能正常启动。在安装 SQL Server 时，系统将创建 4 个可见的系统数据库：master、model、msdb 和 tempdb。

（1）master 数据库包含了 SQL Server 的登录账号、系统配置、数据库位置及数据库错误信息等，控制用户数据库和 SQL Server 的运行。

（2）model 数据库为新创建的数据库提供模板。

（3）msdb 数据库为 "SQL Server 代理" 调度信息和作业记录提供存储空间。

（4）tempdb 数据库为临时表和临时存储过程提供存储空间，所有与系统连接的用户的临时表和临时存储过程都存储于该数据库中。

每个系统数据库都包含主数据文件和主日志文件。扩展名分别为.mdf 和.ldf，如 master 数据库的两个文件分别为 master.mdf 和 master.ldf。

用户数据库是用户创建的数据库。用户数据库与系统数据库结构相同，文件的扩展名也相同。本书中创建的都是用户数据库。

2.1.4　连接 SQL Server 服务器

连接服务器

1. 连接 SQL Server 服务器

启动 "Microsoft SQL Server"，系统首先连接 SQL Server 服务器，如图 2.1 所示。

● 服务器类型：可选择的有数据库引擎、Analysis Services（分析服务）、报表服务（Reporting Services）、Integration Services（集成服务）。其中，数据库引擎是 SQL Server 基本功能，一般用户仅仅需要使用该功能，默认的选择类型为数据库引擎类型。

● 服务器名称：格式为 "计算机名/实例名"，如果在安装时使用的是默认实例，则使用计算机名作为服务器名称。当然，使用计算机的 IP 地址也可以。

如果连接非本机，则选择<浏览更多多...>，系统列出当前局域网上运行的 SQL Server 服务器的主机名，供选择。

● 身份验证：因为在安装 SQL Server 2016 时选择 "混合模式（SQL Server 身份验证和 Windows 身份验证）"，所以可选择 Windows 身份验证或者 SQL Server 身份验证。

选择 Windows 身份验证，采用登录 Windows 的用户连接 SQL Server 服务器。Windows 系统管理员为 "Adminstrator"。此时的用户名为<主机名>\<Windows 用户名>。

选择 SQL Server 身份验证，采用 SQL Server 系统管理员（sa）和安装时指定的密码登录，如图 2.2 所示。用户也可以采用 SQL Server 中的注册用户及其对应密码登录。

在 Windows 采用域模式情况下，还有 3 种活动目录（Active Directory）验证方式。

单击 "连接"，系统进入 "SQL Server Management Studio"（简称 SSMS）窗口，并且默认打开对象资源管理器。系统进入 "SQL Server Management Studio（管理员）" 窗口，如图 2.3 和图 2.4 所示。

其中，DELL（SQL Server 13.0.1742.0 -sa）表示当前连接 SQL Server 服务器，具体表示如下。

DELL：服务器名称，该名称就是当前安装 SQL Server 2016 计算机的名称。

SQL Server 13.0.1742.0：SQL Server 2016 数据库引擎版本。

图 2.1 "连接到服务器"对话框 　　　　　　　图 2.2 SQL Server 身份验证

图 2.3 SQL Server Management Studio 　　　图 2.4 SQL Server Management Studio（sa 登录）窗口
（Windows 登录）窗口

DELL\Administrator：登录服务器的是当前（DELL）计算机 Windows 下的 Administrator 用户。

2. SSMS 环境配置

需要了解对于 SSMS 环境参数，可在"SSMS"窗口中单击"工具"主菜单，选择"选项"子菜单，系统显示"选项"对话框，如图 2.5 所示。

图 2.5 SSMS 环境配置

一般用户不需要特别了解每一项内容的意义，也不需要深究其中的配置。

3. SQL Server 2016 服务器属性

在"SSMS"窗口中，选择 DELL（SQL Server 13.0.1742.0 -sa）连接，按右键，单击"服务器属

性"，可以查看当前连接的 SQL Server 2016 服务器的属性，包含了若干个选择页。

（1）"常规"页，如图 2.6 所示。

其中显示服务器名称、安装的 SQL Server 2016 企业版、数据库引擎版本、安装的目录等。

（2）在"数据库设置"页包含了数据库文件默认位置，系统显示默认路径，该路径是安装 SQL Server 2016 时"数据库引擎"指定的数据文件路径，用户可以在这里进行修改。

（3）单击左下角"查看连接属性"，系统显示"连接属性"窗口。

图 2.6　"常规"页

2.2　界面方式创建数据库

通过 SQL Server 界面创建数据库主要通过"SQL Server Management Studio"（SSMS）窗口中所提供的图形化向导进行。

2.2.1　数据库的创建

首先要明确，能够创建数据库的用户必须是系统管理员，或是被授权使用 CREATE DATABASE 语句的用户。

数据库中存放数据记录可能会越来越多。在 SQL Server 中，数据文件和日志文件可以指定初始大小、增长方式、最大容量。当数据库内容初始大小存放不下时，就会按照增长方式增加文件大小，但不能超过最大容量。

创建数据库必须确定数据库名、所有者（即创建数据库的用户）、数据库大小（最初的大小、最大的大小、是否允许增长及增长方式）和存储数据库的文件。

对于新创建的数据库，系统对数据文件的默认值为：初始文件大小 5MB；最大容量不受限制（仅受硬盘空间的限制）；允许数据库自动增长，增量为 1 MB。

对日志文件的默认值为：文件初始大小 1 MB；最大容量不限制（仅受硬盘空间的限制）；允许日志文件自动增长，增长方式为按 10%比例增长。

下面以创建学生成绩管理系统的数据库（xscj）为例，说明使用"SSMS"窗口图形化向导创建数据库的过程。

【例 2.1】 创建数据库 xscj，数据文件和日志文件的属性按默认值设置。

在"对象资源管理器"中选择"数据库"，单击鼠标右键，在弹出的快捷菜单中选择"新建数据库"菜单项，打开"新建数据库"窗口。 "新建数据库"窗口的左上方共有 3 个选项页："常规""选项"和"文件组"，这里只配置"常规"选项页，对于其他选项页，使用系统默认设置。

在"新建数据库"窗口的左上方选择"常规"选项页，在"数据库名称"文本框中填写要创建的数据库名称"xscj"，也可以在"所有者"文本框中指定数据库的所有者，如 sa。这里使用默认值，其他属性也按默认值设置，如图 2.7 所示。

图 2.7 "新建数据库"窗口

（1）单击"路径"标签栏右面的 按钮来自定义路径，根据我们的 SQL Server 的安装路径，数据库文件的默认路径为 "C:\Program Files\Microsoft SQL Server\MSSQL13.MSSQLSERVER\MSSQL\DATA\"，用户可以根据情况进行修改。

（2）文件组。在 SQL Server 中，数据库存放在数据文件和日志文件中，日志文件记录操作数据库的过程。用户配置这些文件的文件名及其存放路径（位置），以文件组方式进行组织。

默认情况下，数据库包括一个"行数据"类型文件和一个日志类型文件，分别对应"PRIMARY"和"不适用"文件组。第一个行数据类型文件存放定义数据库的信息和数据，对应的文件扩展名是".mdf"，日志文件的文件扩展名是".ldf"。第 2 个行数据类型文件称为辅助数据文件，对应的文件扩展名是".ndf"。日志文件也可以包括多个文件，扩展名一样。

（3）在"文件名"文本框中输入用户自己确定的数据库文件，系统默认的文件名与逻辑名称相同，这里为"xscj.mdf"和"xscj_log.ldf"。

（4）初始大小：系统默认 5MB，用户可以进行修改。当数据库的存储空间大于初始大小时，数据库文件会自动增长。可以采用下列方法：

单击"自动增长"标签栏右面的 按钮，在"自动增长设置"对话框中可以设置数据库是否自动增长、增长方式、数据库文件最大文件大小。日志文件的自动增长设置对话框与数据文件的类似。这里，数据库文件大小、增长方式和路径在这里都使用默认值，确认后单击"确定"按钮。

至此，数据库 xscj 已经创建完成了。此时，可以在"对象资源管理器"窗口的"数据库"下找到"xscj"数据库，在系统默认目录下找到对应的两个文件："xscj.mdf"和"xscj_log.ldf"。

在 SSMS 下选择需要进行数据库（如 xscj），单击鼠标右键，在出现的快捷菜单中选择"属性"菜单项，系统显示图 2.8 所示的"数据库属性-xscj"窗口。

图 2.8　"数据库属性-xscj"窗口

选择列表中的这些选项卡，可以查看数据库系统的各种属性和状态。

2.2.2　数据库的修改和删除

1. 数据库的修改

在数据库成功创建后，数据文件名和日志文件名就不能改变了。对已存在的数据库可以进行以下修改：

- 增加或删除数据文件；
- 改变数据文件的大小和增长方式；
- 改变日志文件的大小和增长方式；
- 增加或删除日志文件；
- 增加或删除文件组；
- 重命名数据库。

下面详细介绍一下对已经存在的数据库可以进行的修改操作。

（1）改变数据库文件参数

在"数据库属性-xscj"窗口中的"选项页"列表中选择"文件"，在右边的"初始大小"列中输入要修改的数据，也可修改增长方式。修改方法与创建数据库相同。

（2）增加或删除辅助数据文件

当原有数据库的存储空间不够大时，除了可以扩大原有数据文件存储容量外，还可以增加新的数据文件（称为辅助数据文件）。

【例 2.2】 在 xscj 数据库中增加数据文件 xscj1，其属性均取系统默认值。

操作方法如下：

打开"数据库属性-xscj"窗口，在"选择页"列表中选择"文件"选项页，单击右下角的"添加"按钮，会在数据库文件下方新增加一行文件项，如图 2.9 所示。

图 2.9　增加数据文件

在"逻辑名称"列中输入数据文件名"xscj1"，并设置文件的初始大小和增长属性，单击"添加"按钮，完成数据文件的添加。

当数据库中的某些辅助数据文件不再需要时，应及时将其删除。操作方法如下：选中需删除的辅助数据文件 xscj1，单击对话框右下角的"删除"按钮，再单击"确定"按钮即可删除。

　　　主数据文件不能被删除，因为在主数据文件中存放着数据库的主要信息和启动信息，若将其删除，数据库将无法启动。

（3）增加或删除文件组

数据库管理员（DBA）从系统管理策略角度出发，有时可能需要增加或删除文件组。这里以示例说明其操作方法。

【例 2.3】　在数据库 xscj 中增加一个名为 myGroup 的文件组。

操作方法如下：

打开"数据库属性"窗口，选择"文件组"选项页。单击右下角的"添加"按钮，这时在"PRIMARY"行的下面会出现新的一行。在该行的"名称"列输入"MyGroup"，单击"确定"按钮，如图 2.10 所示。

图 2.10　新增文件组

当增加了文件组后，就可以在新增文件组中加入数据文件了。例如，在 xscj 数据库新增的文件组 MyGroup 中增加数据文件 xscj2。

操作方法为：选择"文件"选项页，按增加数据文件的操作方法添加数据文件。在"文件组"下拉框中选择"MyGroup"，如图 2.11 所示，单击"确定"按钮。

图 2.11　将数据文件加入新增的文件组中

选中需删除的文件组，单击对话框右下角的"删除"按钮，再单击"确定"按钮即可删除文件组。

 可以删除用户定义的文件组，但不能删除主文件组（PRIMARY）。删除用户定义的文件组后，该文件组中所有的文件都将被删除。

（4）数据库的重命名

在"对象资源管理器"窗口中展开"数据库"，选择要重命名的数据库，单击鼠标右键，在弹出的快捷菜单中选择"重命名"菜单项，输入新的数据库名称，即可更改数据库的名称。一般情况下，不建议用户更改已经创建好的数据库名称，因为许多应用程序可能已经使用了该名称，在更改了数据库名称之后，还需要修改相应的应用程序。

2. 数据库的删除

数据库系统在长时间使用之后，系统的资源消耗加剧，导致运行效率下降，因此 DBA 需要把一些不需要的数据库删除，以释放被其占用的系统空间和消耗。

例如，如果删除 xscj 数据库，在"对象资源管理器"中选择要删除的数据库"xscj"，单击鼠标右键，在弹出的快捷菜单中选择"删除"菜单项，在打开 "删除对象"对话框单击右下角的"确定"按钮即可删除数据库 xscj。

 删除数据库后，该数据库的所有对象均被删除，将不能再对该数据库做任何操作，因此删除时应十分慎重。由于本书前后所使用的示例数据库"学生成绩管理系统"命名为 xscj，因而这里并不删除 xscj 数据库，以后数据库对象的操作演示都将在该数据库上进行。

2.3　命令方式创建数据库

除了可以通过"SQL Server Management Studio"的图形界面方式创建数据库外，还可以使用T-SQL 命令（称为命令方式）来创建数据库。与界面方式创建数据库相比，命令方式更为常用，使用也更为灵活。

2.3.1　创建数据库：CREATE DATABASE

命令方式创建数据库使用 CREATE DATABASE 命令，创建前要确保用户具有创建数据库的权限。
CREATE DATABASE 命令主要格式如下：

```
CREATE DATABASE 数据库名
[   ON
    [ PRIMARY ]
    [ <数据文件选项>]...
    [ , <数据文件组选项> ... ]
    [ LOG ON { <日志文件选项> ... } ] ]
    [ COLLATE 排序名]
    ......
]
```

1.　文件选项

其中，<文件选项> 格式为：

```
{   (
    NAME =逻辑文件名,
    FILENAME = { '操作系统文件名' | '存储路径' }
    [ , SIZE =文件初始容量]
    [ , MAXSIZE = { 文件最大容量 | UNLIMITED } ]
    [ , FILEGROWTH = 文件增量[容量 | % ] ]
    )
}
```

（1）逻辑文件名：数据库使用的名字。

（2）操作系统文件名：操作系统在创建物理文件时使用的路径和文件名。

（3）文件初始容量：对于主文件，若不指出大小，则默认为 model 数据库主文件的大小。对于辅助数据文件，自动设置为 3 MB。

（4）文件最大容量：指定文件的最大大小。UNLIMITED 关键字表示文件大小不受限制，但实际上受磁盘可用空间的限制。如果不指定 MAXSIZE 选项，则文件将增长到磁盘空间满。

（5）文件增量：有百分比和容量值两种格式，前者如 10%，即每次在原来空间大小的基础上增长 10%；后者如 5 MB，即每次增长 5 MB，而不管原来空间大小是多少。

没有说明的部分参考联机文档，后面不再特别说明。

2.　文件组选项

<文件组选项>格式为：

```
{
        FILEGROUP 文件组名[ DEFAULT ]
        <文件选项> ......
}
```

（1）DEFAULT 关键字：指定命名文件组为数据库中的默认文件组。

（2）<文件选项>：用于指定属于该文件组的文件的属性，其格式描述和数据文件的属性描述相同。

另外，COLLATE 排序名：指定数据库的默认排序规则。"排序名"既可以是 Windows 排序规则名称，也可以是数据库排序规则名称（默认）。

【例 2.4】　创建一个名为 test1 的数据库，其初始大小为 5 MB，最大为 50 MB，允许数据库自动增长，增长方式是按 10%比例增长。日志文件初始为 2 MB，最大可增长到 5 MB，按 1 MB 增长。数据文件和日志文件的存放位置为"E:\Data"。假设 SQL Server 服务已启动，并以系统管理员身份登录计算机。

在"SQL Server Management Studio"窗口中单击"新建查询"按钮新建一个查询窗口，在"查询分析器"窗口中输入如下 T-SQL 语句：

```
CREATE DATABASE  test1
    ON
    (
        NAME= "test1_data",
        FILENAME="E:\Data\test1.mdf",
        SIZE=5MB,
        MAXSIZE=50MB,
        FILEGROWTH=10%
    )
    LOG ON
    (
        NAME="test1_log",
        FILENAME="E:\Data\test1.ldf",
        SIZE=2MB,
        MAXSIZE=5MB,
        FILEGROWTH=1MB
);
```

输入完毕后，单击 SSMS 面板上的"!执行"按钮，消息窗口将显示命令执行情况。如图 2.12 所示。

图 2.12　在查询分析器中执行创建数据库命令

　　在 FILENAME 中使用的文件扩展名，.mdf 用于主数据文件，.ndf 用于辅数据文件，.ldf 用于日志文件。FILENAME 选项中指定的数据和日志文件的目录"E:\Data\"必须存在，否则将产生错误，即创建数据库失败。

如果"消息框"中显示错误信息，需要查找原因，然后更正后执行；也可通过调试查找原因。

当命令成功执行后，在"对象资源管理器"中展开"数据库"，可以看到新建的数据库"test1"就显示于其中。如果没有发现"test1"，则选择"数据库"，单击鼠标右键，在弹出的快捷菜单中选择"刷新"菜单项即可。

通过"数据库属性"对话框，可以看到新建立 test1 数据库的各项属性完全符合预定要求。

【例 2.5】 创建一个名为 test2 的数据库，它有两个数据文件，其中主数据文件为 20 MB，最大不限，按 10%增长。1 个辅数据文件为 20 MB，最大不限，按 10%增长；有 1 个日志文件，为 50 MB，最大为 100 MB，按 10 MB 增长。

在"查询分析器"中输入如下 T-SQL 语句并执行：

```
CREATE DATABASE  test2
    ON
    PRIMARY
    (
        NAME = 'test2_data1',
        FILENAME = 'E:\Data\test2_data1.mdf',
        SIZE = 20 MB,
        MAXSIZE = UNLIMITED,
        FILEGROWTH = 10%
    ),
    (
        NAME = 'test2_data2',
        FILENAME = 'E:\Data\test2_data2.ndf',
        SIZE = 20 MB,
        MAXSIZE = UNLIMITED,
        FILEGROWTH = 10%
    )
    LOG ON
    (
        NAME = 'test2_log1',
        FILENAME = 'E:\Data\test2_log1.ldf',
        SIZE = 50 MB,
        MAXSIZE = 100 MB,
        FILEGROWTH = 10 MB
    );
```

【例 2.6】 创建一个具有 2 个文件组的数据库 test3。要求：

（1）主文件组包括文件 test3_dat1，文件初始大小为 20 MB，最大为 60 MB，按 5 MB 增长。

（2）有 1 个文件组名为 test3Group1，包括文件 test3_dat2，文件初始大小为 10 MB，最大为 30 MB，按 10%增长。

```
CREATE DATABASE  test3
    ON
    PRIMARY
    (
        NAME ='test3_dat1',
        FILENAME = 'E:\Data\test3_dat1.mdf',
        SIZE = 20MB,
        MAXSIZE = 60MB,
        FILEGROWTH = 5MB
    ),
    FILEGROUP  test3Group1
    (
        NAME ='test3_dat2',
```

```
        FILENAME = 'E:\Data\test3_dat2.ndf',
        SIZE = 10MB,
        MAXSIZE = 30MB,
        FILEGROWTH = 10%
    );
```

2.3.2　修改数据库：ALTER DATABASE

使用 ALTER DATABASE 命令可对数据库进行修改，语法格式如下：

```
ALTER DATABASE 数据库名
{   ADD FILE <文件选项>... [TO FILEGROUP 文件组名]        /*在文件组中增加数据文件*/
    | ADD LOG FILE <文件选项>...                        /*增加日志文件*/
    | REMOVE FILE 逻辑文件名                            /*删除数据文件*/
    | ADD FILEGROUP 文件组名[……]                       /*增加文件组*/
    | REMOVE FILEGROUP 文件组名                         /*删除文件组*/
    | MODIFY FILE <文件选项>                            /*更改文件属性*/
    | MODIFY NAME = 新数据库名                          /*数据库更名*/
    | MODIFY FILEGROUP 文件组名
    {     <文件组可更新选项>
          | DEFAULT
          | NAME = 新文件组名
    }                                                 /*更改文件组属性*/
    | SET <属性选项>... [ WITH <终止> ]                 /*设置数据库属性*/
    | COLLATE 排序名                                   /*指定数据库排序规则*/
}
```

1. 命令主体

ALTER DATABASE 命令主体结构说明如下。

（1）ADD FILE 子句：向数据库添加数据文件，<文件属性>给出文件的属性，其构成参见 CREATE DATABASE 语法说明。关键字 TO FILEGROUP 指出了添加的数据文件所在的文件组名，若缺省，则为主文件组。

（2）ADD LOG FILE 子句：向数据库添加日志文件，<文件属性>给出日志文件的属性。

（3）REMOVE FILE 子句：从数据库中删除数据文件，被删除的数据文件由其中的参数"逻辑文件名"给出。当删除一个数据文件时，逻辑文件与物理文件全部被删除。

（4）ADD FILEGROUP 子句：向数据库中添加文件组，被添加的文件组名由参数"文件组名"给出。

（5）REMOVE FILEGROUP 子句：删除文件组，被删除的文件组名由参数"文件组名"给出。

（6）MODIFY FILE 子句：修改数据文件的属性，被修改文件的逻辑名由<文件属性>的 NAME 选项给出，可以修改的文件属性包括 FILENAME、SIZE、MAXSIZE 和 FILEGROWTH，但要注意，一次只能修改其中的一个属性。修改文件大小时，修改后的大小不能小于当前文件的大小。

（7）MODIFY NAME 子句：更改数据库名，新的数据库名由参数"新数据库名"给出。

（8）MODIFY FILEGROUP 子句：用于修改文件组的属性。"文件组名"为要修改的文件组名称。其中：

<文件组可更新选项>设置文件组读写权限；

DEFAULT 选项表示将默认数据库文件组改为指定文件组；

NAME 选项用于将文件组名称改为新文件组名。

（9）SET 子句：用于设置数据库的属性，<属性选项>中指定了要修改的属性。例如，设为 READ_ONLY 时用户可以从数据库读取数据，但不能修改数据库。其他属性请参考 SQL Server 联机丛书。

2. 文件组可更新选项

<文件组可更新选项>定义为：

```
{
    { READONLY | READWRITE }
    { READ_ONLY | READ_WRITE }
}
```

（1）READONLY 和 READ_ONLY 选项：用于将文件组设为只读。

（2）READWRITE 和 READ_WRITE 选项：将文件组设为读/写模式。

一般使用 READ_ONLY 和 READ_WRITE，另外两个选项在以后的版本中将不再使用。

【例 2.7】 假设已经创建了数据库 test1，它只有一个主数据文件，其逻辑文件名为 test1_data，大小为 5 MB，最大为 50 MB，增长方式为按 10%增长。

要求：修改数据库 test1 现有数据文件 test1_data 的属性，将主数据文件的最大容量改为 100 MB，增长方式改为按每次 5 MB 增长。

在"查询分析器"窗口中输入如下 T-SQL 语句：

```
ALTER DATABASE test1
    MODIFY FILE
    (
        NAME ='test1_data',
        MAXSIZE =100 MB,                /*将主数据文件的最大改为 100 MB*/
        FILEGROWTH = 5 MB               /*将主数据文件的增长方式改为按 5 MB 增长*/
    )
GO
```

单击"执行"按钮执行输入的 T_SQL 语句，右键单击"对象资源管理器"中的"数据库"，选择"刷新"菜单项，之后右键单击数据库 test1 的图标，选择"属性"菜单项，在"文件"页上查看修改后的数据文件。

注意

GO 命令不是 T-SQL 语句，但它是 SSMS 代码编辑器可识别的命令。SQL Server 实用工具将 GO 命令解释为应该向 SQL Server 实例发送当前批 T-SQL 语句的信号。当前批语句由上一个 GO 命令后输入的所有语句组成，如果是第一条 GO 命令，则由会话或脚本开始后输入的所有语句组成。

GO 命令和 T-SQL 语句不能在同一行中，否则运行时会发生错误。

【例 2.8】 先为数据库 test1 增加数据文件 test1bak，然后删除该数据文件。

```
ALTER DATABASE test1
    ADD FILE
    (
        NAME = 'test1bak',
        FILENAME = 'E:\Data\test1bak.ndf',
        SIZE = 10 MB,
        MAXSIZE = 50 MB,
        FILEGROWTH = 5%
    )
```

通过查看"数据库属性"窗口中的文件属性来观察数据库 test1 是否增加数据文件 test1bak。

删除数据文件 test1bak 的命令如下：

```
ALTER DATABASE test1
    REMOVE FILE test1bak
GO
```

【例 2.9】 为数据库 test1 添加文件组 fgroup，并为此文件组添加两个大小均为 10 MB 的数据文件。

在"查询分析器"中输入如下 T-SQL 语句并执行：

```
ALTER DATABASE test1
    ADD FILEGROUP fgroup
GO
ALTER DATABASE test1
    ADD FILE
    (
        NAME = 'test1_data2',
        FILENAME = 'E:\Data\test1_data2.ndf',
        SIZE = 10 MB
    ),
    (
        NAME = 'test1_data3',
        FILENAME = 'E:\Data\test1_data3.ndf',
        SIZE = 10 MB
    )
    TO FILEGROUP fgroup
GO
```

【例 2.10】 从数据库中删除文件组，将添加到 test1 数据库中的文件组 fgroup 删除。

被删除的文件组中的数据文件必须先删除，且不能删除主文件组。

在"查询分析器"中输入如下 T-SQL 语句并执行：

```
ALTER DATABASE  test1
    REMOVE FILE  test1_data2
GO
ALTER DATABASE  test1
    REMOVE FILE  test1_data3
GO
ALTER DATABASE  test1
    REMOVE FILEGROUP fgroup
GO
```

【例 2.11】 为数据库 test1 添加一个日志文件。

在"查询分析器"中输入如下 T-SQL 语句并执行：

```
ALTER DATABASE  test1
    ADD LOG FILE
    (
        NAME = 'test1_log2',
        FILENAME = 'E:\Data\test1_log2.ldf',
        SIZE = 5 MB,
        MAXSIZE =10 MB,
        FILEGROWTH = 1 MB
    )
GO
```

【例 2.12】 从数据库 TEST1 中删除一个日志文件，将日志文件 TEST1_LOG2 删除。

将数据库 test1 的名改为 just_test。进行此操作时必须保证该数据库此时没有被其他任何用户使用。

在"查询分析器"中输入如下 T-SQL 语句并执行：

```
ALTER DATABASE TEST1
    REMOVE FILE TEST1_LOG2
GO
ALTER DATABASE test3
```

```
    MODIFY NAME = just_test3
GO
```

不能删除主日志文件。

2.3.3 删除数据库：DROP DATABASE

删除数据库使用 DROP DATABASE 命令。
语法格式：

```
DROP DATABASE 数据库名......
```

其中，"数据库名"是要删除的数据库名。例如，要删除数据库 test2，使用命令：

```
DROP DATABASE test2
GO
```

使用 DROP DATABASE 语句不会出现确认信息，所以要小心使用。另外，不能删除系统数据库，否则将导致服务器无法使用。

2.3.4 数据库快照：AS SNAPSHOT

数据库快照就是指数据库在某一指定时刻的情况，数据库快照提供了源数据库在创建快照时刻的只读、静态视图。虽然数据库在不断变化，但数据库快照一旦创建就不会改变了。多个快照可以位于一个源数据库中，并且可以作为数据库始终驻留在同一服务器实例上。创建快照时，每个数据库快照在事务上与源数据库一致。在被数据库所有者显式删除之前，快照始终存在。

快照可用于报表。另外，如果源数据库出现用户错误，还可将源数据库恢复到创建快照时的状态。丢失的数据仅限于创建快照后数据库更新的数据。

创建数据库快照也使用 CREATE DATABASE 命令。语法格式如下：

```
CREATE DATABASE 数据库快照名
    ON(
        NAME = 逻辑文件名,
        FILENAME = '操作系统文件名'
    ) [, ... ]
    AS SNAPSHOT OF 源数据库名
```

（1）数据库快照名：数据库快照的名称，这个名称在 SQL Server 实例中必须唯一且符合标识符规则。

（2）ON 子句：若要创建数据库快照，要在源数据库中指定文件列表。若要使快照工作，则必须分别指定所有数据文件。其中，NAME 是数据库"行数据"文件对应的逻辑名，FILENAME 是物理文件名（包含路径）。日志文件不允许用于数据库快照。

（3）AS SNAPSHOT OF 子句：指定要创建的快照为"源数据库名"指定的数据库的快照。数据库快照必须与源数据库处于同一实例中。

创建了数据库快照之后，快照的源数据库就会存在一些限制。如不能对数据库删除、分离或还原；源数据库性能会受到影响；不能从源数据库或其他快照上删除文件；源数据库必须处于在线状态。

【例 2.13】 创建 test1 数据库的快照 test1_s1。

```
CREATE DATABASE test1_s1
    ON
    (
        NAME=test1_data,
        FILENAME='E:\Data\test1_s1.mdf'
    )
    AS SNAPSHOT OF test1
GO
```

命令执行成功之后，在"对象资源管理器"窗口中刷新"数据库"菜单栏，在"数据库"中展开"数据库快照"，就可以看见刚刚创建的数据库快照 test1_s1 了。

删除数据库快照的方法和删除数据库的方法完全相同，可以使用界面方式删除，也可以使用命令方式删除，例如：

```
DROP DATABASE test1_s1;
```

习　　题

一、选择题

1. 下列说法错误的是（　　　）。

　　A. 用户操作逻辑数据库

　　B. DBMS 操作物理数据库

　　C. 操作物理数据库最终需要通过操作系统实现

　　D. 物理数据库中包含数据库对象

2. 数据存放在（　　　）中。

　　A. 数据库　　　　　　B. 索引　　　　　　C. 表　　　　　　D. 视图

3. 在 SQL Server 中，（　　　）不是必需的。

　　A. 主数据文件　　　B. 辅助数据文件　　C. 日志文件　　　　D. 文件组

4. 下列说法错误的是（　　　）。

　　A. 数据库文件默认的位置是在安装 SQL Server 时确定的

　　B. 数据库文件位置是在创建数据库时确定的

　　C. 数据库成功创建后，数据文件名和日志文件名可以改变

　　D. 界面创建的数据库可以通过命令方式修改

5. 下列说法错误的是（　　　）。

　　A. 数据库逻辑文件名是 SQL Server 管理的

　　B. 数据库逻辑文件名是操作系统管理的

　　C. 数据库物理文件名是操作系统管理的

　　D. 数据库采用多个文件比单一大文件要好

6. 系统数据库（　　　）最重要。

　　A. master　　　　　　B. model　　　　　　C. msdb　　　　　　D. tempdb

7. 命令格式记不清，采用（　　　）方法。

　　A. 采用百度搜索　　　　　　　　　B. 查找 SQL Server 模板

　　C. 采用界面方式操作　　　　　　　D. 采用 SQL Server 帮助

8. 下列说法错误的是（　　　）。
　　A. 命令创建的数据库可以通过界面方式修改
　　B. 界面创建的数据库可以通过命令方式修改
　　C. 界面创建的数据库不能通过命令方式修改
　　D. 数据库删除后不能恢复

二、填空题

1. 文件组用于_____。
2. 系统数据库的作用是_____。
3. 数据库的最大容量受_____限制。
4. 对象资源管理器采用_____结构组织数据库对象。
5. 数据库属性一般有_____。

三、说明题

1. 简述 SQL Server 的数据库对象和数据类型。
2. 写出创建产品销售数据库 cpxs 的 T-SQL 语句：数据库初始大小为 10 MB，最大为 100 MB，数据库自动增长，增长方式是按 10%比例增长；日志文件初始为 2 MB，最大可增长到 5 MB（默认为不限制），按 1 MB 增长（默认是按 10%比例增长）；其余参数自定。
3. 将创建的 cpxs 数据库的增长方式改为按 5 MB 增长。
4. 创建 cpxs 数据库的数据库快照。

四、问答题

1. 为什么一台计算机可以安装多个 SQL Server？
2. 数据库为什么采用初始大小、增长方式和最大大小？
3. 日志文件的作用？什么情况下可以删除？
4. 简述数据库快照的作用。
5. 命令方式操作数据库有什么好处？

第3章
表的创建和操作

表是数据库中最基本的数据对象，用于存放数据库中的数据。在创建数据库之后，就需要建立数据库表。例如，在学生成绩管理系统中，我们最起码需要学生表、课程表和成绩表。表 3.1 就是一个"学生"表。

表 3.1   "学生"表

学号	姓名	性别	出生时间	专业	总学分	备注
191301	王林	男	1990-2-10	计算机	50	
191302	程明	男	1991-2-1	计算机	50	
191303	王燕	女	1989-10-6	计算机	50	
191304	韦严平	男	1990-8-26	计算机	50	
191306	李方方	男	1990-11-20	计算机	50	
191307	李明	男	1990-5-1	计算机	54	提前修完《数据结构》
191308	林一帆	男	1989-8-5	计算机	52	班长
……						

为了在数据库中存放这个表，首先需要创建表结构，包括定义表的名称、表包含的列（称为字段），每个字段中存放的数据类型。另外，还要确定表中的行数据（称为记录）如何区分，也就是确定码和主码（称为主关键字）。

在创建表结构后，就可以向表中加入数据（称为表记录操作），包括对记录添加、修改、删除、查询等。

3.1   数据类型和表结构

在表创建结构前，需要熟悉 SQL Server 2016 的数据类型。

3.1.1   数据类型

SQL Server 提供的数据类型如表 3.2 所示。

在讨论数据类型时，使用了精度、小数位数和长度 3 个概念，前两个概念是针对数值型数据的，它们的含义如下。

● 精度：指数值数据中所存储的十进制数据的总位数。

表 3.2 系统数据类型表

数据类型	符号标识
整数型	bigint, int, smallint, tinyint
精确数值型	decimal, numeric
浮点型	float, real
货币型	money, smallmoney
位型	bit
字符型	char, varchar、varchar(MAX)
unicode 字符型	nchar, nvarchar、nvarchar(MAX)
文本型	text, ntext
二进制型	binary, varbinary、varbinary(MAX)
日期时间类型	datetime, smalldatetime, date, time, datetime2, datetimeoffset
时间戳型	timestamp
图像型	image
其他	cursor, sql_variant, table, uniqueidentifier, xml, hierarchyid

● 小数位数：指数值数据中小数点右边可以有的数字位数的最大值。例如，数值数据 3890.587 的精度是 7，小数位数是 3。

● 长度：指存储数据所使用的字节数。

下面分别介绍常用的系统数据类型。

1. 整数型

整数型包括 bigint、int、smallint 和 tinyint，从标识符的含义就可以看出，它们的表示数范围逐渐缩小。

（1）bigint：大整数，数范围为 $-2^{63} \sim 2^{63}-1$，其精度为 19，小数位数为 0，长度为 8 字节。

（2）int：整数，数范围为 $-2^{31} \sim 2^{31}-1$，其精度为 10，小数位数为 0，长度为 4 字节。

（3）smallint：短整数，数范围为 $-2^{15} \sim 2^{15}-1$，其精度为 5，小数位数为 0，长度为 2 字节。

（4）tinyint：微短整数，数范围为 0 ~ 255，其精度为 3，小数位数为 0，长度为 1 字节。

2. 精确数值型

精确数值型数据由整数部分和小数部分构成，其所有的数字都是有效位，能够以完整的精度存储十进制数。精确数值型包括 decimal 和 numeric 两类。但这两种数据类型在功能上完全等价。

声明精确数值型数据的格式是 numeric | decimal(p[,s])，其中 p 为精度，s 为小数位数，s 的默认值为 0。例如，指定某列为精确数值型，精度为 6，小数位数为 3，即 decimal(6,3)，那么当向某记录的该列赋值 56.342 689 时，该列实际存储的是 56.343。

decimal 和 numeric 可存储 $-10^{38}+1 \sim 10^{38}-1$ 的固定精度和小数位的数字数据，它们的存储长度随精度变化而变化，最少为 5 字节，最多为 17 字节。

 声明精确数值型数据时，其小数位数必须小于精度。在给精确数值型数据赋值时，必须使所赋数据的整数部分位数不大于列的整数部分的长度。

3. 浮点型

浮点型也称近似数值型。顾名思义，这种类型不能提供精确表示数据的精度，使用这种类型来存储某些数值时，有可能会损失一些精度，所以它可用于处理取值范围非常大且对精确度要求不太高的数值量，如一些统计量。

有两种近似数值数据类型：float[(n)]和 real，两者通常都使用科学计数法表示数据，即形为：尾数 E 阶数，如 5.6432E20，−2.98E10，1.287659E−9 等。

（1）real：使用 4 字节存储数据，数范围为−3.40E+38 ~ 3.40E+38，数据精度为 7 位有效数字。

（2）float：float 型数据的数范围为−1.79E+308 ~ 1.79E+308。定义中的 n 取值范围是 1 ~ 53，用于指示其精度和存储大小。当 n 在 1 ~ 24 时，实际上将定义一个 real 型数据，存储长度为 4 字节，精度为 7 位有效数字。

当 n 在 25 ~ 53 时，存储长度为 8 字节，精度为 15 位有效数字。当省略 n 时，代表 n 在 25 ~ 53。

4. 货币型

SQL Server 提供了两个专门用于处理货币的数据类型：money 和 smallmoney，它们用十进制数表示货币值。

（1）money：数据的数范围为-2^{63} ~ $2^{63}-1$，其精度为 19，小数位数为 4，长度为 8 字节。money 的数范围与 bigint 相同，不同的只是 money 型有 4 位小数。实际上，money 就是按照整数进行运算的，只是将小数点固定在最后 4 位。

（2）smallmoney：数范围为-2^{31} ~ $2^{31}-1$，其精度为 10，小数位数为 4，长度为 4 字节。

可见 smallmoney 与 int 的关系就如同 money 与 bigint 的关系。

当向表中插入 money 或 smallmoney 类型的值时，必须在数据前面加上货币表示符号（$），并且数据中间不能有逗号（,）；若货币值为负数，则需要在符号$的后面加上负号（−）。例如，$15 000.32，$680，$−20 000.9088 都是正确的货币数据表示形式。

5. 位型

SQL Server 的位（bit）型数据相当于其他语言中的逻辑型数据，它只存储 0 和 1，长度为 1 字节。但要注意，SQL Server 对表中 bit 类型列的存储进行了优化：如果一个表中有不多于 8 个的 bit 列，则这些列将作为 1 字节存储；如果表中有 9 ~ 16 个 bit 列，则这些列将作为 2 字节存储，更多列的情况以此类推。

当为 bit 类型数据赋 0 时，其值为 0；而赋非 0（如 100）时，其值为 1。

字符串值 TRUE 和 FALSE 可以转换为以下 bit 值：TRUE 转换为 1，FALSE 转换为 0。

6. 字符型

字符型数据用于存储字符串，字符串中可包括字母、数字和其他特殊符号（如#、@、&等）。在输入字符串时，需将串中的符号用单引号或双引号括起来，如'abc'、"Abc<Cde"。

SQL Server 字符型包括两类：固定长度（char）或可变长度（varchar）字符数据类型。

（1）char[(n)]：定长字符数据类型，其中 n 定义字符型数据的长度，n 在 1 ~ 8 000，默认为 1。当表中的列定义为 char(n)类型时，若实际存储的串长度不足 n 时，则在串的尾部添加空格以达到长度 n，所以 char(n)的长度为 n。

例如，某列的数据类型为 char(20)，而输入的字符串为"ahjm1922"，则存储的是字符 ahjm1922 和 12 个空格。若输入的字符个数超出了 n，则超出的部分被截断。

（2）varchar[(n)]：变长字符数据类型，其中，n 的规定与定长字符型 char 中的 n 完全相同，但这里 n 表示的是字符串可达到的最大长度。

varchar(n)的长度为输入字符串的实际字符个数，而不一定是 n。例如，表中某列的数据类型为 varchar(100)，而输入的字符串为"ahjm1922"，则存储的就是字符 ahjm1922，其长度为 8 字节。当列中的字符数据值长度差不多时，如姓名，此时可使用 char；当列中的数据值长度显著不同时，使用

varchar 较为恰当，可以节省存储空间。

7. unicode 字符型

unicode 是"统一字符编码标准"，用于支持国际上非英语语种的字符数据的存储和处理。SQL Server 的 unicode 字符型可以存储 Unicode 标准字符集定义的各种字符。

unicode 字符型包括 nchar[(n)]和 nvarchar[(n)]两类。nchar 是固定长度 unicode 数据的数据类型，nvarchar 是可变长度 unicode 数据的数据类型，二者均使用 UNICODE UCS-2 字符集。

（1）nchar[(n)]：nchar[(n)]为包含 n 个字符的固定长度 unicode 字符型数据，n 的值在 1~4 000，长度为 2n 字节。若输入的字符串长度不足 n，将以空白字符补足。

（2）nvarchar[(n)]：nvarchar[(n)]为最多包含 n 个字符的可变长度 unicode 字符型数据，n 的值在 1~4 000，默认为 1。长度是所输入字符个数的两倍。

实际上，nchar、nvarchar 与 char、varchar 的使用非常相似，只是字符集不同（前者使用 unicode 字符集，后者使用 ASCII 字符集）。

8. 文本型

当需要存储大量的字符数据，如较长的备注、日志信息等时，字符型数据最长 8 000 个字符的限制可能使它们不能满足这种应用需求，此时可使用文本型数据。

文本型包括 text 和 ntext 两类，分别对应 ASCII 字符和 unicode 字符。

（1）text 类型：可以表示最大长度为 $2^{31}-1$ 个字符，其数据的存储长度为实际字符数个字节。

（2）ntext 类型：可表示最大长度为 $2^{30}-1$ 个 unicode 字符，其数据的存储长度是实际字符个数的两倍（以字节为单位）。

9. 二进制型

二进制数据类型表示的是位数据流，包括 binary（固定长度）和 varbinary（可变长度）两种。

（1）binary [(n)]：固定长度的 n 个字节二进制数据。n 的取值范围为 1~8 000，默认为 1。binary(n) 数据的存储长度为 n+4 个字节。若输入的数据长度小于 n，则不足部分用 0 填充；若输入的数据长度大于 n，则多余部分被截断。

（2）varbinary [(n)]：n 个字节变长二进制数据。n 取值范围为 1~8 000，默认为 1。varbinary(n) 数据的存储长度为实际输入数据长度+4 个字节。

10. 日期时间类型

日期时间类型数据用于存储日期和时间信息，日期时间数据类型包括 date、time、datetime2 和 datetimeoffset。

（1）datetime：可表示的日期范围从 1753 年 1 月 1 日到 9999 年 12 月 31 日，精确度为 0.03s（3.33ms 或 0.00333s）。例如，1~3ms 的值都表示为 0ms，4~6ms 的值都表示为 4ms。

datetime 类型数据长度为 8 字节，日期和时间分别使用 4 个字节存储。前 4 字节用于存储 datetime 类型数据中距 1900 年 1 月 1 日的天数。为正数表示日期在 1900 年 1 月 1 日之后，为负数则表示日期在 1900 年 1 月 1 日之前。后 4 字节用于存储 datetime 类型数据中距 12:00（24 小时制）的毫秒数。

用户以字符串形式输入 datetime 类型数据，系统也以字符串形式输出 datetime 类型数据。通常将用户输入到系统及系统输出的 datetime 类型数据的字符串形式称为 datetime 类型数据的"外部形式"，而将 datetime 在系统内的存储形式称为"内部形式"。SQL Server 负责 datetime 类型数据的两种表现形式之间的转换，包括合法性检查。

用户给出 datetime 类型数据值时，日期部分和时间部分分别给出。

日期部分的表示形式常用的格式如下：

年 月 日	2001 Jan 20、2001 January 20
年 日 月	2001 20 Jan
月 日[,]年	Jan 20 2001、Jan 20,2001、Jan 20,01
月 年 日	Jan 2001 20
日 月[,]年	20 Jan 2001、20 Jan,2001
日 年 月	20 2001 Jan
年（4 位数）	2001 表示 2001 年 1 月 1 日
年月日	20010120、010120
月/日/年	01/20/01、1/20/01、01/20/2001、1/20/2001
月-日-年	01-20-01、1-20-01、01-20-2001、1-20-2001
月.日.年	01.20.01、1.20.01、01.20.2001、1.20.2001

说明　　年可用 4 位或 2 位表示，月和日可用 1 位或 2 位表示。

时间部分常用的表示格式如下：

时:分	10:20、08:05
时:分:秒	20:15:18、20:15:18.2
时:分:秒:毫秒	20:15:18:200
时:分 AM|PM	10:10AM、10:10PM

（2）smalldatetime：可表示从 1900 年 1 月 1 日到 2079 年 6 月 6 日的日期和时间，数据精确到分钟。即 29.998s 或更低的值向下舍入为最接近的分钟，29.999s 或更高的值向上舍入为最接近的分钟。

smalldatetime 类型数据的存储长度为 4 字节，前 2 字节用来存储 smalldatetime 类型数据中日期部分距 1900 年 1 月 1 日之后的天数。后 2 字节用来存储 smalldatetime 类型数据中时间部分距中午 12 点的分钟数。

用户输入 smalldatetime 类型数据的格式与 datetime 类型数据完全相同，只是它们的内部存储可能不相同。

（3）date：可以表示从公元元年 1 月 1 日到 9999 年 12 月 31 日的日期，date 类型只存储日期数据，不存储时间数据，存储长度为 3 字节，表示形式与 datetime 数据类型的日期部分相同。

（4）time：只存储时间数据，表示格式为 "hh:mm:ss[.nnnnnnn]"。hh 表示小时，范围为 0 ~ 23。mm 表示分钟，范围为 0 ~ 59。ss 表示秒数，范围为 0 ~ 59。n 是 0 ~ 7 位数字，范围为 0 ~ 9 999 999，表示秒的小数部分，即微秒数。所以 time 数据类型的取值范围为 00:00:00.000 000 0 ~ 23:59:59.999 999 9。time 类型的存储大小为 5 字节。另外，还可以自定义 time 类型微秒数的位数，例如，time(1) 表示小数位数为 1，默认为 7。

（5）datetime2：也用于存储日期和时间信息。但是 datetime2 类型取值范围更广，日期部分取值范围从公元元年 1 月 1 日到 9999 年 12 月 31 日，时间部分的取值范围为 00:00:00.000 000 0 ~ 23:59:59.999 999。另外，用户还可以自定义 datetime2 数据类型中微秒数的位数，例如，datetime(2) 表示小数位数为 2。datetime2 类型的存储大小随着微秒数的位数（精度）而改变，精度小于 3 时为 6 字节，精度为 4 和 5 时为 7 字节，所有其他精度则需要 8 字节。

（6）datetimeoffset：也用于存储日期和时间信息，取值范围与 datetime2 类型相同。但 datetimeoffset 类型具有时区偏移量，此偏移量指定时间相对于协调世界时（UTC）偏移的小时和分钟数。

datetimeoffset 的格式为"YYYY-MM-DD hh:mm:ss[.nnnnnnn] [{+|−}hh:mm]"，其中，hh 为时区偏移量中的小时数，范围为 00~14，mm 为时区偏移量中的额外分钟数，范围为 00~59。时区偏移量中必须包含"+"（加）或"−"（减）号。这两个符号表示是在 UTC 时间的基础上加上还是从中减去时区偏移量以得出本地时间。时区偏移量的有效范围为−14:00~+14:00。

11. 时间戳型

标识符是 timestamp。若创建表时定义一个列的数据类型为时间戳类型，那么每当对该表加入新行或修改已有行时，都由系统自动将一个计数器值加到该列，即将原来的时间戳值加上一个增量。

记录 timestamp 列的值实际上反映了系统对该记录修改的相对（相对于其他记录）顺序。一个表只能有一个 timestamp 列。timestamp 类型数据的值实际上是二进制格式数据，其长度为 8 字节。

12. 图像数据类型

标识符是 image，它用于存储图片、照片等。实际存储的是可变长度二进制数据，介于 0 与 231−1（2 147 483 647）字节。该类型是为了向下兼容而保留的数据类型，微软推荐用户使用 varbinary(MAX)数据类型来替代 image 类型。

13. 其他数据类型

其他几种数据类型有：cursor、sql_variant、table、uniqueidentifier、xml 和 hierarchyid。

（1）cursor：游标数据类型，用于创建游标变量或定义存储过程的输出参数。

（2）sql_variant：一种存储 SQL Server 支持的各种数据类型（除 text、ntext、image、timestamp 和 sql_variant 外）值的数据类型。sql_variant 的最大长度可达 8 016 字节。

（3）table：用于存储结果集的数据类型，结果集可以供后续处理。

（4）uniqueidentifier：唯一标识符类型。系统将为这种类型的数据产生唯一标识值，它是一个 16 字节长的二进制数据。

（5）xml：用来在数据库中保存 xml 文档和片段的一种类型，但是此种类型文件的大小不能超过 2 GB。

（6）hierarchyid：可表示层次结构中的位置。

varchar、nvarchar、varbinary 这 3 种数据类型可以使用 MAX 关键字，如 varchar(MAX)、nvarchar(MAX)、varbinary(MAX)，加了 MAX 关键字的这几种数据类型最多可存放 231−1 个字节的数据，分别可以用来替换 text、ntext 和 image 数据类型。

3.1.2 表结构设计

定义表结构就是要确定表的名字、表的属性，同时确定表所包含的列名、列的数据类型、长度、是否可为空值、约束条件、默认值设置、规则，以及所需索

表结构设计

引、哪些列是主键、哪些列是外键等。这里仍以学生成绩管理系统的 3 个表：学生表（xsb）、课程表（kcb）和成绩表（cjb）为例介绍如何设计表的结构。

学生表包含的列有学号、姓名、性别、出生时间、专业、总学分、备注。为了便于理解，本书基础部分使用中文列标题表示列名，后面的综合实习使用英文字母来表示列名。设计的 xsb（数据库中学生表的名称）的表结构如表 3.3 所示。

表 3.3 学生表（xsb）表结构

列名	数据类型	长度	是否可空	默认值	说明
学号	定长字符型（char）	6	×	无	主键，前 2 位表示班级，中间 2 位为年级号，后 2 位为序号
姓名	定长字符型（char）	8	×	无	
性别	位型（bit）	默认值	√	1	1: 男；0: 女
出生时间	日期型（date）	默认值	√	无	
专业	定长字符型（char）	12	√	无	
总学分	整数型（int）	默认值	√	0	
备注	不定长字符型（varchar）	500	√	无	

对表中列名做如下说明。

"学号"列：学号值有一定的意义，例如，"191301"中"19"表示所属班级，"13"表示学生的年级，"01"表示学生在班级中的序号，所以"学号"列的数据类型可以是 6 位的定长字符型数据。"学号"能唯一标识一个学生，所以将"学号"列设为该表主键。

"姓名"列：姓名一般不超过 4 个中文字符，采用 8 字节字符型数据。

"性别"列：只有"男""女"两种值，所以可以使用 bit 型数据，值 1 表示"男"，值 0 表示"女"，默认是 1。

"出生时间"列：采用日期时间类型数据，列类型定为 date，可以进行日期运算。

"专业"列：因为假定保存专业不超过 6 个汉字，所以采用 12 字节字符型类型。

"总学分"列：是整数型数据，值为 0 ~ 160，列类型定为 int，默认值是 0。

"备注"列：需要存放学生的备注信息，备注信息的内容为 0 ~ 500 个字，所以应该使用 varchar 类型。

当然，如果要包含学生的"照片"列，可以使用 image 或 varbinary(MAX)数据类型；要包含学生的"联系方式"列，可以使用 xml 数据类型。

参照 xsb 表结构的设计方法，同样可以设计出其他两个表的结构，表 3.4 所示为 kcb 的表结构，表 3.5 所示为 cjb 的表结构。

表 3.4 课程表（kcb）表结构

列名	数据类型	长度	是否可空	默认值	说明
课程号	定长字符型（char）	3	×	无	主键
课程名	定长字符型（char）	16	×	无	
开课学期	整数型（tinyint）	1	√	1	范围为 1 ~ 8
学时	整数型（tinyint）	1	√	0	
学分	整数型（tinyint）	1	×	0	范围为 1 ~ 6

表 3.5 成绩表（cjb）表结构

列名	数据类型	长度	是否可空	默认值	说明
学号	定长字符型（char）	6	×	无	主键
课程号	定长字符型（char）	3	×	无	主键
成绩	整数型（int）	默认值	√	0	范围为 0 ~ 100

注意，cjb（成绩表）需要学号和课程两个字段合起来作为主键。

表结构设计完后就可以开始在数据库中创建表了，本书所用到的学生管理系统的表都在 xscj 数据库中创建。创建和操作数据库中的表既可以通过 "SSMS" 中的界面方式进行，也可以通过 T-SQL 命令方式进行。

3.2 界面方式创建表结构

数据库创建后，首先创建表结构；已经创建的表结构可以修改；不再使用的表可以删除。

3.2.1 创建表结构

例如，通过 "对象资源管理器" 创建表 xsb，步骤如下。

（1）启动 "SSMS"，在 "对象资源管理器" 中展开 "数据库"，右键单击 "xscj" 数据库菜单下的 "表" 选项，在弹出的快捷菜单中选择 "新建表" 菜单项，系统打开 "表设计器" 窗口。

在右边表 "属性" 页中显示数据库名称为 "xscj"，用户修改（表名称）为 "xsb"。

（2）在 "表设计器" 窗口中，根据附录已经设计好的 xsb 的表结构分别输入或选择各列的名称、数据类型、是否允许为空值等属性。

删除 "学号" 和 "姓名" 字段 "允许 Null 值"，使其不能为空。

（3）根据需要，可以在 "列属性" 选项卡中填入相应内容。在 "专业" 字段的 "默认值或绑定" 中输入 "计算机"；相应的性别字段 "默认值或绑定" 设置为 1；在总学分字段 "默认值或绑定" 设置为 0。

在 "说明" 项中分别填写有关字段的说明信息。

（4）在 "学号" 列上单击鼠标右键，选择 "设置主键" 菜单项，选择 "设为主键" 选项，该字段前就会显示小钥匙图标。

学生情况表（xsb）设计后的结果如图 3.1 所示，单击 "💾" 保存图标保存设计表结构。

使用同样的方法创建课程表，表格名称为 kcb；创建成绩表，名称为 cjb。

图 3.1 "表设计器" 窗口

在创建表时，如果主键由两个或两个以上的列组成（例如，课程表的主键为学号列和课程号列），在设置主键时，则需要在按住 "Ctrl" 键的同时选择多个列，然后右键单击选择 "设置主键" 菜单项，将多个列设置为表的主键。

3.2.2 修改表结构

在创建了一个表之后，使用过程中可能需要对表结构进行修改。默认情况下，SQL Server 用户不能通过界面方式修改表的结构。而需要先删除原来的表，再重新创建新表。如果需要通过界面方式修改表，在"SSMS"的面板中单击"工具"主菜单，选择"选项"子菜单，在出现的"选项"对话框中选择"设计器"，删去"阻止保存要求重新创建表的更改"复选框前的勾选。

1. 更改表名

在"对象资源管理器"中选择需要更名的表，单击鼠标右键，在弹出的快捷菜单上选择"重命名"菜单项，输入新的表名后确定。

SQL Server 虽然允许改变一个表的名字，但当表名改变后，与此相关的某些对象（如视图），以及通过表名与表相关的存储过程将无效。

2. 修改表结构

修改表结构包括增加列、删除列、修改已有列的属性（列名、数据类型、是否为空值等）。

在"对象资源管理器"中展开"数据库"，在选择的数据库中选择修改表，单击鼠标右键，在弹出的快捷菜单中选择"设计"菜单项，打开"表设计器"窗口。系统列出已经存在的表结构，用户就像界面设计表结构一样修改表结构。

如果要在某列之前加入新列，则可以右键单击该列，选择"插入列"，在空白行中填写列信息即可。如果要删除某列，则可以右键单击该列，选择"删除列"。修改完毕后，关闭该窗口，此时将弹出一个"保存更改"对话框，单击"是"按钮，保存修改后的表。

在 SQL Server 中，被删除的列是不可恢复的，所以在删除某一列之前需要慎重考虑。并且，在删除一个列以前，必须保证基于该列的所有索引和约束都已删除。

改变列的数据类型时，要求满足下列条件：

（1）原数据类型必须能够转换为新数据类型；

（2）新数据类型不能为 timestamp 类型；

（3）如果被修改列属性中有"标识规范"属性，则新数据类型必须是有效的"标识规范"数据类型。

表中尚未有记录值时，可以修改表结构，如更改列名、列的数据类型、长度和是否允许空值等属性；但当表中有了记录后，建议不要轻易改变表结构，特别不要改变数据类型，以免产生错误。

在修改列的数据类型时，如果列中存在列值，可能会弹出警告框，要确认修改单击"是"按钮，但是此操作可能会导致一些数据永久丢失，请谨慎使用。

另外，具有某些特性（具体参考有关文档）的列不能修改。

3.2.3 删除表

在"对象资源管理器"中展开"数据库"→选择数据库→选择表，单击鼠标右键，在弹出的快捷菜单上选择"删除"菜单项。系统弹出"删除对象"窗口。单击"确定"按钮即可删除指定表。

（1）删除一个表时，该表的定义、表中的所有数据，以及表的索引、触发器、约束等均被删除。

（2）不能删除系统表和外键约束所参照的表。

3.3 命令方式创建表结构

用命令方式同样可以创建表结构、修改表结构和删除表。

3.3.1 创建表结构：CREATE TABLE

创建表使用 CREATE TABLE 命令，其语法格式如下：

```
CREATE TABLE [数据库名. [架构名] . | 架构名.]表名
(
    <列定义>
    ......
    [ <表约束> ]
) ......
```

其中，<列定义>为：

```
列名 数据类型                                    /*指定列名、列的数据类型*/
[ FILESTREAM ]                                  /*指定 FILESTREAM 属性*/
[ COLLATE 排序名]                               /*指定排序规则*/
[ NULL | NOT NULL ]                             /*指定是否为空*/
[
    [ CONSTRAINT 约束名]
    DEFAULT 常量表达式                          /*指定默认值*/
]
| [ IDENTITY [ (初值, 增量) ] [ NOT FOR REPLICATION ]] /*指定列为标识列*/
[ ROWGUIDCOL ]                                  /*指定列为全局标识符列*/
[ <列约束> ... ]                                /*指定列的约束*/
```

（1）FILESTREAM：它允许以独立文件的形式存放大对象数据，而不是像以往一样将所有数据都保存到数据文件中。

（2）NULL|NOT NULL：NULL 表示列可以取空值，NOT NULL 表示列不可以取空值。

（3）DEFAULT 常量表达式：为所在列指定默认值，默认值"常量表达式"必须是一个常量值、标量函数或 NULL 值。DEFAULT 定义可适用于除定义为 timestamp 或带 identity 属性的列以外的任何列。

（4）IDENTITY：指出该列为标识符列，为该列提供一个唯一的、递增的值。"初值"是标识字段的起始值，默认值为 1；"增量"是标识增量，默认值为 1。如果为 IDENTITY 属性指定了 NOT FOR REPLICATION 选项，则复制代理执行插入时，标识列中的值将不会增加。

（5）ROWGUIDCOL：表示新列是行的全局唯一标识符列，ROWGUIDCOL 属性只能指派给 uniqueidentifier 列。该属性并不强制列中所存储值的唯一性，也不会为插入到表中的新行自动生成值。

（6）<列约束>：列的完整性约束，指定主键、替代键、外键等。例如，指定该列为主键则使用 PRIMARY KEY 关键字。

SQL Server 中创建的表通常称为持久表。在数据库中持久表一旦创建将一直存在，多个用户或者多个应用程序可以同时使用持久表。有时需要临时存放数据，例如，临时存储复杂的 SELECT 语句的结果。此后，可能要重复地使用这个结果，但这个结果又不需要永久保存，这时，可以使用临时表。用户可以像操作持久表一样操作临时表。只不过临时表的生命周期较短，当断开与该数据库的连接时，服务器会自动删除它们。

在表名称前添加"#"或"##"符号，创建的表就是临时表，添加"#"符号表示创建的是本地临时表，只能由创建者使用。添加"##"符号表示创建的是全局临时表，可以由所有的用户使用。

【例 3.1】 设已经创建了数据库 test1，现在该数据库中需创建学生情况表 xsb1，该表的结构如表 3.3 所示。

在"SSMS"中单击"新建查询"，在"查询编辑器"中输入下列 T-SQL 命令（见图 3.2）。

```
USE test1
GO
CREATE TABLE xsb1
(
    学号      char(6)      NOT NULL PRIMARY KEY,
    姓名      char(8)      NOT NULL,
    性别      bit          NULL DEFAULT 1,
    出生时间  date         NULL,
    专业      char(12)     NULL DEFAULT '计算机',
    总学分    int          NULL DEFAULT 0,
    备注      varchar(500) NULL
)
GO
```

因为当前数据库是"xscj""，使用 USE test1 语句将数据库 test1 指定为当前数据库，然后使用 CREATE TABLE 语句在该数据库中创建表 xsb1。如果在"SSMS"中当前的数据库为"test1"，则不需要使用 USE test1 语句。

执行命令后，在 test1 数据库中就创建了 xsb1 表，并且当前数据库变成了"test"，此后在 test1 数据库中操作不需要使用"USE test1"命令。

图 3.2 执行结果

【例 3.2】 创建一个带计算列的表 "pcj"，表中包含课程的课程号、总成绩和学习该课程的人数，以及课程的平均成绩。

```
CREATE TABLE pcj
(
    课程号      char(3)  PRIMARY KEY,
    总成绩      real     NOT NULL,
    人数        int      NOT NULL,
    平均成绩 AS 总成绩/人数 PERSISTED
)
```

如果没有使用 PERSISTED 关键字，则在计算列上不能添加 PRIMARY KEY、UNIQUE、DEFAULT 等约束条件。由于计算列上的值是通过服务器计算得到的，因而在插入或修改数据时不能对计算列赋值。

3.3.2 修改表结构：ALTER TABLE

修改表结构可以使用 ALTER TABLE 命令，语法格式如下：

```
ALTER TABLE [数据库名.[架构名]. | 架构名. ]表名
{
    ALTER COLUMN 列名{…}                          /*修改已有列的属性*/
    | ADD                                        /*添加列*/
    {
        <列定义>
        | 列名 AS 表达式[PERSISTED [NOT NULL]]    /*定义计算列*/
        | <表约束>
    } [ , … ]
    | DROP
    {
        [ CONSTRAINT ]约束名                      /*删除约束*/
        [ WITH ( <删除聚集约束选项> … ) ]
        | COLUMN 列名                             /*删除列*/
    } [ , … ]
    | [ WITH { CHECK | NOCHECK } ] { CHECK | NOCHECK } CONSTRAINT { ALL | 约束名 }
    ……
}
```

1. 命令主体

ALTER TABLE 命令主体结构说明如下。

（1）表名：要修改的表名。

（2）ALTER COLUMN 子句：修改表中指定列的属性，"列名"给出要修改的列。

若表中该列所存数据的数据类型与将要修改的列类型冲突，则发生错误。例如，原来 char 类型的列要修改成 int 类型，而原来列值包含非数字字符，则无法修改。

（3）ADD 子句：向表中增加新列，新列的定义方法与 CREATE TABLE 命令中定义列的方法相同。一次还可以添加多个列，中间用逗号隔开。

（4）DROP 子句：从表中删除列或约束。

在删除一个列以前，必须先删除基于该列的所有索引和约束。

（5）WITH 子句：[WITH { CHECK | NOCHECK }]指定表中的数据是否用新添加的或重新启用的 FOREIGN KEY 或 CHECK 约束进行验证。ALL 关键字指定启用或禁用所有约束。有关 FOREIGN

KEY 和 CHECK 约束的内容将在后面章节专门介绍。

2. ALTER COLUMN 子句

该子句的内容格式为：

```
ALTER COLUMN 列名
{
    类型名[（精度[，位数]）]
    [COLLATE 排序名]
    [NULL | NOT NULL]
    ……
}
```

（1）类型名：为被修改列的新的数据类型。当要修改成数值类型时，可以使用"（精度[，位数]）"分别指定数值的精度和小数位数。

（2）[NULL | NOT NULL]：表示将列设置为是否可为空，设置成 NOT NULL 时要注意表中该列是否有空数据。

【例 3.3】 在 test1 数据库 xsb1 表中增加"入学时间"列。

在 SSMS 中新建一个查询，并输入如下脚本：

```
USE test1
GO
ALTER TABLE xsb1
    ADD 入学时间 date
GO
```

输入完成后执行该脚本，然后可以在"对象资源管理器"中展开"xscj"中表 dbo.xsb 的结构查看执行结果。如果原表中已经存在和添加列同名的列，则语句运行将出错。

【例 3.4】 修改表 xsb1 中已有列的属性：将名为"姓名"的列长度由原来的 8 改为 10；将名为"入学时间"的列的数据类型由原来的 date 改为 small datetime。

新建一个查询，在查询分析器中输入并执行如下脚本：

```
ALTER TABLE xsb1
    ALTER COLUMN 姓名 char(10)
GO
ALTER TABLE xsb1
    ALTER COLUMN 入学时间 smalldatetime
GO
```

说明　在 ALTER TABLE 语句中，一次只能包含 ALTER COLUMN、ADD、DROP 子句中的一条。而且使用 ALTER COLUMN 子句时一次只能修改一个列的属性，所以这里需要使用两条 ALTER TABLE 语句。

如果删除"入学时间"列，则命令如下：

```
ALTER TABLE xsb1
    DROP COLUMN 入学时间
GO
```

3.3.3　删除表：DROP TABLE

语法格式：

```
DROP TABLE [数据库名.[架构名]. | 架构名.]表名[，...][;]
```

其中，"表名"是要被删除的表的名称。删除表后，数据库中不再存在（包括表结构）。

例如，删除 test1 数据库中的 pcj 表。命令如下：

```
DROP TABLE pcj
```

3.4　界面方式操作表数据

通过"SSMS"操作表数据的方法如下：在"对象资源管理器"中展开要操作的数据库，如"xscj"，选择要进行操作的表，如 xsb，单击鼠标右键，在弹出的快捷菜单中选择"编辑前 200 行"菜单项，打开表数据窗口。

在此窗口中，表中的记录将按行显示，每个记录占一行。可以看到，此时表中还没有数据。可向表中插入记录，之后可以删除和修改已经插入的记录。

3.4.1　插入记录

插入记录是将新记录添加在表尾，可以向表中插入多条记录。刚开始输入数据，光标定位在第1行，然后逐列输入列的值。输入完成后，将光标定位到当前表尾的下一行。

【例3.5】　参考本书附录中的数据样本，向表中插入数据。

输入时需要注意：

（1）没有输入数据的记录所有列显示为"NULL"。

（2）若表的某些列（例如，学号、姓名）不允许为空值，则必须为该列输入值，否则系统显示错误信息。已经输入内容的列系统显示"!"，如图 3.3（a）所示。

（3）输入不允许为空值的列，其他列没有输入时，光标定位就可以定位到下一行，此时设置默认值的列就会填入默认值，如图 3.3（b）所示。若列表内容与默认值不一致，则需要修改，如王林性别字段需要修改。

（a）　　　　　　　　　　　　　　　　　　　（b）

图 3.3　执行结果

（4）性别字段为"bit"类型，用户需要输入"1"或者"0"，系统对应显示"True"和"False"。

（5）输入的记录中的主键（学号）字段列不能重复值，否则在光标试图定位到下一行时系统显示错误信息，如图 3.4 所示，并且不能离开该行。

图 3.4　显示错误信息

图 3.5 所示为插入数据后的 xsb 表。

图 3.5　向表中插入记录

3.4.2　删除记录

当表中的某些记录不再需要时，要将其删除。在"对象资源管理器"中删除记录的方法是：在表数据窗口中定位需删除的记录行，单击该行最前面的黑色箭头处选择全行，单击鼠标右键，选择"删除"菜单项。选择"删除"后，将出现一个确认对话框，单击"是"按钮将删除所选择的记录，单击"否"按钮将不删除该记录。

3.4.3　修改记录

在操作表数据的窗口中修改记录数据的方法是：先定位被修改的记录字段，然后对该字段值进行修改，修改之后将光标移到下一行即可保存修改的内容。

3.5　命令方式操作表数据

对表数据的插入、修改和删除还可以通过 T-SQL 语句来进行，与界面操作表数据相比，通过 T-SQL 语句操作表数据更为灵活，功能更为强大。

3.5.1　插入记录：INSERT

插入记录使用 INSERT 语句，语法格式如下：

```
INSERT   [ TOP ( 表达式 ) [ PERCENT ] ]
[ INTO ] 表名 | 视图名
[ ( 列表 ) ]
VALUES ( DEFAULT | NULL | 表达式 ...      )    /*指定列值*/
| DEFAULT VALUES                               /*强制新行包含为每个列定义的默认值*/
```

（1）表名：被操作的表的名称。前面可以指定数据库名和架构名。

（2）视图名：被操作的视图名称。有关视图的内容将在第 4 章中介绍。

（3）列表：需要插入数据的列的列表。包含了新插入行的各列的名称。如果只给表的部分列插入数据时，需要用"列列表"指出这些列。

例如，当加入表中的记录的某些列为空值或为默认值时，可以在 INSERT 语句中给出的"列表"中省略这些列。没有在"列表"中指出的列，它们的值根据默认值或列属性来确定，其原则如下。

① 具有 IDENTITY 属性的列，其值由系统根据初值和增量值自动计算得到；

② 具有默认值的列，其值为默认值；

③ 没有默认值的列，若允许为空值，则其值为空值；若不允许为空值，则出错；

④ 类型为 timestamp 的列，系统自动赋值；

⑤ 如果是计算列，则使用计算值。

（4）VALUES 子句：包含各列需要插入的数据清单，数据的顺序要与列的顺序相对应。若省略"列列表"，则 VALUES 子句给出每一列（除 IDENTITY 属性和 timestamp 类型以外的列）的值。VALUES 子句中的值可有以下 3 种。

① DEFAULT：指定为该列的默认值。这要求定义表时必须指定该列的默认值。

② NULL：指定该列为空值。

③ 表达式：可以是一个常量、变量或一个表达式，其值的数据类型要与列的数据类型一致。例如，列的数据类型为 int，若插入的数据是'aaa'就会出错。当数据为字符型时，要用单引号括起来。

（5）DEFAULT VALUES：该关键字说明向当前表中所有列均插入其默认值。此时，要求所有列均定义了默认值。

【例 3.6】 向 test1 数据库的表 xsb1 中插入如下一行数据：

```
191301, 王林, 1, 1990-02-10, 计算机, 50 , NULL
```

在"SSMS"中单击"新建查询"，在"查询编辑器"中输入下列 T-SQL 命令：

```
USE test1
GO
INSERT INTO  xsb1
    VALUES('191301', '王林' , 1, '1990-02-10', '计算机',50, NULL)
GO
```

语句的执行结果如图 3.6 所示。

若插入数据行中含有与原有行中关键字相同的列值，则 INSERT 语句无法插入此行。

例如，如果重复执行上述命令，系统显示错误信息，如图 3.7 所示。

插入上例数据也可以使用以下命令：

```
INSERT INTO xsb1 (学号, 姓名, 性别, 出生时间, 总学分)
    VALUES('191301', '王林', 1, '1990-02-10', 50)
```

或者：

```
INSERT INTO xsb1
    VALUES('191301', '王林', 1, '1990-02-10', DEFAULT,50, NULL);
```

INSERT 语句可以一次向表中插入多条记录，中间用逗号隔开。

图 3.6　使用 T-SQL 语句向表中插入数据　　　　图 3.7　显示错误信息

【例 3.7】　一次向 test1 数据库 xsb1 表中插入两行数据：

```
'201301', '王海', 1, '1996-05-10', '软件工程', 50, NULL
'201302', '李娜', 0, '1996-04-12', '软件工程', 52, NULL
```

命令如下：

```
INSERT INTO xsb1 VALUES('201301', '王海', 1, '1991-05-10', '软件工程', 50, NULL), ('201302',
'李娜', 0, '1991-04-12', '软件工程', 52, NULL)
```

【例 3.8】　从 test1 数据库表 xsb1 中生成计算机专业的学生表（xsb2），包括学号、姓名、出生时间、总学分、备注。

（1）用界面方式或者 CREATE TABLE 语句建立表 xsb2，表结构与 xsb1 相同。

（2）用 INSERT 语句向 xsb2 表中插入数据：

```
INSERT INTO xsb2
    SELECT *
        FROM xsb1
        WHERE 专业= '计算机'
```

（3）使用 SELECT 语句从 xsb2 表中查询结果：

```
SELECT *
    FROM xsb2                                          /* xsb1 表的内容*/
```

执行结果如图 3.8 所示。

在执行 INSERT 语句时，如果插入的数据与约束或规则的要求产生冲突，或值的数据类型与列的数据类型不匹配，那么 INSERT 执行失败。

图 3.8　执行结果

3.5.2　修改记录：UPDATE

在 T-SQL 中，UPDATE 语句可以用来修改表中的数据行。

语法格式：

```
UPDATE [ TOP ( 表达式 ) [ PERCENT ] ]
{ 表名 | 视图名 }
SET { 列名=表达式, … }                              /*赋予新值*/
[ FROM <表源> …]
[ WHERE <查找条件> | … ]                           /*指定条件*/
……
```

（1）SET 子句：用于指定要修改的列或变量名及其新值。

（2）FROM 子句：指定用表来为更新操作提供数据。

（3）WHERE 子句：WHERE 子句中的<查找条件>指明只对满足该条件的行进行修改，若省略该子句，则对表中的所有行进行修改。

【例3.9】 将test1数据库的xsb1表中学号为"191301"的学生的备注值改为"外校互认学分课程"，同时将总学分+3。

```
USE test1
GO
UPDATE xsb1
    SET    备注 = '外校互认学分课程',
           总学分 = 总学分+3
    WHERE 学号='191301'
GO
```

执行完上述语句后，xsb1表学号为"191301"的学生的记录如图3.9所示。

图3.9 修改数据以后的表

对于学生成绩管理数据库，一般来说，学生表（xsb）总学分字段数据增加是由于在成绩表（cjb）中增加了记录（学生上一门课成绩合格），这两个表的记录修改命令是一起完成的。

3.5.3 删除记录：DELETE/TRUNCATE TABLE

在T-SQL语言中，删除表数据可以使用DELETE语句或TRUNCATE TABLE语句来实现，分别用于删除表中符合条件的记录和所有记录。

1. 删除符合条件记录

语法格式：

```
DELETE [ TOP ( 表达式 ) [ PERCENT ] ]
[ FROM  表名 | 视图名 | <表源> ]
[ WHERE  <查找条件>  | … ]              /*指定条件*/
```

（1）[TOP（表达式）[PERCENT]]：指定将要删除的任意行数或任意行的百分比。

（2）FROM子句：说明从何处删除数据。可以从以下3种类型的对象中删除数据。

表：由"表名"指定要从其中删除数据的表，关键字WITH指定目标表所允许的一个或多个表提示，一般情况下不需要使用WITH关键字。

视图：由"视图名"指定要从其中删除数据的视图，注意该视图必须可以更新，并且正确引用了一个基本表。

表源：将在介绍SELECT语句时详细讨论。

（3）WHERE子句：为删除操作指定条件。若省略WHERE子句，则DELETE语句将删除所有数据。

【例3.10】 将test1数据库的xsb1表中总学分为0的行删除，使用如下语句：

```
USE test1
GO
DELETE
```

```
        FROM  xsb1
        WHERE 总学分 = 0
GO
```

2. 删除表中所有记录

使用 TRUNCATE TABLE 语句将删除指定表中的所有数据，因此也称为清除表数据语句。

语法格式：

```
TRUNCATE TABLE  表名
```

（1）使用 TRUNCATE TABLE 语句删除了指定表中的所有行，但表结构及其列、约束、索引等保持不变，而新行标识所用的计数值重置为该列的初始值。如果要保留标识计数值，则要使用 DELETE 语句。

（2）"TRUNCATE TABLE 表名"与"DELETE 表名"二者均删除表中的全部行。但 TRUNCATE TABLE 比 DELETE 速度快，且使用的系统和事务日志资源少。DELETE 语句每次删除一行，并在事务日志中为所删除的每一行记录一项。而 TRUNCATE TABLE 通过释放存储表数据所用的数据页来删除数据，并且只在事务日志中记录页的释放。

对于由外键（FOREIGN KEY）约束引用的表，不能使用 TRUNCATE TABLE 语句删除数据，而应使用不带 WHERE 子句的 DELETE 语句。另外，TRUNCATE TABLE 语句也不能用于参与了索引视图的表。

（3）表记录删除后不能恢复。

（4）如果删除表记录的同时删除表结构，则使用"DROP TABLE 表名"命令。

例如，删除 test1 数据库的 xsb1 和 xsb2 表中的所有行。

```
USE test1
GO
DELETE  xsb1
GO
TRUNCATE TABLE xsb2
GO
DROP TABLE xsb3
GO
SELECT  *  FROM  xsb1                    /*显示没有记录*/
GO
SELECT  *  FROM  xsb2                    /*显示没有记录*/
GO
SELECT  *  FROM  xsb3                    /*显示错误信息，因为xsb3已经没有了*/
GO
```

习　题

一、选择题

1. 性别字段不宜选择（　　）。

    A. 字符型　　　　　　B. 整数型　　　　C. 位型　　　　　　D. 浮点型

2. 出生时间字段不宜选择（　　）。

    A. date　　　　　　B. char　　　　C. int　　　　　D. datetime

3. （　　）字段可以采用默认值。

    A. 姓名　　　　　　B. 专业　　　　C. 备注　　　　　D. 出生时间

4. 删除表所有记录（   ）。

    A. DELETE   B. DROP TABLE

    C. TRUNCATE TABLE   D. A 和 C

5. 修改记录内容不能采用（   ）。

    A. UPDATE   B. DELETE 和 INSERT

    C. 界面方式   D. ALTER

6. 删除列的内容不能采用（   ）。

    A. 界面先删除然后添加该字段   B. UPDATE

    C. DETETE   D. ALTER

7. 插入记录时（   ）不会出错。

    A. 非空字段为空   B. 主键内容不唯一

    C. 字符内容超过长度   D. 采用默认值的字段 INSERT 没有留位置

8. 采用（   ）可以控制字段输入的内容。

    A. 设置字段属性   B. 界面输入人为控制

    C. 先输入然后检查   D. 设置记录属性

二、问答题

1. 为什么姓名字段不能作为主键？为什么主键字段内容不能为空？学号字段为什么不采用数值型？简述性别字段采用字符型的优缺点。

2. 简述定长字符型和不定长字符型优缺点。

3. 简要说明空值的概念及其作用。

4. 在 SQL Server 2016 的"对象资源管理器"中对数据进行修改，与使用 T-SQL 语言修改数据相比较，哪一种方法功能更强大？更为灵活？试举例说明。

三、说明题

1. 用命令创建学生成绩（xscj）数据库中的课程表和成绩表，并向表中送入样本数据最后一行。

2. 写出创建产品销售数据库 cpxs 中所有表的 T-SQL 语句。所包含的表如下：

产品表：产品编号，产品名称，价格，库存量。

销售商表：客户编号，客户名称，地区，负责人，电话。

产品销售表：销售日期，产品编号，客户编号，数量，销售额。

3. 在创建的 cpxs 数据库的产品表中增加"产品简介"列，之后再删除该列。

4. 写出 T-SQL 语句，对产品销售数据库产品表进行如下操作。

（1）插入如下记录：

0001	空调	3000	200
0203	冰箱	2500	100
0301	彩电	2800	50
0421	微波炉	1500	50

（2）将产品数据库的产品表中每种商品的价格打 8 折。

（3）将产品数据库的产品表中价格打 8 折后低于 50 元的商品删除。

5. 把 testdb 数据库中 tabc 表中记录按照 lx 字段值分成 ta、tb 和 tc 3 个表。没有说明的内容自己定义。

第4章
数据库的查询、视图和游标

　　创建数据库和保存数据的主要目的是使用这些数据，使用的主要方法就是查询。查询的数据源可以来自一个或多个基本表及由此形成的数据集。
　　视图是由一个或多个基本表导出的数据信息，是组织信息的逻辑表，对于管理和查询数据非常方便。
　　游标在数据库与应用程序之间提供了数据处理单位的变换机制。
　　本章介绍数据库的查询、视图和游标。

4.1　数据库的查询：SELECT

　　当用户登录到 SQL Server 后，即被指定一个默认数据库，通常是 master 数据库。使用 "USE 数据库名" 可以选择当前要操作的数据库。例如，要选择 xscj 为当前数据库，可以使用如下语句实现：

```
USE xscj
GO
```

　　一旦选择了当前数据库后，若对操作的数据库对象加以限定，则其后的命令均是针对当前数据库中的表或视图等进行的。
　　下面介绍 SELECT 语句，它是 T-SQL 的核心。语法主体格式如下：

```
SELECT <输出列>                          /*指定查询结果输出列*/
  [ INTO 新表]                          /*指定查询结果存入新表*/
  [ FROM { <表源> } [ , … ] ]           /*指定查询源：表或视图*/
  [ WHERE <条件> ]                      /*指定查询条件*/
  [GROUP BY <分组条件> ]                 /*指定查询结果分组条件*/
  [ HAVING <分组统计条件>]               /*指定查询结果分组统计条件*/
  [ ORDER BY <排序顺序>]                 /*指定查询结果排序顺序*/
```

　　从这个主体语法可以看出，SELECT 语句返回一个表的结果集，通常该结果集称为表值表达式。

　　下面介绍 SELECT 的各个子句和主要功能。

4.1.1　选择查询结果输出列：*/列表

　　下面分不同情况说明选择查询结果输出列。

1. 选择所有列

使用"*"表示选择一个表或视图中的所有列。

【例4.1】 查询 xscj 数据库中 xsb 表的所有数据。

```
USE xscj
GO
SELECT *
    FROM xsb
GO
```

执行结束后"SSMS"的结果窗口中将显示 xsb 表的所有数据。

2. 选择一个表中指定的列

使用 SELECT 语句选择一个表中的某些列，各列名之间要以逗号分隔。

【例4.2】 查询 xsb 表中计算机专业同学的学号、姓名和总学分，查询 xsb 表中所有列。

```
SELECT 学号, 姓名, 总学分
    FROM xsb
    WHERE 专业 = '计算机'
```

执行后的结果窗口如图4.1所示。

3. 定义列别名

当希望查询结果中的某些列或所有列显示时使用自己定义的列标题时，可以在列名之后使用 AS 子句来更改查询结果的列标题名。

【例4.3】 查询 xsb 表中计算机系同学的学号、姓名和总学分，结果中各列的标题分别指定为 number、name 和 mark。代码如下，执行结果如图4.2所示。

图4.1　条件查询

图4.2　条件查询

```
SELECT 学号 AS number, 姓名 AS name, 总学分 AS mark
    FROM  xsb
    WHERE 专业= '计算机'
```

更改查询结果中的列标题也可以使用"列别名=表达式"的形式。例如：

```
SELECT  number = 学号, name = 姓名, mark = 总学分
    FROM  xsb
    WHERE 专业= '计算机'
```

当自定义的列标题中含有空格时，必须使用引号将标题括起来。例如：

```
SELECT  'Student number ' = 学号, 姓名 AS  'Student name', mark = 总学分
    FROM  xsb
    WHERE 专业= '计算机'
```

不允许在 WHERE 子句中使用列别名。这是因为，执行 WHERE 代码时，可能尚未确定列值。例如，下述查询是非法的：

```
SELECT 性别 AS SEX FROM xsb WHERE SEX=0;
```

4. 替换查询结果中的数据

在对表进行查询时，有时希望对所查询的某些列得到的是一种概念而不是具体的数据。例如，查询 xsb 表的总学分，希望知道的是学习的总体情况，这时，就可以用等级来替换总学分的具体数字。

要替换查询结果中的数据，则要使用查询中的 CASE 表达式，格式为：

```
CASE
    WHEN 条件 1 THEN 表达式 1
    WHEN 条件 2 THEN 表达式 2
    ……
    ELSE 表达式
END
```

【例 4.4】 查询 xsb 表中计算机系各同学的学号、姓名和总学分，对其总学分按以下规则进行替换：若总学分为空值，则替换为"尚未选课"；若总学分小于 50，则替换为"不及格"；若总学分在 50 与 52 之间，则替换为"合格"；若总学分大于 52，则替换为"优秀"。列标题更改为"等级"。

代码如下，执行结果如图 4.3 所示。

```
USE xscj
GO
SELECT 学号, 姓名, 等级=
    CASE
        WHEN 总学分 IS NULL THEN '尚未选课'
        WHEN 总学分 < 50 THEN '不及格'
        WHEN 总学分 >=50 and 总学分<=52 THEN '合格'
        ELSE '优秀'
    END
    FROM xsb
    WHERE 专业= '计算机'
GO
```

CASE 语句将在 T-SQL 语言一章介绍。

5. 计算列值

使用 SELECT 对列进行查询时，在结果中可以输出对列值计算后的值，即 SELECT 子句可使用表达式作为结果，格式为：

```
SELECT 表达式[, 表达式]
```

【例 4.5】 按 120 分计算成绩并显示学号为"191301"的学生的成绩情况。

代码如下，执行结果如图 4.4 所示。

```
USE xscj
GO
SELECT  学号, 课程号, 成绩120=成绩*1.20
    FROM cjb
    WHERE 学号= '191301'
```

计算列值使用算术运算符：+（加）、-（减）、*（乘）、/（除）和%（取余）。其中，算术运算符（+、-、*、/）可以用于任何数字类型的列，包括 int、smallint、tinyint、decimal、numeric、float、real、money 和 smallmoney；%可以用于上述除 money 和 smallmoney 以外的数字类型。

6. 消除结果集中的重复行

对表只选择某些列时，可能会出现重复行。例如，若对 xscj 数据库的 xsb 表只选择专业和总学分，则出现多行重复的情况。可以使用 DISTINCT 关键字消除结果集中的重复行，其格式是：

```
SELECT DISTINCT | ALL 列名[,列名…]
```

关键字 DISTINCT 的含义是：对结果集中的重复行只选择一个，保证行的唯一性。

【例 4.6】 对 xscj 数据库的 xsb 表只选择专业和总学分，消除结果集中的重复行。

代码如下，执行结果如图 4.5 所示。

```
USE xscj
GO
SELECT DISTINCT 专业 FROM xsb
```

	学号	姓名	等级
1	191301	王林	合格
2	191302	程明	合格
3	191303	王燕	合格
4	191304	韦严平	合格
5	191306	李方方	合格
6	191307	李明	优秀
7	191308	林一帆	不及格
8	191309	张强民	合格
9	191310	张蔚	合格
10	191311	赵琳	合格
11	191313	严红	不及格

图 4.3 执行结果

	学号	课程号	成绩120
1	191301	101	96.00
2	191301	102	93.60
3	191301	206	91.20

图 4.4 执行结果

	专业
1	计算机
2	通信工程

图 4.5 执行结果

与 DISTINCT 相反，当使用关键字 ALL 时，将保留结果集中的所有行。当 SELECT 语句中省略 ALL 与 DISTINCT 时，默认值为 ALL。

7. 限制结果集返回行数

如果 SELECT 语句返回的结果集的行数非常多，那么可以使用 TOP 选项限制其返回的行数。TOP 选项的基本格式为：

```
[ TOP 表达式[ PERCENT ] [ WITH TIES ] ]
```

指示只能从查询结果集返回指定的第一组行或指定的百分比数目的行。"表达式"可以是指定数目或百分比数目的行。若带 PERCENT 关键字，则表示返回结果集的前（表达式值）%行。

【例 4.7】 对 xscj 数据库的 xsb 表选择姓名、专业和总学分，返回结果集的前 6 行。

```
SELECT TOP 6 姓名,专业,总学分
    FROM xsb
```

8. 选择用户定义数据类型列

有关用户定义数据类型的内容将在后面章节详细讨论。

9. 聚合函数

SELECT 子句的表达式中还可以包含所谓的聚合函数。聚合函数常常用于对一组值进行计算，然后返回单个值。聚合函数通常与 GROUP BY 子句一起使用。如果一个 SELECT 语句中有一个 GROUP BY 子句，则这个聚合函数对所列起作用；如果没有，则 SELECT 语句只产生一行作为结果。SQL Server 所提供的聚合函数如表 4.1 所示。

表 4.1	聚合函数表
函数名	说明
AVG	求组中值的平均值
BINARY_CHECKSUM	返回对表中的行或表达式列表计算的二进制校验值，可用于检测表中行的更改
CHECKSUM	返回在表的行上或在表达式列表上计算的校验值，用于生成哈希索引
CHECKSUM_AGG	返回组中值的校验值
COUNT	求组中项数，返回 int 类型整数
COUNT_BIG	求组中项数，返回 bigint 类型整数
GROUPING	产生一个附加的列
GROUPING_ID	为聚合列列表中的每一行创建一个值以标识聚合级别
MAX	求最大值
MIN	求最小值
SUM	返回表达式中所有值的和
STDEV	返回给定表达式中所有值的统计标准偏差
STDEVP	返回给定表达式中所有值的填充统计标准偏差
VAR	返回给定表达式中所有值的统计方差
VARP	返回给定表达式中所有值的填充的统计方差

下面对常用的聚合函数进行介绍。

（1）SUM 和 AVG

SUM 和 AVG 分别用于求表达式中所有值项的总和与平均值，语法格式为：

```
SUM /AVG ( [ ALL | DISTINCT ]表达式 )
```

其中，"表达式"可以是常量、列、函数或表达式，其数据类型只能是 int、smallint、tinyint、bigint、decimal、numeric、float、real、money 和 smallmoney。ALL 表示对所有值进行运算，DISTINCT 表示去除重复值，默认为 ALL。SUM / AVG 忽略 NULL 值。

【例 4.8】　求所有课程的总学分和选修 101 课程的学生的平均成绩。

```
SELECT SUM(学分) AS '总学分'
    FROM kcb
```

执行结果如图 4.6 所示。

图 4.6　执行结果

使用聚合函数作为 SELECT 的选择列时，若不为其指定列标题，则系统将对该列输出标题"无列名"。

（2）MAX 和 MIN

MAX 和 MIN 分别用于求表达式中所有值项的最大值与最小值，语法格式为：

```
MAX / MIN ( [ ALL | DISTINCT ]表达式 )
```

其中，"表达式"可以是常量、列、函数或表达式，其数据类型可以是数字、字符和时间日期类型。ALL、DISTINCT 的含义及默认值与 SUM/AVG 函数相同。MAX/MIN 忽略 NULL 值。

【例 4.9】　求选修 101 课程的学生的最高分和最低分。

```
SELECT  MAX(成绩) AS '计算机基础最高分' , MIN(成绩) AS '计算机基础最低分'
    FROM  cjb
    WHERE 课程号 = '101'
```

（3）COUNT

COUNT 用于统计组中满足条件的行数或总行数，格式为：

```
COUNT ( { [ ALL | DISTINCT ]表达式 } | * )
```

其中，"表达式"的数据类型是除 text、image 或 ntext 之外的任何类型。ALL、DISTINCT 的含义及默认值与 SUM/AVG 函数相同，COUNT 忽略 NULL 值。

【例 4.10】 求学生的总数、总学分在 50 分以上的人数和专业个数。

```
SELECT  COUNT(*) AS  '学生总数' , COUNT(DISTINCT 专业)  AS  '专业个数'
    FROM  xsb ;
GO
SELECT COUNT(总学分)  AS  '总学分>50 分人数'
    FROM  xsb
    WHERE 总学分>50 ;
GO
```

执行结果如图 4.7 所示。

图 4.7　执行结果

使用 COUNT(*)时将返回检索行的总数目，不论其是否包含 NULL 值。

COUNT_BIG 函数的格式、功能与 COUNT 函数相同，区别仅在于 COUNT_BIG 返回 bigint 类型值。

4.1.2　选择查询条件：WHERE

下面分不同情况说明选择查询条件。

1.　表达式比较

比较运算符用于比较两个表达式值，共有 9 个，分别是 =（等于）、<（小于）、<=（小于等于）、>（大于）、>=（大于等于）、<>（不等于）、!=（不等于）、!<（不小于）、!>（不大于）。比较运算的格式为：

```
表达式 1 {比较运算符} 表达式 2
```

其中，"表达式"是除 text、ntext 和 image 以外类型的表达式。

当两个表达式值均不为空值（NULL）时，比较运算返回逻辑值 TRUE（真）或 FALSE（假）。而当两个表达式值中有一个为空值或都为空值时，比较运算将返回 UNKNOWN。

可以将多个判定运算的结果通过逻辑运算符（NOT、AND 和 OR）再组成更为复杂的查询条件。

【例 4.11】 查询 xsb 表中通信工程专业总学分大于等于 42 的同学的情况。

```
SELECT *
    FROM  xsb
    WHERE 专业= '通信工程'  AND 总学分 >= 42
```

执行结果如图 4.8 所示。

2.　模式匹配

LIKE 谓词用于指出字符串是否与指定的字符串相匹配，返回逻辑值 TRUE 或 FALSE。LIKE 谓词表达式的格式为：

```
表达式[ NOT ] LIKE 模式串[ ESCAPE 转义符]
```

图 4.8　执行结果

（1）表达式：一般为字符串表达式，在查询语句中可以是列名。

（2）模式串：可以使用通配符，表 4.2 列出了 LIKE 谓词可以使用的通配符及其说明。

（3）转义符：应为有效的 SQL Server 字符，没有默认值，且必须为单个字符。当模式串中含有与通配符相同的字符时，应通过该字符前的转义符指明其为模式串中的一个匹配字符。使用 ESCAPE 可指定转义符。

（4）NOT LIKE：NOT LIKE 与 LIKE 的作用相反。

表 4.2　　　　　　　　　　　　　　　通配符列表

通配符	说明
%	代表倒数
_（下画线）	代表单个字符
[ ]	指定范围（如[a-f]、[0-9]）或集合（如[abcdef]）中的任何单个字符
[^]	指定不属于范围（如[^a-f]、[^0-9]）或集合（如[^abcdef]）的任何单个字符

使用带%通配符的 LIKE 时，模式字符串中的所有字符都有意义，包括起始或尾随空格。

【例 4.12】 查询 xsb 表中姓"王"且单名的学生情况。

```
SELECT  *
    FROM xsb
    WHERE 姓名 LIKE '王_ '
```

执行结果如图 4.9 所示。

【例 4.13】 查询 xsb 表中学号倒数第 5 个数字为 9，最后 1 个数在 1～5 的学生学号、姓名及专业。

```
SELECT 学号,姓名,专业
    FROM xsb
    WHERE 学号 LIKE '%9_ _ _[1-5]'
```

执行结果如图 4.10 所示。

图 4.9　执行结果　　　　　　　　　　图 4.10　执行结果

如果需要查找一个通配符，则必须使用一个转义字符。

3. 范围比较

用于范围比较的关键字有两个：BETWEEN 和 IN。

（1）当要查询的条件是某个值的范围时，可以使用 BETWEEN 关键字。BETWEEN 关键字指出查询范围，格式为：

```
表达式[ NOT ] BETWEEN 表达式1 AND 表达式2
```

当不使用 NOT 时，若"表达式"的值在"表达式 1"与"表达式 2"之间（包括这两个值），则返回 TRUE，否则返回 FALSE；当使用 NOT 时，返回值刚好相反。

注意

"表达式1"的值不能大于"表达式2"的值。

【例4.14】 查询xsb表中不在1995年出生的学生情况。

```
SELECT 学号, 姓名, 专业, 出生时间
    FROM xsb
    WHERE 出生时间 NOT BETWEEN '1995-1-1' and '1995-12-31'
```

（2）使用IN关键字可以指定一个值表，值表中列出所有可能的值，当与值表中的任何一个匹配时，即返回TRUE，否则返回FALSE。使用IN关键字指定值表的格式为：

```
表达式 IN ( 表达式[, …])
```

【例4.15】 查询xsb表中专业为"软件工程"或"通信工程"学生的情况。

```
SELECT *
    FROM xsb
    WHERE 专业 IN ('软件工程', '通信工程')
```

该语句与下列语句等价：

```
SELECT *
    FROM xsb
    WHERE 专业= '计算机' OR 专业= '通信工程'
```

4. 空值比较

当需要判定一个表达式的值是否为空值时，使用IS NULL关键字，格式为：

```
表达式 IS [ NOT ] NULL
```

当不使用NOT时，若表达式的值为空值，则返回TRUE，否则返回FALSE；当使用NOT时，结果刚好相反。

【例4.16】 查询备注为空（没有备注内容）的学生。

```
SELECT *
    FROM xsb
    WHERE 备注 IS NULL
```

5. 子查询

在查询条件中，可以使用另一个查询的结果作为条件的一部分，例如，判定列值是否与某个查询的结果集中的值相等，作为查询条件一部分的查询称为子查询。

T-SQL允许SELECT多层嵌套使用，用来表示复杂的查询。子查询除了可以用在SELECT语句中，还可以用在INSERT、UPDATE及DELETE语句中。子查询通常与IN、EXIST谓词及比较运算符结合使用。

（1）IN子查询

IN子查询用于判断一个给定值是否在子查询结果集中，格式为：

```
表达式[ NOT ] IN ( 子查询 )
```

当表达式与子查询的结果表中的某个值相等时，IN谓词返回TRUE，否则返回FALSE；若使用了NOT，则返回的值刚好相反。

【例4.17】 查找选修了课程号为206的学生的情况。

在"查询分析器"窗口中输入并执行如下查询脚本：

```
USE xscj
GO
SELECT *
    FROM xsb
    WHERE 学号 IN
        ( SELECT 学号
            FROM cjb
```

```
                    WHERE 课程号 = '206'
                )
```

本例中，先执行子查询：

```
SELECT 学号 FROM cjb WHERE 课程名 = '206'
```

得到一个只含有学号列的表，cjb 表中每个课程名列值为 206 的行在结果表中都有一行。再执行
外查询，若 xsb 表中某行的学号列值等于子查询结果表中的任一个值，该行就被选择。

IN 和 NOT IN 子查询只能返回一列数据。对于较复杂的查询，可以使用嵌套的子查询。

【例 4.18】 查找未选修离散数学的学生情况。

```
SELECT  *
    FROM  xsb
    WHERE 学号 NOT IN
        (
            SELECT 学号
                FROM cjb
                WHERE 课程号 IN
                    (
                        SELECT 课程号
                            FROM kcb
                            WHERE  课程名 = '离散数学'
                    )
        )
```

（2）比较子查询

这种子查询可以认为是 IN 子查询的扩展，它使表达式的值与子查询的结果进行比较运算，格式为：

```
表达式  {比较运算符} { ALL | SOME | ANY } ( 子查询 )
```

其中，ALL、SOME 和 ANY 说明对比较运算的限制。

ALL 指定表达式要与子查询结果集中的每个值都进行比较，当表达式与每个值都满足比较的关
系时，才返回 TRUE，否则返回 FALSE。

SOME 或 ANY 表示表达式只要与子查询结果集中的某个值满足比较的关系，就返回 TRUE，
否则返回 FALSE。

【例 4.19】 查找选修了离散数学的学生学号。

```
SELECT 学号
    FROM cjb
    WHERE  课程号 =
        (
            SELECT 课程号
                FROM kcb
                WHERE 课程名 ='离散数学'
        );
```

【例 4.20】 查找比所有计算机系的学生年龄都大的学生。

```
SELECT  *
    FROM  xsb
    WHERE 出生时间 <ALL
        (
            SELECT 出生时间
                FROM xsb
                WHERE 专业= '计算机'
        )
```

【例 4.21】 查找 206 号课程成绩不低于 101 号课程最低成绩的学生学号。

```
SELECT 学号
    FROM cjb
    WHERE  课程号 = '206'  AND 成绩 !< ANY
```

(image crops omitted)

```
                (
                    SELECT 成绩
                        FROM cjb
                        WHERE 课程号 = '101'
                )
```

（3）EXISTS 子查询

EXISTS 谓词用于测试子查询的结果是否为空表，若子查询的结果集不为空，则 EXISTS 返回 TRUE，否则返回 FALSE。EXISTS 还可与 NOT 结合使用，即 NOT EXISTS，其返回值与 EXISTS 刚好相反。其格式为：

```
[ NOT ] EXISTS ( 子查询 )
```

【例 4.22】 查找选修 206 号课程的学生姓名。

```
SELECT 姓名
    FROM  xsb
    WHERE  EXISTS
            (
                SELECT  *
                    FROM  cjb
                    WHERE 学号 = xsb.学号 AND 课程号 = '206'
            )
```

分析：

① 子查询的条件中使用了限定形式的列名引用 "xsb.学号"，表示这里的 "学号" 列出自表 xsb。

② 与前面的子查询例子的不同点是，前面的例子中内层查询只处理一次，得到一个结果集，再依次处理外层查询；而本例的内层查询要处理多次，因为内层查询与 xsb.学号有关，外层查询中 xsb 表的不同行有不同的学号值。这类查询称为相关子查询，因为子查询的条件依赖于外层查询中的某些值。

其处理过程如下：

首先查找外层查询中 xsb 表的第一行，根据该行的学号列值处理内层查询，若结果不为空，则 WHERE 条件为真，就把该行的姓名值取出作为结果集的一行；然后再找 xsb 表的第 2、第 3、…、第 n 行，重复上述处理过程直到 xsb 表的所有行都查找完为止。

【例 4.23】 查找选修了全部课程的同学的姓名。

```
SELECT 姓名
    FROM xsb
    WHERE NOT EXISTS
            (
                SELECT *
                    FROM kcb
                    WHERE NOT EXISTS
                            (
                                SELECT  *
                                    FROM cjb
                                    WHERE 学号=xsb.学号 AND 课程号=kcb.课程号
                            )
            )
```

由于没有人选全部课程，所以结果为空。

另外，子查询还可以用在 SELECT 语句的其他子句中，如 FROM 子句。

SELECT 关键字后面也可以定义子查询。

【例 4.24】 从 xsb 表中查找所有女学生的姓名、学号及其与"191301"号学生的年龄差距。

```
SELECT 学号, 姓名, YEAR(出生时间)-
                YEAR( ( SELECT 出生时间
                        FROM xsb
                        WHERE 学号='191301'
                    )
                ) AS 年龄差距
    FROM xsb
    WHERE 性别=0
```

　　YEAR 函数用于取出日期类型数据的年份。

4.1.3　指定查询对象：FROM

SELECT 的查询对象由 FROM 子句指定，查询对象主要包括表或视图，称为表源。

1. 表或视图名

表或视图名指定 SELECT 语句要查询的表或视图，表和视图可以是一个或多个，有关视图的内容在下一节中介绍。

【例 4.25】 查找 kcb 表中 101 号课程的开课学期。

```
USE xscj
GO
SELECT 开课学期
    FROM kcb
    WHERE 课程号= '101'
```

查询结果为 1。

【例 4.26】 查找 191301 号学生计算机基础课的成绩。

```
SELECT 成绩
    FROM cjb, kcb
    WHERE cjb.课程号=kcb.课程号
            AND 学号='191301'
            AND 课程名='计算机基础'
```

可以使用 AS 选项为表指定别名，AS 关键字也可以省略，直接给出别名即可。别名主要用在相关子查询及连接查询中。如果 FROM 子句指定了表别名，则这条 SELECT 语句中的其他子句都必须使用表别名来代替原始的表名。

【例 4.27】 查找选修了与学号为 191302 的同学所选修的课程完全相同的同学的学号。

分析：本例即要查找这样的学号 y，对所有的课程号 x，若 191302 号同学选修了该课，那么 y 也选修了该课。

```
SELECT  DISTINCT 学号
    FROM cjb AS CJ1
    WHERE NOT EXISTS
        (
            SELECT  *
                FROM  cjb AS  CJ2
                WHERE  CJ2.学号 = '191302'   AND  NOT  EXISTS
                    (
                        SELECT  *
                            FROM cjb AS CJ3
                            WHERE CJ3. 学号= CJ1.学号 AND  CJ3.课程号 = CJ2.课程号
                    )
        )
```

2. 导出表

导出表表示由子查询中 SELECT 语句的执行而返回的表，但必须使用 AS 关键字为子查询产生的中间表定义一个别名。

【例 4.28】 从 xsb 表中查找总学分大于 50 的男同学的姓名和学号。

```
SELECT 姓名,学号,总学分
   FROM ( SELECT  姓名, 学号, 性别, 总学分
                  FROM xsb
                  WHERE 总学分>=50
          ) AS student
   WHERE 性别=1
```

执行结果如图 4.11 所示。

 说明　在这个例子中，首先处理 FROM 子句中的子查询，将结果放到一个中间表中并为表定义一个名称 student，然后再根据外部查询条件从 student 表中查询出数据。另外，子查询还可以嵌套使用。

子查询用于 FROM 子句时，也可以为列指定别名。

【例 4.29】 在 xsb 表中查找 1995 年 1 月 1 日以前出生的学生的姓名和专业。

```
SELECT  student.name, student.speciality
   FROM ( SELECT * FROM xsb WHERE 出生时间<'19950101' )
   AS student( num, name, sex, birthday, speciality,score, mem )
```

执行结果如图 4.12 所示。

图 4.11　执行结果

图 4.12　执行结果

 注意　若要为列指定别名，则必须为所有列指定别名。

4.1.4　连接：=/JOIN

连接是两元运算，可以对两个或多个表进行查询，结果通常是含有参加连接运算的两个表（或多个表）的指定列的表。例如，在 xscj 数据库中要查找选修了离散数学课程的学生的姓名和成绩，就需要将 xsb、kcb 和 cjb 3 个表进行连接，才能查找到结果。

在实际的应用中，多数情况下，用户查询的列都来自多个表。例如，在学生成绩数据库中查询选修了某个课程号的课程的学生姓名、该课课程名和成绩，所需要的列来自 xsb、kcb 和 cjb3 个表。把涉及多个表的查询称为连接查询。

在 T-SQL 中,连接查询有两类表示形式:一是符合 SQL 标准的连接谓词表示形式;另一是 T-SQL

扩展的使用关键字 JOIN 的表示形式。

1. 连接谓词

可以在 SELECT 语句的 WHERE 子句中使用比较运算符给出连接条件对表进行连接，这种表示形式称为连接谓词表示形式。

【例 4.30】 查找 xscj 数据库每个学生的情况以及选修的课程情况。

```
USE  xscj
GO
SELECT xsb.* , cjb.*
    FROM xsb , cjb
    WHERE xsb.学号 = cjb.学号
```

结果表将包含 xsb 表和 cjb 表的所有列。

 连接谓词中的两个列（即字段）称为连接字段，它们必须是可比的。如本例连接谓词中的两个字段分别是 xsb 和 cjb 表中的学号字段。不同表中的字段名，需要在字段名之前加上表名以示区别。

连接谓词中的比较符可以是 <、<=、=、>、>=、!=、<>、!< 和 !>，当比较符为 "=" 时，就是等值连接。

（1）自然连接

它在目标列中去除相同的字段名。

【例 4.31】 自然连接查询。

```
SELECT xsb.* , cjb.课程号, cjb.成绩
    FROM xsb , cjb
    WHERE xsb.学号= cjb.学号
```

本例所得的结果表包含以下字段：学号、姓名、性别、出生时间、专业、总学分、备注、课程号、成绩。若选择的字段名在各个表中是唯一的，则可以省略字段名前的表名。

如本例的 SELECT 语句也可写为：

```
SELECT xsb.* , 课程号, 成绩
    FROM xsb , cjb
    WHERE xsb.学号 = cjb.学号
```

【例 4.32】 查找选修了 206 号课程且成绩在 80 分以上的学生姓名及成绩。

```
SELECT 姓名, 成绩
    FROM xsb , cjb
    WHERE xsb.学号 = cjb.学号 AND 课程号 = '206' AND 成绩 >= 80
```

执行结果如图 4.13 所示。

（2）多表连接

有时用户所需的字段来自两个以上的表，那么就要对两个以上的表进行连接，称之为多表连接。

【例 4.33】 查找选修了 "计算机基础" 课程且成绩在 80 分以上的学生学号、姓名、课程名及成绩。

```
SELECT xsb.学号, 姓名, 课程名, 成绩
    FROM  xsb , kcb , cjb
    WHERE  xsb.学号 = cjb.学号
        AND  kcb.课程号 = cjb.课程号
        AND  课程名 = '计算机基础'
        AND  成绩 >= 80
```

执行结果如图 4.14 所示。

	姓名	成绩
1	王燕	81
2	李方方	80
3	林一帆	87
4	张蔚	89

图 4.13　执行结果

	学号	姓名	课程名	成绩
1	191301	王林	计算机基础	80
2	191304	韦严平	计算机基础	90
3	191308	林一帆	计算机基础	85
4	191310	张蔚	计算机基础	95
5	191311	赵琳	计算机基础	91
6	221301	王敏	计算机基础	80
7	221303	王玉民	计算机基础	87
8	221304	马琳琳	计算机基础	91
9	221316	孙祥欣	计算机基础	81
10	221320	吴薇华	计算机基础	82
11	221341	罗林琳	计算机基础	90

图 4.14　执行结果

连接和子查询可能都要涉及两个或多个表，要注意连接与子查询的区别：连接可以合并两个或多个表中的数据，而带子查询的 SELECT 语句的结果只能来自一个表，子查询的结果是用来作为选择结果数据时进行参照的。

2. 以 JOIN 关键字指定的连接

T-SQL 扩展了以 JOIN 关键字指定连接的表示方式，使表的连接运算能力有所增强。FROM 子句的<连接表>表示将多个表连接起来。

格式如下：

```
<连接表> ::=
{
    <表源> <类型> <表源> ON <查询条件>
    | <表源> CROSS JOIN <表源>
    | 左表源 { CROSS | OUTER } APPLY 右表源
    | [ ( ) <连接表> [ ] ]
}
```

说明

（1）<表源>：准备要连接的表。

（2）<类型>：表示连接类型。

格式为：

```
<类型> ::=
    [ { INNER | { { LEFT | RIGHT | FULL } [ OUTER ] } } [ <连接提示> ] ] JOIN
```

其中，INNER 表示内连接，OUTER 表示外连接。

（3）ON：用于指定连接条件，<查询条件>为连接的条件。

（4）APPLY 运算符：使用 APPLY 运算符可以为实现查询操作的外部表表达式返回的每个行调用表值函数。"左表源"为外部表值表达式，"右表源"为表值函数。通过对右表源求值来获得左表源每一行的计算结果，生成的行被组合起来作为最终输出。APPLY 运算符生成的列的列表是左表源中的列集，后跟右表源返回的列的列表。CROSS APPLY 仅返回外部表中通过表值函数生成结果集的行。OUTER APPLY 既返回生成结果集的行，也返回不生成结果集的行。

（5）CROSS JOIN：表示交叉连接。

以 JOIN 关键字指定的连接有 3 种类型：内连接、外连接、交叉连接。

① 内连接。

指定了 INNER 关键字的连接是内连接，内连接按照 ON 所指定的连接条件合并两个表，返回满足条件的行。

【例 4.34】 查找 xscj 数据库中每个学生的情况以及选修的课程情况。

```
SELECT *
    FROM xsb INNER JOIN cjb
        ON xsb.学号 =cjb.学号
```

执行的结果将包含 xsb 表和 cjb 表的所有字段（不去除重复字段—学号）。

内连接是系统默认的，可以省略 INNER 关键字。使用内连接后仍可使用 WHERE 子句指定条件。

【例 4.35】 查询选修了 206 课程且成绩大于 80 的学生姓名和成绩？

```
SELECT 姓名, 成绩
    FROM xsb JOIN cjb
        ON xsb.学号 = cjb.学号
    WHERE 课程号 = '206' AND 成绩>=80
```

内连接还可以用于多个表的连接。

【例 4.36】 用 FROM 子句的 JOIN 关键字表达下列查询：查找选修了"计算机基础"课程且成绩在 80 分以上的学生学号、姓名、课程名及成绩。

```
SELECT   xsb.学号, 姓名, 课程名, 成绩
    FROM xsb JOIN cjb JOIN kcb
        ON  cjb.课程号 = kcb.课程号
        ON  xsb.学号 = cjb.学号
    WHERE 课程名= '计算机基础'  AND 成绩>=80
```

作为一种特例，可以将一个表与它自身进行连接，称为自连接。若要在一个表中查找具有相同列值的行，则可以使用自连接。使用自连接时需为表指定两个别名，且对所有列的引用均要用别名限定。

【例 4.37】 查找不同课程成绩相同的学生的学号、课程号和成绩。

```
SELECT a.学号, a.课程号, b.课程号, a.成绩
    FROM cjb a  JOIN  cjb b
        ON  a.成绩=b.成绩 AND  a.学号=b.学号 AND  a.课程号!=b.课程号
```

执行结果如图 4.15 所示。

② 外连接。

指定了 OUTER 关键字的连接为外连接，外连接的结果表不但包含满足连接条件的行，还包括相应表中的所有行。外连接包括以下 3 种。

	学号	课程号	课程号	成绩
1	191302	102	206	78
2	191302	206	102	78

图 4.15　执行结果

● 左外连接（LEFT OUTER JOIN）：结果表中除了包括满足连接条件的行，还包括左表的所有行。

● 右外连接（RIGHT OUTER JOIN）：结果表中除了包括满足连接条件的行，还包括右表的所有行。

● 完全外连接（FULL OUTER JOIN）：结果表中除了包括满足连接条件的行，还包括两个表的所有行。

其中的 OUTER 关键字均可省略。

【例 4.38】 查找所有学生情况，以及他们选修的课程号，若学生未选修任何课，也要包括其情况。

```
SELECT xsb.* , 课程号
    FROM  xsb  LEFT OUTER JOIN cjb
        ON  xsb.学号 = cjb.学号
```

本例执行时，若有学生未选任何课程，则结果表中相应行的课程号字段值为 NULL。

【例 4.39】 查找被选修了的课程的情况和所有开设的课程名。

```
SELECT cjb.* , 课程名
    FROM cjb RIGHT JOIN  kcb
        ON  cjb.课程号= kcb.课程号
```

本例执行时，若某课程未被选修，则结果表中相应行的学号、课程号和成绩字段值均为 NULL。

③ 交叉连接。

交叉连接实际上是将两个表进行笛卡儿积运算，结果表是由第一个表的每一行与第二个表的每一行拼接后形成的表，因此结果表的行数等于两个表的行数之积。

【例 4.40】 列出学生所有可能的选课情况。

```
SELECT 学号, 姓名, 课程号, 课程名
    FROM xsb CROSS JOIN kcb
```

交叉连接也可以使用 WHERE 子句进行条件限定。

4.1.5 指定查询结果分组方法：GROUP BY

GROUP BY 子句主要用于根据字段对行分组。例如，根据学生所学的专业对 xsb 表中的所有行分组，结果是每个专业的学生成为一组。GROUP BY 子句有 ISO 标准和非 ISO 标准两种语法格式可用。这里介绍 ISO 标准的 GROUP BY 子句。

语法格式如下：

```
GROUP BY
{
    <列表达式>
    | ROLLUP ( <复合元素列表> )
    | CUBE (<复合元素列表>)
    | GROUPING SETS ( <分组集合项列表>)
}
```

（1）<列表达式>：指定分组的字段名表达式。

（2）ROLLUP：生成简单的 GROUP BY 聚合行、小计行或超聚合行，还生成一个总计行，返回的分组数等于<复合元素列表>中的表达式数加一，功能与非 ISO 标准语法中的 WITH ROLLUP 子句类似。

（3）CUBE：生成简单的 GROUP BY 聚合行、ROLLUP 超聚合行和交叉表格行。CUBE 针对<复合元素列表>中表达式的所有排列输出一个分组。生成的分组数等于 2n，其中，n 为<复合元素列表>中的表达式数，功能与 WITH CUBE 子句类似。

（4）GROUPING SETS：在一个查询中指定数据的多个分组。仅聚合指定组，而不聚合由 CUBE 或 ROLLUP 生成的整组聚合。其结果与针对指定的组执行 UNION ALL 运算等效。GROUPING SETS 可以包含单个元素或元素列表。

ISO 标准的 GROUP BY 子句只有在数据库兼容级别时才能使用。设置数据库的兼容级别可以使用 ALTER DATABASE 语句，语法格式如下：

```
ALTER DATABASE 数据库名
    SET COMPATIBILITY_LEVEL = { 90 | 100 | 110 }
```

90、100 和 110 分别代表 SQL Server 2005、SQL Server 2008 和 SQL Server 2012。

【例 4.41】 在 xscj 数据库上产生一个结果集，包括每个专业的男生、女生人数，总人数及学生总人数。

代码如下，执行结果如图 4.16 所示。

```
SELECT 专业, 性别 , COUNT(*) AS '人数'
    FROM xsb
    GROUP BY ROLLUP(专业,性别)
```

【例 4.42】 在 xscj 数据库上产生一个结果集，包括每个专业的男生、女生人数，总人数，以及男生总数、女生总数、学生总人数。

代码如下，执行结果如图 4.17 所示。

```
SELECT 专业, 性别, COUNT(*) AS '人数'
    FROM xsb
    GROUP BY CUBE(专业,性别)
```

【例 4.43】 生成一个结果集，分别根据专业和性别对人数进行聚合。

代码如下，执行结果如图 4.18 所示。

```
SELECT 专业, 性别, COUNT(*) AS '人数'
    FROM xsb
    GROUP BY  GROUPING SETS(专业,性别)
```

	专业	性别	人数
1	计算机	0	4
2	计算机	1	7
3	计算机	NULL	11
4	通信工程	0	4
5	通信工程	1	7
6	通信工程	NULL	11
7	NULL	NULL	22

图 4.16　执行结果

	专业	性别	人数
1	计算机	0	4
2	通信工程	0	4
3	NULL	0	8
4	计算机	1	7
5	通信工程	1	7
6	NULL	1	14
7	NULL	NULL	22
8	计算机	NULL	11
9	通信工程	NULL	11

图 4.17　执行结果

	专业	性别	人数
1	NULL	0	8
2	NULL	1	14
3	计算机	NULL	11
4	通信工程	NULL	11

图 4.18　执行结果

4.1.6　指定查询结果分组后筛选条件：HAVING

使用 GROUP BY 子句和聚合函数对数据进行分组后，还可以使用 HAVING 子句对分组数据进行进一步的筛选。

例如，查找 xscj 数据库中平均成绩在 85 分以上的学生，就是在 cjb 表上按学号分组后筛选出符合平均成绩大于等于 85 的学生。

HAVING 子句的格式为：

```
[ HAVING <查询条件> ]
```

其中，<查询条件>与 WHERE 子句的查询条件类似，不过 HAVING 子句中可以使用聚合函数，而 WHERE 子句中不可以。

【例 4.44】　查找平均成绩在 85 分以上的学生的学号和平均成绩。

代码如下，执行结果如图 4.19 所示。

```
USE xscj
GO
SELECT 学号, AVG(成绩) AS '平均成绩'
    FROM cjb
    GROUP BY 学号
    HAVING  AVG(成绩) > =85
```

　　　　在 SELECT 语句中，当 WHERE、GROUP BY 与 HAVING 子句都被使用时，要注意它们的作用和执行顺序。WHERE 用于筛选由 FROM 子句指定的数据对象，GROUP BY 用于对 WHERE 的结果进行分组，HAVING 则是对 GROUP BY 以后的分组数据进行过滤。

【例 4.45】　查找选修课程超过两门且成绩都在 80 分以上的学生的学号。

```
SELECT 学号
    FROM cjb
    WHERE 成绩 >= 80
    GROUP BY 学号 HAVING   COUNT(*) > 2
```

　　　　本查询将 cjb 表中成绩大于 80 的记录按学号分组，对每一组记录计数，选出记录数大于 2 的各组的学号值并形成结果表。

【例 4.46】　查找通信工程专业平均成绩在 85 分以上的学生的学号和平均成绩。

代码如下，执行结果如图 4.20 所示。

	学号	平均成绩
1	191310	91
2	221303	87
3	221304	91
4	221341	90

	学号	平均成绩
1	221303	87
2	221304	91
3	221341	90

图 4.19　执行结果　　　　　　　　　图 4.20　执行结果

```
SELECT 学号, AVG(成绩) AS '平均成绩'
    FROM cjb
    WHERE 学号 IN
        (
            SELECT 学号
                FROM xsb
                WHERE 专业 = '通信工程'
        )
    GROUP BY 学号 HAVING AVG(成绩) >=85
```

（1）先执行 WHERE 查询条件中的子查询，得到通信工程专业所有学生的学号集。然后对 cjb 表中的每一条记录，判断其"学号"字段值是否在前面所求得的学号集中。若否，则跳过该记录，继续处理下一条记录；若是，则加入 WHERE 的结果集。

（2）对 cjb 表均筛选完后，按学号进行分组，再在各分组记录中选出平均成绩值大于等于 85 的记录并形成最后的结果集。

4.1.7　指定查询结果排序顺序：ORDER BY

在应用中经常要对查询的结果排序输出，如将学生成绩由高到低排序。在 SELECT 语句中，使用 ORDER BY 子句对查询结果进行排序。ORDER BY 子句的格式为：

```
[ ORDER BY
{    排序表达式
    [ COLLATE 排序名]
    [ ASC | DESC ]
} ]
```

其中，"排序表达式"可以是列名、表达式或一个正整数，当它是一个正整数时，表示按表中该位置上的列排序。"排序名"是 Windows 排序规则名称或 SQL 排序规则名称。关键字 ASC 表示升序排列，DESC 表示降序排列，系统默认值为 ASC。

1. 对查询的结果排序输出

【例 4.47】　将通信工程专业的学生按出生时间先后顺序排序。

```
SELECT *
    FROM xsb
    WHERE 专业= '通信工程'
    ORDER BY 出生时间
```

【例 4.48】　将计算机专业学生的"计算机基础"课程成绩按降序排列。

```
SELECT 姓名, 课程名, 成绩
    FROM xsb, kcb, cjb
    WHERE xsb.学号 = cjb.学号
        AND cjb.课程号 = kcb.课程号
        AND 课程名= '计算机基础'
        AND 专业= '计算机'
    ORDER BY 成绩 DESC
```

2. 对结果排序附加汇总

ORDER BY 子句可以与 COMPUTE BY 子句一起使用，在对结果排序的同时还产生附加的分类汇总行。

【例 4.49】 查找通信工程专业学生的学号、姓名、出生时间，并产生一个学生总人数行。

```
SELECT 学号, 姓名, 出生时间
    FROM   xsb
    WHERE  专业= '通信工程'
    COMPUTE  COUNT(学号)
```

COMPUTE 子句产生附加的汇总行，其列标题是系统自定的，对于 COUNT 函数为 cnt，对于 AVG 函数为 avg，对于 SUM 函数为 sum，等等。

【例 4.50】 将学生按专业排序，并汇总各专业人数和平均学分。

```
SELECT 学号, 姓名, 出生时间, 总学分
    FROM  xsb
    ORDER BY 专业
    COMPUTE  COUNT(学号), AVG(总学分) BY 专业
```

4.1.8 其他：INTO/UNION/EXCEPT/ CTE

下面分不同情况说明。

1. INTO

使用 INTO 子句可以将 SELECT 查询所得的结果保存到一个新建的表中。INTO 子句的格式为：

```
[ INTO 新表]
```

其中，"新表"是要创建的新表名。包含 INTO 子句的 SELECT 语句执行后所创建的表的结构由 SELECT 所选择的列决定，新创建的表中的记录由 SELECT 的查询结果决定，若 SELECT 的查询结果为空，则创建一个只有结构而没有记录的空表。

【例 4.51】 由 xsb 表创建"计算机学生"表，包括学号和姓名。

```
SELECT 学号, 姓名
    INTO 计算机系学生
    FROM  xsb
    WHERE 专业= '计算机'
```

本例所创建的"计算机学生"表包括两个字段：学号、姓名，其数据类型与 xsb 表中的同名字段相同。SELECT…INTO 语句不能与 COMPUTE 子句一起使用。

同样再创建一个"通信工程学生"表。

2. UNION

使用 UNION 子句可以将两个或多个 SELECT 查询的结果合并成一个结果集，其格式为：

```
{ <查询规范> | (<查询表达式> ) }
    UNION [ A LL ] <查询规范> | (<查询表达式> )
    [ UNION [ A LL ] <查询规范> | (<查询表达式> ) […] ]
```

其中，<查询规范>和<查询表达式>都是 SELECT 查询语句。

使用 UNION 组合两个查询的结果集的基本规则是：

（1）所有查询中的列数和列的顺序必须相同；

（2）数据类型必须兼容。

关键字 ALL 表示合并的结果中包括所有行，不去除重复行，不使用 ALL 则在合并的结果中去除重复行。含有 UNION 的 SELECT 查询也称为联合查询，若不指定 INTO 子句，结果将合并到第一个表中。

【例 4.52】 在"计算机学生"表和"通信工程学生"表查找学号为 191301 和学号为 221301 的两位同学的姓名。

```
SELECT *
    FROM 计算机学生
    WHERE 学号= '191301'
UNION ALL
SELECT *
    FROM 通信工程学生
    WHERE 学号= '221301'
```

	学号	姓名
1	191301	王林
2	221301	王敏

图 4.21 执行结果

执行结果如图 4.21 所示。

UNION 操作常用于归档数据，如归档月报表形成年报表，归档各部门数据等。注意，UNION 还可以与 GROUP BY 及 ORDER BY 一起使用，用来对合并所得的结果表进行分组或排序。

3. EXCEPT 和 INTERSECT

EXCEPT 和 INTERSECT 用于比较两个查询的结果，返回非重复值。语法格式如下：

```
{ <查询规范> | ( <查询表达式> ) }
{ EXCEPT | INTERSECT }
{ <查询规范> | ( <查询表达式> ) }
```

其中，<查询规范>和<查询表达式>都是 SELECT 查询语句。使用 EXCEPT 和 INTERSECT 比较两个查询的规则和 UNION 语句一样。

EXCEPT 从 EXCEPT 关键字左边的查询中返回右边查询没有找到的所有非重复值。INTERSECT 返回 INTERSECT 关键字左右两边的两个查询都返回的所有非重复值。

EXCEPT 或 INTERSECT 返回的结果集的列名与关键字左侧的查询返回的列名相同。

如果查询语句中包含 ORDER BY 子句，则 ORDER BY 子句中的列名或别名必须引用左侧查询返回的列名，但 EXCEPT 或 INTERSECT 不能和 COMPUTE 子句一起使用。

【例 4.53】 查找专业为计算机但性别不为男的学生信息。

```
SELECT * FROM xsb WHERE 专业= '计算机'
    EXCEPT
    SELECT * FROM xsb WHERE 性别=1
```

执行结果如图 4.22 所示。

	学号	姓名	性别	出生时间	专业	总学分	备注
1	191303	王燕	0	1994-10-06	计算机	50	NULL
2	191310	张蔚	0	1991-07-22	计算机	50	三好生
3	191311	赵琳	0	1995-03-18	计算机	50	NULL
4	191313	严红	0	1994-08-11	计算机	48	C++语言不及格，待补考

图 4.22 执行结果

【例 4.54】 查找总学分大于 42 且性别为男的学生信息。

```
SELECT * FROM xsb WHERE 总学分>42
    INTERSECT
    SELECT * FROM xsb WHERE 性别=1
```

4. CTE

在 SELECT 语句的最前面可以使用一条 WITH 子句来指定临时结果集，语法格式如下：

```
[ WITH <公用表表达式> [ , ... ] ]
SELECT ......
```

其中：

```
<公用表表达式>::=
    表达式名 [ ( 列名[ , ... ] ) ]
    AS   ( CTE 查询定义 )
```

（1）临时命名的结果集也称为公用表表达式（Common Table Expression，CTE），在 SELECT、INSERT、DELETE、UPDATE 或 CREATE VIEW 语句中都可以建立一个 CTE。CTE 相当于一个临时表，只不过它的生命周期在该批处理语句执行完后就结束。

（2）"表达式名"是 CTE 的名称，"列名"指定查询语句"CTE 查询定义"返回的数据字段名称，其个数要和"CTE 查询定义"返回的字段个数相同。若不定义，则直接命名查询语法的数据集合字段名称为返回数据的字段名称。CTE 下方的 SELECT 语句可以直接查询 CTE 中的数据。

【例 4.55】 使用 CTE 从 cjb 表中查询选择 101 号课程的学生学号、成绩，并定义新的列名为 number、point。再使用 SELECT 语句从 CTE 和 xsb 中查询姓名为"王林"的学生学号和成绩情况。

代码如下，执行结果如图 4.23 所示。

	number	point
1	191301	80
2	221302	65

图 4.23 执行结果

```
USE xscj
GO
WITH cte_stu(number,point)
    AS (SELECT 学号,成绩 FROM cjb WHERE 课程号='101')
SELECT number, point
    FROM cte_stu, xsb
    WHERE xsb.姓名='王林'
        AND xsb.学号=cte_stu.number
```

4.2 视　　图

本节先介绍视图的概念，然后介绍视图的创建、查询、更新、修改和删除。

4.2.1 视图概念

视图与表（有时为了与视图区别，也称表为基本表——Base Table）不同，视图是一个虚表，即视图所对应的数据不进行实际存储，数据库中只存储视图的定义，在对视图的数据进行操作时，系统根据视图的定义去操作与视图相关联的基本表。

视图一经定义以后，就可以像表一样被查询、修改、删除和更新。使用视图有下列优点。

（1）为用户集中数据，简化用户的数据查询和处理。有时用户所需要的数据分散在多个表中，定义视图可将它们集中在一起，从而方便用户进行数据查询和处理。

（2）屏蔽数据库的复杂性。用户不必了解复杂的数据库中的表结构，并且数据库表的更改也不影响用户对数据库的使用。

（3）简化用户权限的管理。只需授予用户使用视图的权限，而不必指定用户只能使用表的特定列，也增加了安全性。

（4）便于数据共享。各用户不必都定义和存储自己所需的数据，而可共享数据库的数据，这样，同样的数据只需存储一次。

（5）可以重新组织数据以便输出到其他应用程序中。

在使用视图时，要注意以下几点。

（1）只有在当前数据库中才能创建视图。视图的命名必须遵循标识符命名规则，不能与表同名。

（2）不能把规则、默认值或触发器与视图相关联。

4.2.2 创建视图：CREATE VIEW

视图在数据库中是作为一个对象来存储的。创建视图前，要保证创建视图的用户已被数据库所有者授权可以使用 CREATE VIEW 语句，并且有权操作视图所涉及的表或其他视图。

创建视图可以在 SSMS 中的"对象资源管理器"中进行，也可以使用 T-SQL 的 CREATE VIEW 语句。

1. 通过界面创建视图

下面以在 xscj 数据库中创建名为 cxs（描述计算机专业学生情况）的视图为例说明在"SSMS"中创建视图的过程。

其主要步骤如下。

（1）启动"SSMS"，在"对象资源管理器"中展开"数据库"→"xscj"，选择其中的"视图"项，单击鼠标右键，在弹出的快捷菜单中选择"新建视图"菜单项。

（2）在随后出现的"添加表"对话框中，添加所需要关联的基本表、视图、函数、同义词。这里只使用"表"选项卡，选择表"xsb"，如图 4.24 所示，单击"添加"按钮。如果还需要添加其他表，则可以继续选择添加；如果不再需要添加，可以单击"关闭"按钮关闭该窗口。

（3）基本表添加完后，在"视图"选项卡的"关系图"区域中显示了基本表的全部列信息，如图 4.25 所示。根据需要在窗口中选择创建视图所需的字段，可以在子窗口中的"列"一栏指定与视图关联的列，在"排序类型"一栏指定列的排序方式，在"筛选器"一栏指定创建视图的规则（本例在"专业"字段的"筛选器"栏中填写"计算机"）。

这一步选择的字段、规则等所对应的 SELECT 语句将会自动显示在窗口底部。

图 4.24 "添加表"快捷菜单

图 4.25 创建视图

当视图中需要一个与原字段名不同的字段名，或视图的源表中有同名的字段，或视图中包含了计算列时，需要为视图中这样的列重新指定名称，可以在"别名"一栏中指定。

完成后，单击面板上的"保存"按钮。

（4）出现"保存视图"对话框，在其中输入视图名"cxs"，并单击"确定"按钮，便完成了视图的创建。

视图创建成功后便包含了所选择的列数据。例如，若创建了 cxs 视图，则可查看其结构及内容。查看的方法是：展开"数据库"→"xscj"→"视图"，选择"dbo.cxs"，单击鼠标右键，在弹出的快捷菜单中选择"设计"菜单项，可以查看并修改视图结构，选择"编辑前 200 行"菜单项，将可查看视图数据内容。

2. 通过命令创建视图

T-SQL 中用于创建视图的语句是 CREATE VIEW 语句，例如，用该语句创建视图 cxs，其表示形式为：

```
USE xscj
GO
CREATE VIEW cxs1
    AS
        SELECT 学号，姓名，性别，出生时间，总学分
            FROM  xsb
            WHERE 专业= '计算机'
```

语法格式：

```
CREATE VIEW [架构名 . ]视图名[ (列[ , ... ] ) ]
[ WITH <视图属性> [ , ... ] ]
    AS SELECT 语句[ ; ]
[ WITH CHECK OPTION ]
```

（1）语句主体

CREATE VIEW 语句主体结构说明如下。

① 架构名：数据库架构名。

② 列：列名，它是视图中包含的列，可以有多个列名。若使用与源表或视图相同的列名时，则不必给出列名。

③ WITH <视图属性>：指出视图的属性。

④ Select 语句：用来创建视图的 SELECT 语句，可在 SELECT 语句中查询多个表或视图，以表明新创建的视图所参照的表或视图。但对 SELECT 语句有以下的限制：

- 定义视图的用户必须对所参照的表或视图有查询（即可执行 SELECT 语句）权限；
- 不能使用 COMPUTE 或 COMPUTE BY 子句；
- 不能使用 ORDER BY 子句；
- 不能使用 INTO 子句；
- 不能在临时表或表变量上创建视图。

⑤ WITH CHECK OPTION：指出在视图上所进行的修改都要符合 SELECT 语句所指定的限制条件，这样可以确保数据修改后，仍可通过视图看到修改的数据。例如，对于 cxs 视图，只能修改除 "专业" 字段以外的字段值，而不能把 "专业" 字段的值改为 "计算机" 以外的值，以保证仍可通过 cxs 查询到修改后的数据。

CREATE VIEW 语句必须是批处理中的第一条语句。

（2）<视图属性>定义

<视图属性>定义的具体格式如下：

```
<视图属性> ::=
{
    [ ENCRYPTION ]
    [ SCHEMABINDING ]
    [ VIEW_METADATA ]
}
```

① ENCRYPTION：说明在系统表 syscomments 中存储 CREATE VIEW 语句时进行加密。

② SCHEMABINDING：说明将视图与其所依赖的表或视图结构相关联。

③ VIEW_METADATA：当引用视图的浏览模式的元数据时，向 DBLIB、ODBC 或 OLEDB API 返回有关视图的元数据信息，而不返回基表的元数据信息。

【例 4.56】 创建 ccj 视图，包括计算机专业各学生的学号、其选修的课程号及成绩。要保证对

该视图的修改都符合专业为计算机这个条件。

```
USE xscj
GO
CREATE VIEW ccj WITH ENCRYPTION
    AS
        SELECT  xsb.学号,课程号,成绩
            FROM  xsb, cjb
            WHERE  xsb.学号=cjb.学号 AND 专业 = '计算机'
    WITH CHECK OPTION
```

视图创建和查询

创建视图时，源表可以是基本表，也可以是视图。

【例 4.57】 创建计算机专业学生的平均成绩视图 ccj_avg，包括学号（在视图中列名为 num）和平均成绩（在视图中列名为 score_avg）。

```
CREATE VIEW ccj_avg(num, score_avg)
    AS
    SELECT 学号, AVG(成绩)
        FROM ccj
        GROUP BY 学号
```

显示 ccj 和 ccj_avg 视图中的内容。

```
SELECT * FROM ccj
GO
SELECT * FROM ccj_avg
GO
```

执行结果如图 4.26 所示。

	学号	课程号	成绩
1	191301	101	80
2	191301	102	78
3	191301	206	76
4	191302	102	78
5	191302	206	78
6	191303	101	62
7	191303	102	70
8	191303	206	81
9	191304	101	90

	num	score_avg
1	191301	78
2	191302	78
3	191303	71
4	191304	79
5	191306	72
6	191307	75
6	191308	78

图 4.26　执行结果

（3）分区视图

分区视图在一台或多台服务器间水平连接一组成员表中的分区数据，使数据看起来就像来自一个表。SQL Server 可以区分本地分区视图和分布式分区视图。在本地分区视图中，所有参与表和视图都位于同一个 SQL Server 实例上。在分布式分区视图中，至少有一个参与表位于不同的（远程）服务器上。

在一般情况下，如果视图为下列格式，则称其为分区视图。

```
CREATE VIEW 视图名
    AS
    SELECT <选择列表 1>
        FROM T1
    UNION ALL
    SELECT <选择列表 2>
        FROM T2
    UNION ALL
    ...
    SELECT <选择列表 n>
        FROM Tn
```

如果要创建分布式分区视图，则需要连接到相应的服务器，使用其他服务器的表时需要指定表所属服务器、数据库、架构名等信息。

4.2.3　查询视图：SELECT

视图定义后，就可以像查询基本表那样对视图进行查询了。

【例 4.58】 查找平均成绩在 80 分以上的学生的学号和平均成绩。

本例首先创建学生平均成绩视图 cj_avg，包括学号（列名为 num）和平均成绩（列名为 score_avg）。

```
CREATE VIEW cj_avg ( num, score_avg )
    AS
        SELECT 学号, AVG(成绩)
            FROM  cjb
            GROUP BY 学号
```

再对 cj_avg 视图进行查询。

```
SELECT  *
    FROM  cj_avg
    WHERE  score_avg >= 80
```

从以上两例可以看出，创建视图可以向最终用户隐藏复杂的表连接，简化了用户的 SQL 程序设计。视图还可通过在创建视图时指定限制条件和指定列来限制用户对基本表的访问。

例如，若限定某用户只能查询视图 cxs，实际上就是限制了它只能访问 xsb 表的专业字段值为"计算机"的行。在创建视图时可以指定列，实际上也就是限制了用户只能访问这些列，从而视图也可看作是数据库的安全措施。

在使用视图查询时，若其关联的基本表中添加了新字段，则必须重新创建视图才能查询到新字段。例如，若 xsb 表新增了"籍贯"字段，则查询 cxs 视图：

```
SELECT * FROM cxs
```

结果将不包含"籍贯"字段。只有重建 cxs 视图后再对它进行查询，结果才会包含"籍贯"字段。如果与视图相关联的表或视图被删除，则该视图将不能再使用。

4.2.4　更新视图：INSERT/UPDATE/DELETE

通过更新视图（包括插入、修改和删除）数据可以修改基本表数据。但并不是所有的视图都可以更新，只有对满足可更新条件的视图，才能进行更新。

1. 可更新视图

要通过视图更新基本表数据，必须保证视图是可更新视图。一个可更新视图可以是以下情形之一。

可更新视图

（1）满足以下条件的视图。

● 创建视图的 SELECT 语句中没有聚合函数，且没有 TOP、GROUP BY、UNION 子句及 DISTINCT 关键字。

● 创建视图的 SELECT 语句中不包含从基本表列通过计算所得的列。

● 创建视图的 SELECT 语句的 FROM 子句中至少要包含一个基本表。

（2）可更新的分区视图。

在实现分区视图之前，必须先实现水平分区表。原始表被分成若干个较小的成员表，每个成员表包含与原始表相同数量的列，并且每一列具有与原始表中的相应列同样的特性（如数据类型、大小、排序规则）。

成员表设计好后，每个表基于键值的范围存储原始表的一块水平区域。键值范围基于分区列中的数据值。每一成员表中的值范围通过分区列上的 CHECK 约束强制，并且范围之间不能重叠。对这样的基本表使用 UNION ALL 联合运算符所创建的分区视图就是可更新的。

（3）通过 INSTEAD OF 触发器创建的可更新视图。INSTEAD OF 触发器在后面章节中介绍。

例如，前面创建的视图 cxs、ccj 是可更新视图，而 ccj_avg 是不可更新的视图。

在对视图进行更新操作时，要注意基本表对数据的各种约束和规则要求。

2. 插入数据

使用 INSERT 语句通过视图向基本表插入数据，有关 INSERT 语句的语法介绍见第 3 章。

【例 4.59】 向 cxs 视图中插入以下记录：

```
('191315', '刘明仪', 1, '1996-3-2', '计算机', 50 , NULL)
INSERT INTO cxs
    VALUES('191315', '刘明仪', 1,'1996-3-2', '计算机',50,NULL)
```

使用 SELECT 语句查询 cxs 依据的基本表 xsb：

```
SELECT * FROM xsb
```

将会看到该表已添加了学号 191315 行。

当视图所依赖的基本表有多个时，不能向该视图插入数据，因为这将会影响多个基表。例如，不能向视图 ccj 插入数据，因为它依赖两个基本表：xsb 和 cjb。

向可更新的分区视图中插入数据时，系统会按照插入记录的键值所属的范围，将数据插入到其键值所属的基本表中。

3. 修改数据

使用 UPDATE 语句可以通过视图修改基本表的数据。

【例 4.60】 将 cxs 视图中所有学生的总学分增加 1。

```
UPDATE cxs
    SET 总学分=总学分+ 1
```

（1）该语句实际上是将 cxs 视图所依赖的基本表 xsb 中所有专业为"计算机"的记录的总学分字段值在原来的基础上增加 1。

（2）修改后将数据恢复到原来的状态以便以后使用。

```
UPDATE cxs
    SET 总学分=总学分- 1
```

若一个视图依赖于多个基本表，则一次修改该视图只能变动一个基本表的数据。

【例 4.61】 将 ccj 视图中学号为 191301 的学生的 101 号课程成绩改为 90。

```
UPDATE ccj
    SET 成绩=90
    WHERE 学号='191301'  AND 课程号='101'
```

本例中，视图 ccj 依赖于两个基本表：xsb 和 cjb，对该视图的一次修改只能改变学号（源于 xsb 表）或者课程号和成绩（源于 cjb 表）。以下的修改是错误的：

```
UPDATE ccj
    SET 学号='191320', 课程号='208'
    WHERE 学号='191301'  AND 课程号='101'
```

4. 删除数据

使用 DELETE 语句可以通过视图删除基本表的数据。但要注意，对于依赖于多个基本表的视图，不能使用 DELETE 语句。

【例 4.62】 删除 cxs 中女同学的记录（实际不操作）。

```
DELETE FROM cxs
    WHERE 性别 = 0
```

对视图的更新操作也可通过"SSMS"的界面进行，操作方法与对表数据的插入、修改和删除的操作方法基本相同。

4.2.5 修改视图的定义：ALTER VIEW

修改视图定义可以通过"SSMS"中的图形向导方式进行，也可使用 T-SQL 命令。

1. 通过界面方式修改视图

在"对象资源管理器"中右键单击视图"dbo.cxs",在弹出的快捷菜单中选择"设计"菜单项,进入视图修改窗口。该窗口与创建视图的窗口类似,其中可以查看并可修改视图结构,修改完后单击"保存"图标即可。

注意　对加密存储的视图定义不能在 SSMS 中通过界面修改,如对视图 ccj 不能用此法修改。

2. 使用命令修改视图

语法格式:

```
ALTER VIEW [架构名 . ]视图名[ ( 列[ , ... ] ) ]
[ WITH <视图属性> [ , ... ] ]
    AS SELECT 语句[ ; ]
[ WITH CHECK OPTION ]
```

其中,<视图属性>、SELECT 语句等参数与 CREATE VIEW 语句中的含义相同。

【例 4.63】 将 cxs 视图修改为只包含计算机专业学生的学号、姓名和总学分。

```
USE xscj
GO
ALTER VIEW cs_xs
    AS
    SELECT 学号, 姓名, 总学分
        FROM xsb
        WHERE 专业= '计算机'
```

使用 ENCRYPTION 属性定义的视图可以使用 ALTER VIEW 语句修改。

【例 4.64】 视图 ccj 是加密存储视图,修改其定义,包括学号、姓名、选修的课程号、课程名和成绩。

```
ALTER VIEW ccj  WITH ENCRYPTION
    AS
    SELECT xsb.学号,xsb.姓名,cjb.课程号,kcb.课程名,成绩
        FROM  xsb, cjb, kcb
        WHERE  xsb.学号 = cjb.学号
            AND  cjb.课程号 = kcb.课程号
            AND  专业= '计算机'
        WITH CHECK OPTION
```

4.2.6　删除视图:DROP VIEW

删除视图同样也可以通过对象资源管理器中的图形向导方式和 T-SQL 语句两种方式来实现。

1. 通过对象资源管理器删除视图

在"对象资源管理器中"删除视图的操作方法如下。

在"视图"目录下选择需要删除的视图,单击鼠标右键,在弹出的快捷菜单中选择"删除"菜单项,出现"删除"对话框,单击"确定"按钮即删除了指定的视图。

2. T-SQL 命令方式删除视图

语法格式:

```
DROP VIEW [架构名 . ]视图名[ ... , ]
```

使用 DROP VIEW 可删除一个或多个视图。例如:

```
DROP VIEW cxs, ccj
```

将删除视图 cxs 和 ccj（实际不操作）。

4.3 游 标

一个对表进行操作的 T-SQL 语句通常都可产生或处理一组记录，但是许多应用程序，尤其是 T-SQL 嵌入到的主语言，通常不能把整个结果集作为一个单元来处理，这些应用程序就需要一种机制来保证每次处理结果集中的一行或几行，游标（cursor）就提供了这种机制。

SQL Server 通过游标提供了对一个结果集进行逐行处理的能力，游标可看作一种特殊的指针，它与某个查询结果相联系，可以指向结果集的任意位置，以便对指定位置的数据进行处理。使用游标可以在查询数据的同时对数据进行处理。

在 SQL Server 中，有两类游标可以用于应用程序中：前端（客户端）游标和后端（服务器端）游标。服务器端游标是由数据库服务器创建和管理的游标，而客户端游标是在客户端实现的游标，应尽量不使用客户端游标。

SQL Server 对游标的使用要遵循这样的顺序：声明游标→打开游标→读取数据→关闭游标→删除游标。

4.3.1 声明游标：DECLARE CURSOR

T-SQL 中声明游标使用 DECLARE CURSOR 语句，该语句有两种格式，分别支持 SQL-92 标准和 T-SQL 扩展的游标声明。

1. SQL-92 语法

语句格式：

```
DECLARE 游标名[ INSENSITIVE ] [ SCROLL ] CURSOR
    FOR Select 语句
[ FOR READ ONLY | UPDATE [ OF列名 …] ]
```

（1）游标名：它是与某个查询结果集相联系的符号名，要符合 SQL Server 标识符命名规则。

（2）INSENSITIVE：指定系统将创建供所定义的游标使用数据的临时复本，对游标的所有请求都从 tempdb 中的该临时表中得到应答。因此，在对该游标进行提取操作时返回的数据中不反映对基表所做的修改，并且该游标不允许修改。如果省略 INSENSITIVE，则任何用户对基本表提交的删除和更新都反映在后面的提取中。

（3）SCROLL：说明所声明的游标可以前滚、后滚，可使用所有的提取选项（FIRST、LAST、PRIOR、NEXT、RELATIVE、ABSOLUTE）。如果省略 SCROLL，则只能使用 NEXT 提取选项。

（4）Select 语句：由该查询产生与所声明的游标相关联的结果集。该 SELECT 语句中不能出现 COMPUTE、COMPUTE BY、INTO 或 FOR BROWSE 关键字。

（5）READ ONLY：说明所声明的游标为只读的。UPDATE 指定游标中可以更新的列。若有参数 "OF列名"，则只能修改给出的这些列；若在 UPDATE 中未指出列，则可以修改所有列。

【例 4.65】 定义一个符合 SQL-92 标准的游标声明。

```
USE xscj
GO
DECLARE xs_cur1 CURSOR
    FOR
    SELECT 学号,姓名,性别,出生时间,总学分
        FROM xsb
        WHERE 专业= '计算机'
```

```
    FOR READ ONLY
GO
```

该语句定义的游标与单个表的查询结果集相关联，是只读的，游标只能按从头到尾顺序提取数据，相当于下面所讲的只进游标。

2. T-SQL 扩展

语句格式：

```
DECLARE 游标名 CURSOR
[ LOCAL | GLOBAL ]                                    /*游标作用域*/
[ FORWORD_ONLY | SCROLL ]                             /*游标移动方向*/
[ STATIC | KEYSET | DYNAMIC | FAST_FORWARD ]          /*游标类型*/
[ READ_ONLY | SCROLL_LOCKS | OPTIMISTIC ]             /*访问属性*/
[ TYPE_WARNING ]                                      /*类型转换警告信息*/
FOR Select 语句                                        /*SELECT 查询语句*/
[ FOR UPDATE [ OF 列名[ , …] ] ]                      /*可修改的列*/
```

（1）LOCAL 与 GLOBAL：说明游标的作用域。LOCAL 说明所声明的游标是局部游标，其作用域为创建它的批处理、存储过程或触发器，该游标名称仅在这个作用域内有效。在批处理、存储过程、触发器或存储过程 OUTPUT 参数中，该游标可由局部游标变量引用。当批处理、存储过程、触发器终止时，该游标就自动释放。但如果 OUTPUT 参数将游标传递回来，则游标仍可引用。GLOBAL 说明所声明的游标是全局游标，它在连接执行的任何存储过程或批处理中都可以使用，在连接释放时游标自动释放。若两者均未指定，则默认值由 default to local cursor 数据库选项的设置控制。

（2）FORWARD_ONLY 和 SCROLL：说明游标的移动方向。FORWARD_ONLY 表示游标只能从第一行滚动到最后一行，即该游标只能支持 FETCH 的 NEXT 提取选项。SCROLL 含义与 SQL-92 标准中的相同。

（3）STATIC | KEYSET | DYNAMIC | FAST_FORWARD：用于定义游标的类型，T-SQL 扩展游标有 4 种类型。

① 静态游标。关键字 STATIC 指定的游标为静态游标，它与 SQL-92 标准的 INSENSITIVE 关键字功能相同。静态游标的完整结果集在游标打开时建立在 tempdb 系统数据库中，一旦打开，就不再变化。数据库中所做的任何影响结果集成员的更改（包括增加、修改或删除数据），都不会反映到游标中，新的数据值不会显示在静态游标中。静态游标只能是只读的。由于静态游标的结果集存储在 tempdb 数据库的工作表中，所以结果集中的行大小不能超过 SQL Server 表的最大行大小。有时也将这类游标识别为快照游标，它完全不受其他用户行为影响。

② 动态游标。关键字 DYNAMIC 指定的游标为动态游标。与静态游标不同，动态游标能够反映对结果集中所做的更改。结果集中的行数据值、顺序和成员在每次提取时都会改变，所有用户做的全部 UPDATE、INSERT 和 DELETE 语句均通过游标反映出来，并且如果使用 API 函数（如 SQLSetPos）或 Transact-SQL 的 WHERE CURRENT OF 子句通过游标进行更新，则它们也立即在游标中反映出来，而在游标外部所做的更新直到提交时才可见。动态游标不支持 ABSOLUTE 提取选项。

③ 只进游标。由关键字 FAST_FORWARD 定义的一个快速只进游标，它是优化的只进游标。只进游标只支持游标从头到尾顺序提取数据。对所有由当前用户发出或由其他用户提交并影响结果集中的行的 INSERT、UPDATE 和 DELETE 语句对数据的修改在从游标中提取时可立即反映出来。但因只进游标不能向后滚动，所以在行提取后对行所做的更改对游标是不可见的。

④ 键集驱动游标。由关键字 KEYSET 定义的一个键集驱动游标，这是由称为键的列或列的组合控制的。键集驱动游标中数据行的键值在游标打开时建立在 tempdb 数据库中。用户可以通过键集驱动游标修改基本表中的非关键字列的值，但不可插入数据。

游标类型与移动方向之间的关系如下。

● FAST_FORWARD 不能与 SCROLL 一起使用，且 FAST_FORWARD 与 FORWARD_ONLY 只能选用一个。

● 若指定了移动方向为 FORWARD_ONLY，而没有用 STATIC、KETSET 或 DYNAMIC 关键字指定游标类型，则默认所定义的游标为动态游标。

● 若移动方向 FORWARD_ONLY 和 SCROLL 都没有指定，那么移动方向关键字的默认值由以下条件决定：若指定了游标类型为 STATIC、KEYSET 或 DYNAMIC，则移动方向默认为 SCROLL；若没有用 STATIC、KETSET 或 DYNAMIC 关键字指定游标类型，则移动方向默认为 FORWARD_ONLY。

（4）READ_ONLY | SCROLL_LOCKS | OPTIMISTIC：说明游标或基表的访问属性。READ_ONLY 说明所声明的游标为只读的，不能通过该游标更新数据；SCROLL_LOCKS 关键字说明通过游标完成的定位更新或定位删除可以成功。如果声明中已指定了关键字 FAST_FORWARD，则不能指定 SCROLL_LOCKS。OPTIMISTIC 关键字说明，如果行自从被读入游标以来已得到更新，则通过游标进行的定位更新或定位删除不成功。如果声明中已指定了关键字 FAST_FORWARD，则不能指定 OPTIMISTIC。

（5）TYPE_WARNING：指定如果游标从所请求的类型隐性转换为另一种类型，则给客户端发送警告消息。

（6）SELECT 语句：查询语句，由该查询产生与所声明的游标相关联的结果集。该 SELECT 语句中不能出现 COMPUTE、COMPUTE BY、INTO 或 FOR BROWSE 关键字。

（7）FOR UPDATE：指出游标中可以更新的列，若有参数 OF 列名[,...]，则只能修改给出的这些列；若在 UPDATE 中未指出列，则可以修改所有列。

【例 4.66】 定义一个 T-SQL 扩展游标声明。

```
DECLARE xs_cur2 CURSOR
    DYNAMIC
    FOR
        SELECT 学号,姓名,总学分
            FROM xsb
            WHERE 专业= '计算机'
    FOR UPDATE OF 总学分
```

该语句声明一个名为 xs_cur2 的动态游标，可前后滚动，可对总学分列进行修改。

4.3.2 打开游标：OPEN

声明游标后，要使用游标从中提取数据，就必须先打开游标。在 T-SQL 中，使用 OPEN 语句打开游标，其格式为：

```
OPEN { { [ GLOBAL ]游标名 } | 游标变量名 }
```

其中，"游标名"是要打开的游标名，"游标变量名"引用一个游标。GLOBAL 说明打开的是全局游标，否则打开局部游标。

OPEN 语句打开游标，然后通过执行在 DECLARE CURSOR（或 SET 游标变量）语句中指定的 T-SQL 语句来填充游标（即生成与游标相关联的结果集）。

例如，语句：

```
OPEN xs_cur1
```

打开游标 xs_cur1。该游标被打开后即可提取其中的数据。

如果所打开的是静态游标（使用 INSENSITIVE 或 STATIC 关键字），那么 OPEN 语句将创建一个临时表以保存结果集。如果所打开的是键集驱动游标（使用 KEYSET 关键字），那么 OPEN 语句将创建一个临时表以保存键集。临时表都存储在 tempdb 数据库中。

打开游标后，可以使用全局变量 @@CURSOR_ROWS 查看游标中数据行的数目。全局变量 @@CURSOR_ROWS 中保存着最后打开的游标中的数据行数。当其值为 0 时，表示没有游标打开；当其值为 -1 时，表示游标为动态的；当其值为 -m（m 为正整数）时，游标采用异步方式填充，m 为当前键集中已填充的行数；当其值为 m（m 为正整数）时，游标已被完全填充，m 是游标中的数据行数。

【例 4.67】 定义游标 xs_cur3，然后打开该游标，输出其行数。

```
DECLARE xs_cur3 CURSOR
    LOCAL SCROLL SCROLL_LOCKS
    FOR
        SELECT 学号，姓名，总学分
            FROM  xsb
    FOR UPDATE OF 总学分
OPEN xs_cur3
SELECT '游标 xs_cur3 数据行数' = @@CURSOR_ROWS
```

说明

本例中的语句"SELECT '游标 xs_cur3 数据行数' = @@CURSOR_ROWS"用于为变量赋值。执行结果如图 4.27 所示。

图 4.27　执行结果

4.3.3　读取数据：FETCH

游标打开后，就可以使用 FETCH 语句从中读取数据了。

语法格式：

```
FETCH
[
    [ NEXT | PRIOR | FIRST | LAST | ABSOLUTE { n | @nvar } | RELATIVE { n | @nvar } ]
    FROM
]
{ { [ GLOBAL ]游标名 } | @游标变量名 }
[ INTO @变量名[ , …] ]
```

说明

（1）游标名：要从中提取数据的游标名。

（2）@游标变量名：引用要进行提取操作的已打开的游标。

（3）NEXT | PRIOR | FIRST | LAST：说明读取数据的位置。NEXT 说明读取当前行的下一行，并且使其置为当前行。如果 FETCH NEXT 是对游标的第一次提取操作，则读取的是结果集的第一行。NEXT 为默认的游标提取选项。PRIOR 说明读取当前行的前一行，并且使其置为当前行。如果 FETCH PRIOR 是对游标的第一次提取操作，则无值返回且游标置于第一行之前。FIRST 读取游标中的第一行并将其作为当前行。LAST 读取游标中的最后一行并将其作为当前行。FIRST 和 LAST 不能在只进游标中使用。

（4）ABSOLUTE { n | @nvar } 和 RALATIVE { n | @nvar }：给出读取数据的位置与游标头或当前位置的关系，其中，n 必须为整型常量，变量 @nvar 必须为 smallint、tinyint 或 int 类型。

① ABSOLUTE { n | @nvar }: 若 n 或@nvar 为正数，则读取从游标头开始的第 n 行，并将读取的行变成新的当前行；若 n 或@nvar 为负数，则读取游标尾之前的第 n 行，并将读取的行变成新的当前行；若 n 或@nvar 为 0，则没有行返回。

② RALATIVE { n | @nvar }: 若 n 或@nvar 为正数，则读取当前行之后的第 n 行，并将读取的行置为新的当前行；若 n 或@nvar 为负数，则读取当前行之前的第 n 行，并将读取的行变成新的当前行；如果 n 或@nvar 为 0，则读取当前行。如果在对游标的第一次提取操作时将 FETCH RELATIVE 中的 n 或@nvar 指定为负数或 0，则没有行返回。

（5）INTO：说明将读取的游标数据存放到指定的变量中。

（6）GLOBAL：全局游标。

【例 4.68】 只读游标使用。

```
USE xscj
GO
DECLARE xs_cur1 CURSOR
 FOR
 SELECT 学号,姓名,性别,出生时间,总学分
     FROM xsb
     WHERE 专业='计算机'
 FOR READ ONLY
GO
OPEN xs_cur1
GO
FETCH NEXT FROM xs_cur1
GO
FETCH NEXT FROM xs_cur1
GO
```

由于 xs_cur1 是只进游标，因而只能使用 NEXT 提取数据。执行结果如图 4.28 所示。

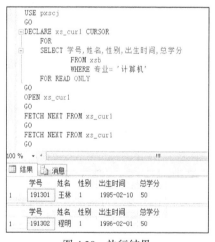

图 4.28 执行结果

【例 4.69】 动态游标使用。

```
DECLARE xs_cur2 CURSOR
 DYNAMIC
 FOR
     SELECT 学号,姓名,总学分
         FROM xsb
         WHERE 专业='计算机'
```

动态游标

```
        FOR UPDATE OF 总学分
OPEN xs_cur2
FETCH NEXT FROM xs_cur2
FETCH NEXT FROM xs_cur2
FETCH RELATIVE 2  FROM xs_cur2
FETCH PRIOR FROM xs_cur2
FETCH RELATIVE -3  FROM xs_cur2
SELECT  '执行情况' = @@FETCH_STATUS
FETCH FIRST FROM xs_cur2
```

（1）从游标 xs_cur2 中提取数据第一行数据。

```
FETCH  FIRST FROM xs_cur2
```

（2）从游标 xs_cur2 中提取数据下一行数据。

```
FETCH  NEXT FROM xs_cur2
```

（3）从游标 xs_cur2 中提取数据上一行数据。

```
FETCH  PRIOR  FROM  xs_cur2
```

说明

图 4.29　执行结果

（4）从游标 xs_cur2 中提取数据最后一行数据。

```
FETCH  LAST  FROM  xs_cur2
```

（5）读取当前行的下两行读取。

```
FETCH  RELATIVE 2 FROM xs_cur2
```

如果是-2，则读取当前行的上两行读取。

（6）xs_cur2 是动态游标，可以前滚、后滚，可以使用 FETCH 语句中除 ABSOLUTE 以外的提取选项。

（7）FETCH 语句的执行状态保存在全局变量@@FETCH_STATUS 中，其值为 0 表示上一个 FETCH 执行成功；为-1 表示所要读取的行不在结果集中；为-2 表示被提取的行已不存在（已被删除）。

```
FETCH  RELATIVE -3  FROM  xs_cur2
  SELECT  'FETCH 执行情况' = @@FETCH_STATUS
```

执行结果如图 4.29 所示。

4.3.4　关闭删除游标：CLOSE/DEALLOCATE

游标使用完以后要及时关闭，不再使用应该删除。

1. 关闭游标

关闭游标使用 CLOSE 语句，格式为：

CLOSE { { [GLOBAL]游标名 } | @游标变量名 }

参数的含义与 OPEN 语句中的相同。例如：

```
CLOSE xs_cur2
```

将关闭游标 xs_cur2。

2. 删除游标

游标关闭后，其定义仍在，需要时可用 OPEN 语句打开它再使用。若确认游标不再需要，就要释放其定义占用的系统空间，即删除游标。删除游标使用 DEALLOCATE 语句，格式为：

```
DEALLOCATE { { [ GLOBAL ]游标名 } | @游标变量名 }
```

参数的含义与 OPEN 和 CLOSE 语句中的相同。例如：

```
DEALLOCATE xs_cur2
```

将删除游标 xs_cur2。

习　题

一、选择题

1. SELECT 不能实现（　　）。
   - A. 获得多个关联表中符合条件的记录
   - B. 统计汇总表中符合条件的记录
   - C. 输出列包含表达式
   - D. 将符合条件的记录构建新表

2. SELECT 不能实现（　　）。
   - A. 排除部分列
   - B. 输出符合条件的部分行
   - C. 对查询结果进行分类
   - D. 不要出现重复行

3. SELECT 查询结果顺序不可以（　　）。
   - A. 主键值顺序
   - B. ORDER 控制
   - C. 物理记录顺序
   - D. 随机顺序

4. SELECT 查询条件可以（　　）控制。
   - A. WHERE
   - B. HAVING
   - C. 无条件
   - D. A、B 和 C

5. 多表查询可通过（　　）。
   - A. FROM 包含多表
   - B. 子查询
   - C. UNION
   - D. A、B 和 C

6. 下列说法错误的是（　　）。
   - A. 界面创建的视图不能通过命令修改
   - B. 能够完全像操作表一样操作视图
   - C. 视图中是定义而无数据
   - D. 删除视图不会影响原表数据

7. 视图不能实现（　　）的功能。
   - A. 控制操作表的列和记录
   - B. 把常用多表查询变成对简单操作
   - C. 可以更新原表内容
   - D. 可以修改原表结构

8. 游标的功能说法错误的是（　　）。
   - A. 游标命令不需要组合使用
   - B. 应用程序通过游标可以处理部分结果
   - C. 游标内容不通过变量也可使用
   - D. 可以把查询结果存放其中

二、命令练习

产品销售数据库 cpxs 包含的表如下。

产品表：产品编号，产品名称，价格，库存量。

销售商表：客户编号，客户名称，地区，负责人，电话。

产品销售表：销售日期，产品编号，客户编号，数量，销售额。

写出 SQL 语句，对产品销售数据库进行如下操作：

（1）查找价格在 2000～2900 元的商品名。

（2）计算所有商品的总价格。

（3）在产品销售数据库上创建冰箱产品表的视图 bxcp。

（4）在 bxcp 视图上查询库存量在 100 台以下的产品编号。

三、说明题

1. 说明 SELECT 语句的 FROM、WHERE、GROUP 及 ORDER 子句的作用。

2. 能够在 WHERE 中使用的运算符有哪些？各运算符的功能是什么？

3. 使用 EXISTS 关键字引入的子查询与使用 IN 关键字引入的子查询在语法上有哪些不同？

4. 举一个使用 FETCH 语句从表中读取数据的实例。

第5章
T-SQL 语言

前面介绍的是 SQL Server 操作数据库的命令。在 SQL Server 中，可以根据需要使用 T-SQL 语言把若干条命令（这里称为语句）组织起来。本章主要介绍 T-SQL 语言。

5.1 T-SQL 语言

T-SQL 是在 SQL Server 中使用的 SQL 语言，它是 ANSI SQL 的扩展加强版 SQL 语言，除了提供标准的 SQL 命令之外，T-SQL 还对 SQL 做了许多补充。

T-SQL 语言由以下几部分组成。

（1）数据定义语言（DDL）。DDL 用于执行数据库的任务，对数据库以及数据库中的各种对象进行创建、删除、修改等操作。如前所述，数据库对象主要包括表、默认约束、规则、视图、触发器、存储过程。DDL 包括的主要语句及功能如表 5.1 所示。

表 5.1　　　　　　　　　　　　　　　DDL 主要语句及功能

语句	功能	说明
CREATE	创建数据库或数据库对象	不同数据库对象，其 CREATE 语句的语法形式不同
ALTER	对数据库或数据库对象进行修改	不同数据库对象，其 ALTER 语句的语法形式不同
DROP	删除数据库或数据库对象	不同数据库对象，其 DROP 语句的语法形式不同

（2）数据操纵语言（DML）。DML 用于操纵数据库中的各种对象，检索和修改数据。DML 包括的主要语句及功能如表 5.2 所示。

表 5.2　　　　　　　　　　　　　　　DML 主要语句及功能

语句	功能	说明
SELECT	从表或视图中检索数据	是使用最频繁的 SQL 语句之一
INSERT	将数据插入到表或视图中	
UPDATE	修改表或视图中的数据	既可修改表或视图的一行数据，也可修改一组或全部数据
DELETE	从表或视图中删除数据	可根据条件删除指定的数据

（3）数据控制语言（DCL）。DCL 用于安全管理，确定哪些用户可以查看或修改数据库中的数据。DCL 包括的主要语句及功能如表 5.3 所示。

表 5.3   DCL 主要语句及功能

语句	功能	说明
GRANT	授予权限	可把语句许可或对象许可的权限授予其他用户和角色
REVOKE	收回权限	与 GRANT 的功能相反，但不影响该用户或角色从其他角色中作为成员继承许可权限
DENY	收回权限，并禁止从其他角色继承许可权限	功能与 REVOKE 相似，不同之处：除收回权限外，还禁止从其他角色继承许可权限

表格中的命令将在后面章节详细介绍。

（4）T-SQL 增加的语言元素。这部分不是 ANSI SQL 所包含的内容，而是微软为了用户编程的方便而增加的语言元素。这些语言元素包括变量、运算符、流程控制语句、函数等。这些 T-SQL 语句都可以在查询分析器中交互执行。本章会介绍这部分增加的语言元素。

5.2 常量、自定义数据类型与变量

和其他语言一样，T-SQL 也需要使用常量、变量，以系统提供的数据类型为基础，除此用户还可自定义数据类型。

5.2.1 常量

常量是指在程序运行过程中值不变的量。常量又称为字面值或标量值。常量的使用格式取决于值的数据类型。

根据常量值的不同类型，分为字符串常量、整型常量、实型常量、日期时间常量、货币常量、唯一标识常量。各类常量举例说明如下。

1. 字符串常量

字符串常量分为 ASCII 字符串常量和 Unicode 字符串常量。

（1）ASCII 字符串常量。ASCII 字符串常量是用单引号括起来，由 ASCII 字符构成的符号串。

ASCII 字符串常量举例：

```
'China'
'How do you!'
'O''Bbaar'
/*如果单引号中的字符串包含引号，可以使用两个单引号来表示嵌入的单引号。*/
```

（2）Unicode 字符串常量。Unicode 字符串常量与 ASCII 字符串常量相似，但它前面有一个 N 标识符（N 代表 SQL-92 标准中的国际语言 National Language），N 前缀必须为大写字母。

Unicode 字符串常量举例：

```
N'China '
N'How do you!'
```

Unicode 数据中的每个字符用两个字节存储，而每个 ASCII 字符用一个字节存储。

2. 整型常量

按照整型常量的不同表示方式，又分为二进制整型常量、十六进制整型常量和十进制整型常量。

十六进制整型常量的表示：前辍 0x 后跟十六进制数字串。

十六进制常量举例：

```
0xEBF
0x69048AEFDD010E
0x                        /*空十六进制常量*/
```

二进制整型常量的表示：即数字 0 或 1，并且不使用引号。如果使用一个大于 1 的数字，它将被转换为 1。

十进制整型常量即不带小数点的十进制数，例如：

```
1894
2
+145345234
-2147483648
```

3. 实型常量

实型常量有定点表示和浮点表示两种方式，举例如下。

定点表示：

```
1894.1204
2.0
+145345234.2234
-2147483648.10
```

浮点表示：

```
101.5E5
0.5  E-2
+123E-3
-12E5
```

4. 日期时间常量

日期时间常量：用单引号将表示日期时间的字符串括起来。SQL Server 可以识别如下格式的日期和时间。

字母日期格式，例如：'April 20, 2000'

数字日期格式，例如：'4/15/1998', '1998-04-15'

未分隔的字符串格式，例如：'20001207'

如下是时间常量的例子：

```
'14:30:24'
'04:24:PM'
```

如下是日期时间常量的例子：

```
'April 20, 2000 14:30:24'
```

5. 货币（money）常量

money 常量是以 "$" 作为前缀的一个整型或实型常量数据。下面是 money 常量的例子：

```
$12
$542023
-$45.56
+$423456.99
```

6. 唯一标识（uniqueidentifier）常量

uniqueidentifier 常量是用于表示全局唯一标识符（GUID）值的字符串，可以使用字符串或十六进制字符串格式指定。例如：

```
'6F9619FF-8A86-D011-B42D-00004FC964FF'
0xff19966f868b11d0b42d00c04fc964ff
```

5.2.2 自定义数据类型

在 SQL Server 中，根据每个字段（列）、局部变量、表达式和参数对应数据的特性，都有一个相关的数据类型。在 SQL Server 中，除了支持系统数据类型外，还支持用户自定义数据类型。系统数据类型又称为基本数据类型。前面使用的均为系统数据类型。下面主要介绍用户自定义数据类型。

1. 用户自定义数据类型

用户自定义数据类型可看作系统数据类型的别名。

在多表操作的情况下，当多个表中的列要存储相同类型的数据时，往往要确保这些列具有完全相同的数据类型、长度和为空性（数据类型是否允许空值）。用户自定义数据类型并不是真正的数据类型，它只是提供了一种提高数据库内部元素和基本数据类型之间一致性的机制。

例如，对于学生成绩管理数据库（xscj），创建了 xsb、kcb、cjb 3 张表。从表结构中可看出：表 xsb 中的学号字段值与表 cjb 中的学号字段值应有相同的类型，均为字符型值，长度可定义为 6，并且不允许为空值。为了确保这一点，可以先定义一个数据类型，命名为 STUDENT_num，用于描述学号字段的这些属性，然后将表 xsb 中的学号字段和表 cjb 中的学号字段定义为 STUDENT_num 数据类型。

2. 数据类型的定义

在创建用户自定义数据类型时首先应考虑如下 3 个属性：数据类型名称、所依据的系统数据类型（又称为基类型）和为空性。如果为空性未明确定义，系统将依据数据库或连接的 ANSI Null 默认设置进行指派。

创建用户自定义数据类型的方法如下。

（1）使用界面方式定义

在"对象资源管理器"中展开"数据库"→"xscj"→"可编程性"→"类型"→"用户定义数据类型"，单击鼠标右键，在快捷菜单中选择"新建用户定义数据类型"，系统进入新建用户定义数据类型窗口。在"名称"文本框中输入自定义的数据类型名称，如 STUDENT_num；在"数据类型"下拉框中选择自定义数据类型所基于的系统数据类型，如 char；在"长度"栏中填写要定义的数据类型的长度，如 6。其他选项使用默认值，单击"确定"按钮即可完成创建。如果允许自定义数据类型为空，则在"允许 NULL 值"复选框中打钩。

规则及默认值相应内容在以后章节介绍。

（2）使用命令定义

在 SQL Server 中，使用 CREATE TYPE 语句来实现用户数据类型的定义。语法格式如下：

```
CREATE TYPE [架构名.]类型名
    FROM 基类型[（精度[，位数]）]
[ NULL | NOT NULL ]
```

"类型名"为指定要自定义的数据类型的名称。"基类型"指定自定义数据类型所基于的系统数据类型。

根据上述语法，定义描述学号字段的数据类型的语句如下：

```
CREATE TYPE STUDENT_num
    FROM char(6) NOT NULL
```

图 5.1 使用用户自定义数据类型定义 xsb 表

3. 数据类型的使用

在用户定义类型后，就可在"对象资源管理器"和 T-SQL 命令方式中应用这种用户自定义类型了。

（1）在"对象资源管理器"中应用举例

例如，对 xsb 表学号字段的定义如图 5.1 所示。

（2）T-SQL 应用举例

利用命令方式定义 xsb 表结构：

```
CREATE TABLE xsb
(
      学号      STUDENT_num  NOT NULL PRIMARY KEY, /*将学号定义为STUDENT_num类型*/
      姓名      char(8)      NOT NULL,
      性别      bit          NULL DEFAULT 1,
      出生时间   datetime     NULL,
      专业      char(12)     NULL,
      总学分    int          NULL,
      备注      varchar(500) NULL
)
```

4. 数据类型的删除

删除用户自定义数据类型的方法如下。

（1）使用"对象资源管理器"删除。在 SSMS 中删除，主要操作如下：

在"对象资源管理器"中展开数据库"xscj"→"可编程性"→"类型"，在"用户定义数据类型"中选择类型"dbo.STUDENT_num"，单击鼠标右键，在弹出的快捷菜单中选择"删除"菜单项，打开"删除对象"窗口后单击"确定"按钮即可（实际不做操作）。

如果用户自定义数据类型在数据库中被引用，删除操作将不被允许。

（2）使用命令删除。使用命令方式删除自定义数据类型可以使用 DROP TYPE 语句。语法格式如下：

```
DROP TYPE [架构名.]类型名
```

例如，删除前面定义的 STUDENT_num 类型的语句为：

```
DROP TYPE STUDENT_num
```

以上语句实际不做操作。

5. 用户自定义表数据类型

用户自定义表数据类型（User-defined Table Types）也由用户自行定义，可以作为参数提供给语句、存储过程或者函数。创建自定义表数据类型也使用 CREATE TYPE 语句，语法格式如下：

```
CREATE TYPE [架构名.]类型名
    AS TABLE ( <列定义>
              [ <表约束> ] [ , ... ] )
```

- <列定义>：对列的描述，包含列名、数据类型、为空性、约束等。
- <表约束>：定义对表的约束。

【例 5.1】 创建用户自定义表数据类型，包含 cjb 表中的所有列。

```
CREATE TYPE cjb_tabletype
```

```
        AS TABLE
     (
          学号        char(6)   NOT NULL,
          课程号      char(3)   NOT NULL,
          成绩        int       NOT NULL,
          PRIMARY KEY(学号，课程号)
     )
```

用户自定义表数据类型的删除与自定义数据类型类似，可以在"对象资源管理器"中使用界面方式删除，也可以使用 DROP TYPE 语句删除。

5.2.3　变量：DECLARE/SET/SELECT

变量用于临时存放数据，变量中的数据随着程序的执行而变化。变量有名称及其数据类型两个属性。变量名用于标识该变量，变量的数据类型确定了该变量存放值的格式及允许的运算。

1. 变量及其分类

变量名必须是一个合法的标识符。

（1）标识符

常规标识符：以 ASCII 字母、Unicode 字母、下画线（_）、@或#开头，后续可跟一个或若干个 ASCII 字符、Unicode 字符、下画线（_）、美元符号（$）、@或#，但不能全为下画线（_）、@或#。

注意　常规标识符不能是 T-SQL 的保留字。常规标识符中不允许嵌入空格或其他特殊字符。

分隔标识符：包含在双引号（"）或者方括号（[ ]）内的常规标识符或不符合常规标识符规则的标识符。

标识符允许的最大长度为 128 个字符。符合常规标识符格式规则的标识符可以分隔，也可以不分隔。对不符合标识符规则的标识符必须进行分隔。

（2）变量的分类

全局变量：全局变量由系统提供且预先声明，通过在名称前加两个"@"来区别于局部变量。T-SQL 全局变量作为函数引用。例如，@@ERROR 返回执行的上一个 T-SQL 语句的错误号；@@CONNECTIONS 返回自上次启动 SQL Server 以来连接或试图连接的次数。

局部变量：局部变量用于保存单个数据值。例如，保存运算的中间结果，作为循环变量等。

当首字母为"@"时，表示该标识符为局部变量名；当首字母为"#"时，此标识符为一临时数据库对象名，若开头含一个"#"，表示局部临时数据库对象名，若开头含两个"#"，表示全局临时数据库对象名。

2. 局部变量

（1）局部变量的定义

在批处理或过程中用 DECLARE 语句声明局部变量,所有局部变量在声明后均初始化为 NULL。语法格式：

```
DECLARE { @局部变量   数据类型[= 值]}   [ , ...]
```

说明　@局部变量：局部变量名应为常规标识符。前面的"@"表示是局部变量。

数据类型：用于定义局部变量的类型，可为系统类型或自定义类型。

=值：为变量赋值，值可以是常量或表达式，但它必须与变量声明类型匹配。

（2）局部变量的赋值

当声明局部变量后，可用 SET 或 SELECT 语句为其赋值。

① 用 SET 语句赋值。

将 DECLARE 语句创建的局部变量设置为给定表达式的值。语法格式：

```
SET  @1 局部变量=表达式
```

　　　　@局部变量：除 cursor、text、ntext、image 及 table 外的任何类型变量名。变量名必须以"@"开头。

　　　　表达式：任何有效的 SQL Server 表达式。

【例 5.2】 创建局部变量@var1、@var2 并赋值，然后输出变量的值。

```
DECLARE @var1 char(10) ,@var2 char(30)
SET  @var1='中国'                          /*一个 SET 语句只能为一个变量赋值*/
SET  @var2=@var1+'是一个伟大的国家'
SELECT @var1, @var2
GO
```

[无列名]	[无列名]
1	中国	中国　是一个伟大的国家

图 5.2　执行结果

执行结果如图 5.2 所示。

【例 5.3】 创建一个名为 sex 的局部变量，并在 SELECT 语句中使用该局部变量查找表 xsb 中所有女同学的学号、姓名。

```
USE xscj
GO
DECLARE @sex bit
SET @sex=0
SELECT 学号, 姓名
    FROM  xsb
    WHERE 性别=@sex
```

【例 5.4】 使用查询为变量赋值。

```
DECLARE @student char(8)
SET @student=(SELECT 姓名 FROM xsb WHERE 学号= '191301')
SELECT @student
```

② 用 SELECT 语句赋值。

语法格式：

```
SELECT {@局部变量=表达式} [, …]
```

- "SELECT @局部变量"通常用于将单个值返回到变量中。如果"表达式"为列名，则返回多个值，此时将返回的最后一个值赋给变量。
- 如果 SELECT 语句没有返回行，变量将保留当前值。
- 如果"表达式"是不返回值的变量查询，则将变量设为 NULL。
- 一个 SELECT 语句可以初始化多个局部变量。

【例 5.5】 使用 SELECT 语句为局部变量赋值。

```
DECLARE @var1 nvarchar(30)
SELECT @var1 ='刘丰'
SELECT  @var1 AS 'NAME'
```

【例 5.6】 为局部变量赋空值。

```
DECLARE @var1 nvarchar(30)
SELECT @var1 = '刘丰'
SELECT @var1 =
(
    SELECT 姓名
        FROM xsb
        WHERE 学号= '191399'
)
SELECT @var1 AS  'NAME'
```

例中子查询用于为@var1 赋值。在 xsb 表中学号"191399"不存在，因此子查询不返回值，并将变量@var1 设为 NULL。

3. 局部游标变量

（1）局部游标变量的定义

语法格式：

```
DECLARE { @游标变量名 CURSOR } [ , ...]
```

"@游标变量名"是局部游标变量名，应为常规标识符。前面的"@"表示是局部的。CURSOR 表示该变量是游标变量。

（2）局部游标变量的赋值

利用 SET 语句为一个游标变量赋值，有 3 种情况：

① 将一个已存在的并且赋值的游标变量的值赋给另一个局部游标变量；

② 将一个已声明的游标名赋给指定的局部游标变量；

③ 声明一个游标，同时将其赋给指定的局部游标变量。

上述 3 种情况的语法描述如下。

语法格式：

```
SET
{
    @游标变量 =
    {
        @游标变量                      /*将一个已赋值的游标变量的值赋给一个目标游标变量*/
        | 游标名                       /*将一个已声明的游标名赋给游标变量*/
        | { CURSOR 子句 }              /*游标声明*/
    }
}
```

@游标变量：用于指定游标变量名，如果目标游标变量先前引用了一个不同的游标，则删除先前的引用。

游标名：指用 DECLARE CURSOR 语句声明的游标名。

（3）游标变量的使用

步骤如下：定义游标变量→给游标变量赋值→打开游标→利用游标读取行（记录）→使用结束后关闭游标→删除游标的引用。

【例 5.7】 使用游标变量。

```
USE xscj
GO
DECLARE @CursorVar CURSOR                              /*定义游标变量*/
```

```
SET @CursorVar = CURSOR SCROLL DYNAMIC          /*为游标变量赋值*/
    FOR
    SELECT 学号, 姓名
        FROM  xsb
        WHERE 姓名 LIKE  '王%'
OPEN @CursorVar                                 /*打开游标*/
FETCH  NEXT  FROM @CursorVar
FETCH  NEXT  FROM @CursorVar                     /*通过游标读行记录*/
CLOSE @CursorVar
DEALLOCATE @CursorVar                            /*删除对游标的引用*/
```

执行结果如图 5.3 所示。

4. 表数据类型变量

语法格式:

```
DECLARE
{ @表变量名[AS] TABLE ( { <列定义> | <表约束> } [ , ... ] ) }
```

说明   表变量名为要声明的表数据类型变量的名称。

【例 5.8】 声明一个表数据类型变量并向变量中插入数据。

```
DECLARE @var_table
    AS TABLE
    (
        num char(6) NOT NULL PRIMARY KEY,
        name char(8) NOT NULL,
        sex bit NULL
    )                                           /*声明变量*/
INSERT INTO @var_table
    SELECT 学号,姓名,性别 FROM xsb                 /*插入数据*/
SELECT TOP(4) * FROM @var_table  WHERE 备注=NOT NULL  /*查看内容*/
```

执行结果如图 5.4 所示。

图 5.3   执行结果

图 5.4   执行结果

5.3   运算符与表达式

SQL Server 提供了如下几类运算符:算术运算符、赋值运算符、位运算符、比较运算符、逻辑运算符、字符串连接运算符和一元运算符。通过运算符连接运算量构成表达式。

1. 算术运算符

算术运算符用于对两个表达式执行数学运算,这两个表达式可以是任何数字数据类型。

算术运算符有+(加)、-(减)、*(乘)、/(除)和%(求模)5 种运算。+(加)和-(减)运算符还可用于对日期时间类型的值进行算术运算。

2. 位运算符

位运算符在两个表达式之间执行位操作，这两个表达式的类型可为整型或与整型兼容的数据类型（如字符型等，但不能为 image 类型）。位运算符如表 5.4 所示。

表 5.4　　　　　　　　　　　　　　位运算符

位运算符	运算规则
&	两个位均为 1 时，结果为 1，否则为 0
|	只要一个位为 1，结果为 1，否则为 0
^	两个位值不同时，结果为 1，否则为 0

【例 5.9】 在 test1 数据库中，建立表 bitop，并插入一行，然后将 a 字段和 b 字段列上值进行&、1、^运算。

```
USE test1
GO
CREATE TABLE bitop
(
    a int NOT NULL,
    b int NOT NULL
)
INSERT bitop VALUES (168, 73)
SELECT a & b, a | b, a ^ b
    FROM bitop
GO
```

执行结果如图 5.5 所示。

	[无列名]	[无列名]	[无列名]
1	8	233	225

图 5.5　执行结果

a(168)用二进制表示为 0000 0000 1010 1000，b(73)用二进制表示为 0000 0000 0100 1001。在这两个值之间进行的位运算如下：

(a &b)：

```
0000 0000 1010 1000
0000 0000 0100 1001
```
————————————
0000 0000 0000 1000　（十进制值为 8）

(a | b)：

```
0000 0000 1010 1000
0000 0000 0100 1001
```
————————————
0000 0000 1110 1001　（十进制值为 233）

(a ^ b)：

```
0000 0000 1010 1000
0000 0000 0100 1001
```
————————————
0000 0000 1110 0001　（十进制值为 225）

3. 比较运算符

比较运算符（又称关系运算符）如表 5.5 所示，用于测试两个表达式的值是否相同，其运算结果为逻辑值，可以为 TRUE、FALSE 及 UNKNOWN 三者之一。

表 5.5　　　　　　　　　　　　　　　比较运算符

运算符	含义	运算符	含义
=	相等	<=	小于等于
>	大于	<>、!=	不等于
<	小于	!<	不小于
>=	大于等于	!>	不大于

除 text、ntext 或 image 类型的数据外，比较运算符可以用于所有的表达式。

4. 逻辑运算符

逻辑运算符用于对某个条件进行测试，运算结果为 TRUE 或 FALSE。SQL Server 提供的逻辑运算符如表 5.6 所示。这里的逻辑运算符在 SELECT 语句的 WHERE 子句中介绍过，此处再做一些补充。

表 5.6　　　　　　　　　　　　　　　逻辑运算符

运算符	运算规则
AND	如果两个操作数值都为 TRUE，则运算结果为 TRUE
OR	如果两个操作数中有一个为 TRUE，则运算结果为 TRUE
NOT	若一个操作数值为 TRUE，则运算结果为 FALSE，否则为 TRUE
ALL	如果每个操作数值都为 TRUE，则运算结果为 TRUE
ANY	在一系列操作数中只要有一个为 TRUE，则运算结果为 TRUE
BETWEEN	如果操作数在指定的范围内，则运算结果为 TRUE
EXISTS	如果子查询包含一些行，则运算结果为 TRUE
IN	如果操作数值等于表达式列表中的一个，则运算结果为 TRUE
LIKE	如果操作数与一种模式相匹配，则运算结果为 TRUE
SOME	如果在一系列操作数中，有些值为 TRUE，则运算结果为 TRUE

（1）ANY、SOME、ALL、IN 的使用

可以将 ALL 或 ANY 关键字与比较运算符组合进行子查询。SOME 的用法与 ANY 相同。以 > 比较运算符为例：

● >ALL 表示大于每一个值，即大于最大值。例如，>ALL(5, 2, 3)表示大于 5。因此，使用>ALL 的子查询也可用 MAX 集函数实现。

● >ANY 表示至少大于一个值，即大于最小值。例如，>ANY (7, 2, 3)表示大于 2。因此，使用>ANY 的子查询也可用 MIN 集函数实现。

● =ANY 运算符与 IN 等效。

● <>ALL 与 NOT IN 等效。

【例 5.10】　查询成绩高于"林一帆"最高成绩的学生姓名、课程名及成绩。

```
USE xscj
GO
SELECT 姓名，课程名，成绩
    FROM xsb, cjb, kcb
    WHERE 成绩> ALL
    (
        SELECT b.成绩
            FROM xsb a, cjb b
                WHERE a.学号= b.学号 AND  a.姓名= '林一帆'
    )
    AND xsb.学号=cjb.学号
    AND kcb.课程号=cjb.课程号
    AND 姓名<>'林一帆'
```

（2）BETWEEN 的使用

语法格式：

```
测试表达式[ NOT ] BETWEEN 起始表达式 AND 结束表达式
```

如果"测试表达式"的值大于或等于"起始表达式"的值并且小于或等于"结束表达式"的值，则运算结果为 TRUE，否则为 FALSE。"起始表达式"和"结束表达式"指定测试范围，3 个表达式的类型必须相同。

NOT 关键字表示对谓词 BETWEEN 的运算结果取反。

【例 5.11】 查询总学分在 40～50 的学生学号和姓名。

```
SELECT 学号，姓名，总学分
    FROM  xsb
    WHERE 总学分 BETWEEN 40 AND 50
```

使用 >= 和 <=代替 BETWEEN 实现与上例相同的功能：

```
SELECT 学号，姓名，总学分
    FROM  xsb
    WHERE  总学分>= 40  AND 总学分<=50
```

【例 5.12】 查询总学分在 40～50 以外的所有学生的学号和姓名。

```
SELECT 学号，姓名，总学分
    FROM  xsb
    WHERE 总学分 NOT BETWEEN 40 AND 50
```

（3）LIKE 的使用

语法格式：

```
表达式[ NOT ] LIKE 模式[ ESCAPE 转义符]
```

确定给定的字符串是否与指定的模式匹配。若匹配，则运算结果为 TRUE；否则为 FALSE。模式可以包含普通字符和通配字符。LIKE 运算符的内容参见第 4 章中 WHERE 子句一节。

【例 5.13】 查询课程名以"计"或 C 开头的情况。

```
SELECT *
    FROM kcb
    WHERE 课程名 LIKE '[计C]%'
```

（4）EXISTS 与 NOT EXISTS 的使用

语法格式：

```
EXISTS 子查询
```

用于检测一个子查询的结果是否不为空，若是则运算结果为真，否则为假。"子查询"用于代表一个受限的 SELECT 语句（不允许有 COMPUTE 子句和 INTO 关键字）。EXISTS 子句的功能有时可用 IN 或= ANY 运算符实现，而 NOT EXISTS 的作用与 EXISTS 相反。

【例 5.14】 查询所有选课学生的姓名。

```
SELECT DISTINCT 姓名
    FROM  xsb
    WHERE  EXISTS
      (
         SELECT  *
             FROM  cjb
             WHERE  xsb.学号= cjb.学号
      )
```

5. 字符串连接运算符

通过运算符"+"实现两个字符串的连接运算。

【例 5.15】 多个字符串的连接。

```
SELECT  (学号+ ',' + 姓名) AS 学号及姓名
    FROM  xsb
    WHERE 学号= '191301'
```

执行结果如图 5.6 所示。

学号及姓名
1	081101 王林

图 5.6　执行结果

6. 一元运算符

一元运算符有+（正）、-（负）和~（按位取反）3 个。对于按位取反运算符举例如下：

设 a 的值为 12（0000 0000 0000 1100），计算 ~a 的值为 1111 1111 1111 0011。

7. 赋值运算符

赋值运算符指给局部变量赋值的 SET 和 SELECT 语句中使用的"="。

8. 运算符的优先顺序

当一个复杂的表达式有多个运算符时，运算符优先级决定执行运算的先后次序。执行的顺序会影响所得到的运算结果。

运算符优先级如表 5.7 所示。在一个表达式中按先高（优先级数字小）后低（优先级数字大）的顺序进行运算。

表 5.7　　　　　　　　　　运算符优先级

运算符	优先级	运算符	优先级
+（正）、-（负）、~（按位 NOT）	1	NOT	6
*（乘）、/（除）、%（模）	2	AND	7
+（加）、+（串联）、-（减）	3	ALL、ANY、BETWEEN、IN、LIKE、OR、SOME	8
=, >, <, >=, <=, <>, !=, !>, !< 比较运算符	4	=（赋值）	9
^（位异或）、&（位与）、|（位或）	5		

当一个表达式中的两个运算符有相同的优先等级时，根据它们在表达式中的位置，一般而言，一元运算符按从右向左的顺序运算，二元运算符按从左到右的顺序进行运算。

表达式中可用括号改变运算符的优先级，先对括号内的表达式求值，然后再对括号外的运算符进行运算。

若表达式中有嵌套的括号，则首先对嵌套最深的表达式求值。

9. 表达式

前面已经出现了表达式这个概念，这里来简单讨论一下。

一个表达式就是常量、变量、列名、复杂计算、运算符和函数的组合。一个表达式通常可以得

到一个值。与常量和变量一样，一个表达式的值也具有某种数据类型，可能的数据类型有字符类型、数值类型、日期时间类型。这样根据表达式的值的类型，表达式可分为字符型表达式、数值型表达式和日期时间型表达式。

表达式还可以根据值的复杂性来分类。

若表达式的结果只是一个值，如一个数值、一个单词或一个日期，则这种表达式叫作标量表达式，如 1+2，'a'>'b'。

若表达式的结果是由不同类型数据组成的一行值，则这种表达式叫作行表达式。例如，（学号，'王林'，'计算机'，50*10），当学号列的值为 191301 时，这个行表达式的值就为（'191301'，'王林'，'计算机'，500）。

若表达式的结果为 0 个、1 个或多个行表达式的集合，那么这个表达式就叫表表达式。

表达式一般用在 SELECT 及 SELECT 语句的 WHERE 子句中。

5.4 流程控制语句

在设计程序时，常常需要利用各种流程控制语句，改变计算机的执行流程以满足程序设计的需要。在 SQL Server 中提供的流程控制语句如表 5.8 所示。

表 5.8　　　　　　　　　　　　　　　SQL Server 流程控制语句

控制语句	说明	控制语句	说明
BEGIN…END	语句块	CONTINUE	用于重新开始下一次循环
IF…ELSE	条件语句	BREAK	用于退出最内层的循环
CASE	分支语句	RETURN	无条件返回
GOTO	无条件转移语句	WAITFOR	为语句的执行设置延迟
WHILE	循环语句		

【例 5.16】 如下程序用于查询总学分大于 42 的学生人数。

```
USE xscj
GO
DECLARE @num int
SELECT @num=(SELECT COUNT(姓名) FROM xsb WHERE  总学分>42)
IF @num<>0
    SELECT @num AS '总学分>42 的人数'
```

5.4.1 语句块：BEGIN…END

在 T-SQL 中可以定义 BEGIN…END 语句块。当要执行多条 T-SQL 语句时，就需要使用 BEGIN…END 将这些语句定义成一个语句块，作为一组语句来执行。语法格式如下：

```
BEGIN
    { SQL 语句 | 语句块 }
END
```

关键字 BEGIN 是 T-SQL 语句块的起始位置，END 标识同一个 T-SQL 语句块的结尾。"SQL 语句"是语句块中的 T-SQL 语句。BEGIN…END 可以嵌套使用，"语句块"表示使用 BEGIN…END 定义的另一个语句块。例如：

```
USE xscj
```

```
GO
BEGIN
    SELECT * FROM xsb
    SELECT * FROM kcb
END
```

5.4.2 条件语句: IF…ELSE

在程序中如果要对给定的条件进行判定,当条件为真或假时分别执行不同的 T-SQL 语句,可用
IF…ELSE 语句实现。

语法格式:

```
IF 条件表达式
    { SQL 语句 | 语句块 }                    /*条件表达式为真时执行*/
[ ELSE
    { SQL 语句 | 语句块 } ]                  /*条件表达式为假时执行*/
```

说明

如果"条件表达式"中含有 SELECT 语句,则必须用圆括号将 SELECT 语句括起来,
运算结果为 TRUE(真)或 FALSE(假)。

由上述语法格式可看出,条件语句分带 ELSE 部分和不带 ELSE 部分两种使用形式。

(1)带 ELSE 部分

```
IF 条件表达式
    A                                        /* T-SQL 语句或语句块*/
ELSE
    B                                        /*T-SQL 语句或语句块*/
```

当条件表达式的值为真时执行 A,然后执行 IF 语句的下一语句;条件表达式的值为假时执行 B,
然后执行 IF 语句的下一语句。

(2)不带 ELSE 部分

```
IF 条件表达式
    A                                        /*T-SQL 语句或语句块*/
```

当条件表达式的值为真时执行 A,然后执行 IF 语句的下一条语句;当条件表达式的值为假时直
接执行 IF 语句的下一条语句。

IF 语句的执行流程如图 5.7 所示。

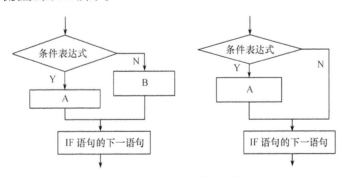

图 5.7 IF 语句的执行流程

如果在 IF…ELSE 语句的 IF 区和 ELSE 区都使用了 CREATE TABLE 语句或 SELECT INTO 语句,
那么 CREATE TABLE 语句或 SELECT INTO 语句必须使用相同的表名。

IF…ELSE 语句可用在批处理、存储过程(经常使用这种结构测试是否存在着某个参数)及特
殊查询中。

可在 IF 区或 ELSE 区嵌套另一个 IF 语句，嵌套层数不限。

【例 5.17】 如果"计算机基础"课程的平均成绩高于 75 分，则显示"平均成绩高于 75 分"。

```
IF
(
    SELECT  AVG(成绩)
        FROM   xsb, cjb, kcb
        WHERE  xsb.学号= cjb.学号
            AND  cjb.课程号=kcb.课程号
            AND  kcb.课程名='计算机基础'
) <75
    SELECT '平均成绩低于75'
ELSE
    SELECT '平均成绩高于75'
```

IF-ELSE 嵌套

【例 5.18】 IF…ELSE 语句的嵌套使用。

```
IF
(   SELECT  AVG(成绩)
        FROM   xsb, cjb, kcb
        WHERE  xsb.学号= cjb.学号
                    AND  cjb.课程号=kcb.课程号
                    AND  kcb.课程名='计算机基础'
) <75
    SELECT '平均成绩低于75'
ELSE
    IF
    (   SELECT  AVG(成绩)
            FROM   xsb, cjb, kcb
            WHERE  xsb.学号= cjb.学号
                        AND  cjb.课程号=kcb.课程号
                        AND  kcb.课程名='计算机基础'
    ) >75
        SELECT  '平均成绩高于75'
```

若子查询跟随在 =、!=、<、<=、>、>= 之后，或子查询用做表达式，则子查询返回的值不允许多于一个。

5.4.3 多重分支：CASE

CASE 语句可进行流程控制，可根据多重条件分支。

语法格式：

```
CASE 输入表达式
    WHEN 表达式 THEN 结果表达式
    [ ... ]
    [ ELSE 结果表达式 ]
END
```

或者：

```
CASE
    WHEN 布尔表达式 THEN 结果表达式
    [ ... ]
    [ ELSE 结果表达式 ]
END
```

第一种格式中"输入表达式"是要判断的值或表达式，接下来是一系列的 WHEN-THEN 块，每一块的"WHEN 表达式"参数指定要与"输入表达式"比较的值，如果为真，就执行"结果表达式"中的 T-SQL 语句。如果前面的每一个块都不匹配，就会执行 ELSE 块指定的语句。CASE 语句最后以 END 关键字结束。

　　第二种格式中 CASE 关键字后面没有参数，在 WHEN-THEN 块中，"布尔表达式"指定了一个比较表达式，表达式为真时执行 THEN 后面的语句。与第一种格式相比，这种格式能够实现更为复杂的条件判断，使用起来更方便。

　　【例 5.19】 使用第一种格式的 CASE 语句，根据性别值输出"男"或"女"。

```
SELECT 学号, 姓名, 专业, SEX=
            CASE 性别
                WHEN 1 THEN '男'
                WHEN 0 THEN '女'
                ELSE '无'
            END
    FROM xsb
    WHERE 总学分>48
```

CASE 语句

使用第二种格式的 CASE 语句，可以使用以下 T-SQL 语句：

```
SELECT 学号, 姓名, 专业, SEX=
            CASE
                WHEN 性别=1 THEN '男'
                WHEN 性别=0 THEN '女'
                ELSE '无'
            END
    FROM xsb
    WHERE 总学分>48
```

5.4.4　无条件转移语句：GOTO

无条件转移语句将执行流程转移到标号指定的位置。

语法格式：

```
GOTO 标号
```

"标号"是指向的语句标号，标号必须符合标识符规则。标号的定义形式为：

```
标号 : 语句
```

5.4.5　循环语句：WHILE/BREAK/CONTINUE

1. WHILE 循环语句

如果需要重复执行程序中的一部分语句，则可使用 WHILE 循环语句实现。

语法格式：

```
WHILE 条件表达式
{ SQL 语句 | 语句块 }          /*T-SQL 语句序列构成的循环体*/
```

WHILE 语句的执行流程如图 5.8 所示。

图 5.8　WHILE 语句的执行流程

从 WHILE 循环的执行流程可看出其使用形式如下：

```
WHILE 条件表达式
    循环体                    /*T-SQL 语句或语句块*/
```

当条件表达式值为真时，执行构成循环体的 T-SQL 语句或语句块，然后再进行条件判断，重复上述操作，直至条件表达式的值为假，退出循环体的执行。

【例 5.20】 将学号为 191301 的学生的总学分使用循环修改到 60，每次只加 2，并判断循环了多少次。

```
USE xscj
GO
DECLARE @num INT
SET @num=0
WHILE (SELECT 总学分 FROM xsb WHERE 学号='191301')<60
BEGIN
    UPDATE xsb SET 总学分=总学分+2 WHERE 学号= '191301'
    SET @num=@num+1
END
SELECT @num AS 循环次数
```

执行结果：循环次数为 5。

2. BREAK 语句

语法格式：

```
BREAK
```

BREAK 语句一般用在循环语句中，用于退出本层循环。当程序中有多层循环嵌套时，使用 BREAK 语句只能退出其所在的这一层循环。

3. CONTINUE 语句

语法格式：

```
CONTINUE
```

CONTINUE 语句一般用在循环语句中，用于结束本次循环，重新转到下一次循环条件的判断。

5.4.6　返回语句：RETURN

返回语句用于从存储过程、批处理或语句块中的无条件退出，不执行位于 RETURN 之后的语句。

语法格式：

```
RETURN [整数表达式]
```

如果不提供"整数表达式"，则退出程序并返回一个空值；如果用在存储过程中，则可以返回整型值的"整数表达式"。

（1）除非特别指明，所有系统存储过程返回 0 值表示成功，返回非 0 值则表示失败。

（2）当用于存储过程时，RETURN 不能返回空值。

【例 5.21】 判断是否存在学号为 191328 的学生，如果存在则返回，不存在则插入 191328 号学生的信息。

```
IF EXISTS(SELECT * FROM xsb WHERE 学号='191328')
    RETURN
ELSE
    INSERT INTO xsb VALUES('191328', '张可', 1, '1990-08-12', '计算机',52, NULL)
```

5.4.7　等待语句：WAITFOR DELAY/TIME

等待语句指定触发语句块、存储过程或事务执行的时刻或需等待的时间间隔。

语法格式：

```
WAITFOR
{
    DELAY '等待时间'
    | TIME '执行时间'
}
```

（1）DELAY '等待时间'：指定运行批处理、存储过程和事务必须等待的时间，最长可达 24 小时。"等待时间"可以用 datetime 数据格式指定，用单引号括起来，但在值中不允许有日期部分。也可以用局部变量指定参数。

（2）TIME '执行时间'：指定运行批处理、存储过程和事务的时间，"执行时间"表示 WAITFOR 语句完成的时间，值的指定同上。

【例 5.22】　如下语句设定在早上 8 点执行查询语句。

```
BEGIN
    WAITFOR TIME '8:00'
    SELECT * FROM xsb
END
```

5.4.8　错误处理语句：TRY…CATCH

在 SQL Server 中，可以使用 TRY…CATCH 语句进行 T-SQL 语言中的错误处理。

语法格式：

```
BEGIN TRY
    { SQL 语句 | 语句块 }
END TRY
BEGIN CATCH
    [ { SQL 语句 | 语句块 } ]
END CATCH
```

要进行错误处理，T-SQL 语句组可以包含在 TRY 块中。如果 TRY 块内部发生错误，则会将控制传递给 CATCH 块中包含的另一个语句组。TRY…CATCH 构造可对严重程度高于 10 但不关闭数据库连接的所有执行错误进行缓存。

5.5　系统内置函数

5.5.1　系统内置函数介绍

在程序设计过程中，常常调用系统提供的函数。T-SQL 编程语言提供 3 种系统内置函数：行集函数、聚合函数和标量函数。所有的函数都是确定性或非确定性的。

（1）确定性函数：每次使用特定的输入值集调用该函数时，总是返回相同的结果。

（2）非确定性函数：每次使用特定的输入值集调用该函数时，可能返回不同的结果。

例如，DATEADD 内置函数是确定性函数，因为对于其任何给定参数总是返回相同的结果。GETDATE 是非确定性函数，因其每次执行后，返回结果都不同。

下面介绍一些常用的函数。

1．行集函数

行集函数是返回值为对象的函数，该对象可在 T-SQL 语句中作为表引用。所有行集函数都是非确定性的，即每次用一组特定参数调用它们时，所返回的结果不总是相同的。

SQL Server 主要提供了以下行集函数。

（1）CONTAINSTABLE：对于基于字符类型的列，按照一定的搜索条件进行精确或模糊匹配，然后返回一个表，该表可能为空。

（2）FREETEXTTABLE：为基于字符类型的列返回一个表，其中的值符合指定文本的含义，但不符合确切的表达方式。

（3）OPENDATASOURCE：提供与数据源的连接。

（4）OPENQUERY：在指定数据源上执行查询。可以在查询的 FROM 子句中像引用基本表一样引用 OPENQUERY 函数，虽然查询可能返回多个记录，但 OPENQUERY 只返回第一个记录。

（5）OPENROWSET：包含访问 OLE DB 数据源中远程数据所需的全部连接信息。可在查询的 FROM 子句中像引用基本表一样引用 OPENROWSET 函数，虽然查询可能返回多个记录，但 OPENROWSET 只返回第一个记录。

（6）OPENXML 函数：通过 XML 文档提供行集视图。

上述函数的详细介绍参考第 4 章相关内容。

2. 聚合函数

聚合函数对一组值操作，返回单一的汇总值。聚合函数在以下情况下，允许作为表达式使用：

（1）SELECT 语句的选择列表（子查询或外部查询）；

（2）COMPUTE 或 COMPUTE BY 子句；

（3）HAVING 子句。

T-SQL 语言提供的常用聚合函数的应用请参考第 4 章相关内容。

3. 标量函数

标量函数的特点：输入参数的类型为基本类型，返回值也为基本类型。

5.5.2 常用系统标量函数

在“对象资源管理器”中展开“数据库”→“xscj”→“可编程性”→“函数”→“系统函数”，可以查看到 SQL Server 提供的所有系统内置函数。本节介绍常用的系统标量函数。

1. 配置函数

配置函数用于返回当前配置选项设置的信息。全局变量是以函数形式使用的，配置函数一般都是全局变量名，详细介绍请参见有关文档。

2. 数学函数

数学函数可对 SQL Server 提供的数字数据（decimal、integer、float、real、money、smallmoney、smallint 和 tinyint）进行数学运算并返回运算结果。默认情况下，对 float 数据类型数据的内置运算的精度为 6 个小数位。

下面给出几个例子说明数学函数的使用，其他的数学函数请参考有关文档。

（1）ABS 函数

语法格式：

```
ABS(数字表达式)
```

返回给定数字表达式的绝对值。参数为数字型表达式（bit 数据类型除外），返回值类型与“数字表达式”相同。

例如，显示 ABS 函数对 3 个不同数字的效果。

```
SELECT ABS(-5.0), ABS(0.0), ABS(8.0)
```

（2）RAND 函数

语法格式：

```
RAND ([种子] )
```

返回 0 ~ 1 的一个随机值。参数"种子"是指定种子值的整型表达式，返回值类型为 float。如果未指定"种子"，则随机分配种子值。对于指定的种子值，返回的结果始终相同。

例如，如下程序通过 RAND 函数返回随机值。

```
DECLARE @count int
SET @count = 5
SELECT RAND(@count)
```

3. 字符串处理函数

字符串函数用于对字符串进行处理。在此介绍一些常用的字符串处理函数，其他的字符串处理函数请参考有关文档。

（1）ASCII 函数

语法格式：

```
ASCII ( 字符表达式 )
```

返回字符表达式最左端字符的 ASCII 值。参数"字符表达式"的类型为字符型的表达式，返回值为整型。

例如，查找字符串'sql'最左端字符的 ASCII 值。

```
SELECT ASCII('sql')
```

执行结果为 115，它是小写 s 的 ASCII 值。

（2）CHAR 函数

语法格式：

```
CHAR ( 整型表达式 )
```

将 ASCII 码转换为字符。"整型表达式"为 0 ~ 255 的整数，返回值为字符型。

（3）LEFT 函数

语法格式：

```
LEFT ( 字符表达式 , 整型表达式 )
```

返回从字符串左边开始指定个数的字符，返回值为 varchar 型。

例如，返回课程名最左边的 4 个字符。

```
SELECT LEFT(课程名, 4)
    FROM kcb
    ORDER BY 课程号
```

又例如：

```
SELECT 学号,姓名
    FROM xsb
    WHERE LEFT(学号,2)='19'
```

（4）LTRIM 函数

语法格式：

```
LTRIM ( 字符表达式 )
```

删除"字符表达式"字符串中的前导空格，并返回字符串。

例如，使用 LTRIM 函数删除字符变量中的起始空格。

```
DECLARE @string varchar(40)
SET @string = '          中国，一个古老而伟大的国家 '
```

```
SELECT  LTRIM(@string)
SELECT @string
```

（5）REPLACE 函数

语法格式：

```
REPLACE ( '字符串表达式 1' , '字符串表达式 2' , '字符串表达式 3' )
```

用"字符串表达式 3"替换"字符串表达式 1"中包含的"字符串表达式 2"，并返回替换后的表达式（返回值为字符型）。

（6）SUBSTRING 函数

语法格式：

```
SUBSTRING ( 表达式 , 起始 , 长度 )
```

返回"表达式"中从"起始"位置开始，由"长度"指定的字节的数据。参数"表达式"可为字符串、二进制串、text、image 字段或表达式；"起始""长度"均为整型。如果"表达式"是字符类型和二进制类型，则返回值类型与"表达式"的类型相同。其他情况如表 5.9 所示。

表 5.9 SUBSTRING 函数返回值不同于给定表达式的情况

给定的表达式	返回值类型	给定的表达式	返回值类型	给定的表达式	返回值类型
text	varchar	image	varbinary	ntext	nvarchar

【例 5.23】 如下程序第 1 列为 xsb 表中的姓，另两列为学生名。

```
SELECT TOP(4) SUBSTRING(姓名, 1,1), SUBSTRING(姓名, 2, LEN(姓名)-1)
    FROM xsb
    ORDER BY 姓名
```

执行结果如图 5.9 所示。

【例 5.24】 显示字符串"China"中每个字符的 ASCII 值和字符。

```
DECLARE @position int, @string char(8)
SET @position = 1
SET @string='China'
WHILE @position <= DATALENGTH(@string)
BEGIN
    SELECT ASCII(SUBSTRING(@string, @position, 1)) AS ASCII 码,
        CHAR(ASCII(SUBSTRING(@string, @position, 1))) AS 字符
    SET @position = @position + 1
END
```

DATALENGTH 函数用于返回指定表达式的字节数。

执行结果如图 5.10 所示。

4. 系统函数

系统函数用于对 SQL Server 中的值、对象和设置进行操作并返回有关信息。

（1）CAST 和 CONVERT 函数

CAST、CONVERT 这两个函数的功能都是实现数据类型的转换，但 CONVERT 的功能更强一些。常用的类型转换有以下几种情况：日期型→字符型、字符型→日期型、数值型→字符型。

语法格式：

```
CAST ( 表达式 AS 数据类型[(长度)])
CONVERT (数据类型[(长度)], 表达式[, 类型])
```

图 5.9　执行结果　　　　　　　图 5.10　执行结果

 说明

这两个函数将表达式的类型转换为"数据类型"所指定的类型。参数"表达式"可为任何有效的表达式,"数据类型"可为系统提供的基本类型,不能为用户自定义类型,当为 nchar、nvarchar、char、varchar、binary 或 varbinary 等数据类型时,可以通过"长度"参数指定长度。对于不同的表达式类型转换,参数"类型"的取值不同。"类型"的常用取值及其作用如表 5.10~表 5.12 所示。

表 5.10　　　　　　　日期型与字符型转换时"类型"的常用取值及其作用

不带世纪数位（yy）	带世纪数位（yyyy）	标准	输入/输出
	0 或 100	默认值	mon dd yyyy hh:miAM（或 PM）
1	101	美国	mm/dd/yyyy
2	102	ANSI	yy.mm.dd
	9 或 109	默认值 + 毫秒	mon dd yyyy hh:mi:ss:mmmAM（或 PM）
10	110	美国	mm-dd-yy
12	112	ISO	yymmdd

表 5.11　　　　　　　float 或 real 转换为字符型数据时"类型"的取值

style 值	输出
0（默认值）	根据需要使用科学记数法,长度最多为 6
1	使用科学记数法,长度为 8
2	使用科学记数法,长度为 16

表 5.12　　　　　　　从 money 或 smallmoney 转换为字符数据时"类型"的取值

值	输出
0（默认值）	小数点左侧每 3 位数字之间不以逗号分隔,小数点右侧取 2 位数,例如 4 235.98
1	小数点左侧每 3 位数字之间以逗号分隔,小数点右侧取 2 位数,例如 3 510.92
2	小数点左侧每 3 位数字之间不以逗号分隔,小数点右侧取 4 位数,例如 4 235.981 9

对于日期与字符型数据的转换,在表 5.10 中,左侧的两列表示将 datetime 或 smalldatetime 数据转换为字符数据的类型值。将类型值加 100,可获得包括世纪数位的 4 位年份（yyyy）。默认值（如类型 0 或 100、9 或 109）始终返回世纪数位。输入时,将字符型数据转换为日期型数据;输出时,

将日期型数据转换为字符型数据。

【例 5.25】 如下程序将检索总学分在 50 ~ 59 分的学生姓名，并将总学分转换为 char(20)。

```
USE xscj
GO
/*使用 CAST 实现*/
SELECT 姓名, 总学分
    FROM xsb
    WHERE  CAST(总学分 AS char(20)) LIKE '5_'
/*使用 CONVERT 实现*/
SELECT 姓名, 总学分
    FROM xsb
    WHERE  CONVERT(char(20), 总学分) LIKE '5_'
```

执行结果 2 次显示 xsb 中学分 5 打头的学生的姓名和总学分。

（2）COALESCE 函数

语法格式：

```
COALESCE ( 表达式 [ , ... ] )
```

返回参数表中第一个非空表达式的值，如果所有自变量均为 NULL，则 COALESCE 返回 NULL 值。参数“表达式”可为任何类型的表达式。[, ...]表示可以指定多个表达式。所有表达式必须是相同类型的，或者可以隐性转换为相同的类型。

COALESCE(表达式 1, ...) 与如下形式的 CASE 语句等价：

```
CASE
    WHEN (表达式 1 IS NOT NULL) THEN 表达式 1
    ...
    WHEN (表达式 N IS NOT NULL) THEN 表达式 N
ELSE NULL
```

（3）ISNUMBRIC 函数

ISNUMBRIC 函数用于判断一个表达式是否为数值类型。

语法格式：

```
ISNUMBRIC(表达式)
```

如果输入表达式的计算值为有效的整数、浮点数、money 或 decimal 类型，则 ISNUMERIC 返回 1；否则返回 0。

其他系统函数请参考 SQL Server 联机丛书。

5. 日期时间函数

日期时间函数可用在 SELECT 语句的选择列表或查询的 WHERE 子句中。在附录 B 中列出了大多数的日期时间函数。

（1）GETDATE 函数

语法格式：

```
GETDATE ()
```

按 SQL Server 标准内部格式返回当前系统日期和时间。返回值类型为 datetime。

（2）YEAR、MONTH、DAY 函数

这 3 个函数分别返回指定日期的年、月、日部分，返回值都为整数。语法格式：

```
YEAR(日期)
MONTH(日期)
DAY(日期)
```

其他日期和时间函数请参考有关文档。

6. 游标函数

游标函数用于返回有关游标的信息。主要有如下游标函数。

（1）@@CURSOR_ROWS 函数

语法格式：

```
@@CURSOR_ROWS
```

返回最后打开的游标中当前存在的满足条件的行数。返回值为 0 表示游标未打开；为-1 表示游标为动态游标；为-m 表示游标被异步填充，返回值（-m）是键集中当前的行数；为 n 表示游标已完全填充，返回值（n）是游标中的总行数。

【例 5.26】声明一个游标，并用 SELECT 显示@@CURSOR_ROWS 的值。

```
USE xscj
GO
SELECT @@CURSOR_ROWS
DECLARE student_cursor CURSOR
    FOR SELECT 姓名 FROM xsb
OPEN student_cursor
FETCH NEXT FROM student_cursor
SELECT @@CURSOR_ROWS
CLOSE student_cursor
DEALLOCATE student_cursor
```

执行结果如图 5.11 所示。

（2）CURSOR_STATUS 函数

语法格式：

```
CURSOR_STATUS
(
    { '本地' , '游标名' }          /*指明数据源为本地游标*/
  | { '全局' , '游标名' }          /*指明数据源为全局游标*/
  | { '变量' , '游标变量' }        /*指明数据源为游标变量*/
)
```

结果显示游标状态是打开还是关闭。常量字符串"本地""全局"用于指定游标的类型，"本地"表示为本地游标名，"全局"表示为全局游标名。参数"游标名"用于指定游标名，常量字符串"变量"用于说明其后的游标变量为一个本地变量，参数"游标变量"为本地游标变量名称，返回值类型为 smallint。

CURSOR_STATUS()函数返回值如表 5.13 所示。

表 5.13　　　　　　　　　　　　　CURSOR_STATUS 返回值列表

返回值	游标名或游标变量	返回值	游标名或游标变量
1	游标的结果集至少有一行	−2	游标不可用
0	游标的结果集为空*	−3	指定的游标不存在
−1	游标被关闭		

注：动态游标不返回这个结果。

（3）@@FETCH_STATUS 函数

语法格式：

```
@@FETCH_STATUS
```

返回 FETCH 语句执行后游标的状态。@@FETCH_STATUS 返回值如表 5.14 所示。

表 5.14　　　　　　　　　　　　@@FETCH_STATUS 返回值列表

返回值	说明	返回值	说明
0	FETCH 语句执行成功	−2	被读取的记录不存在
−1	FETCH 语句执行失败		

【例5.27】 用@@FETCH_STATUS控制在一个WHILE循环中的游标活动。

```
USE xscj
GO
DECLARE @name char(20), @num char(6)
DECLARE student_cur CURSOR
    FOR
    SELECT 姓名,学号 FROM xscj.dbo.xsb
OPEN student_cur
FETCH NEXT FROM student_cur  INTO @name, @num
SELECT @name, @num
WHILE @@FETCH_STATUS = 0
BEGIN
    FETCH NEXT FROM student_cur
END
CLOSE student_cur
DEALLOCATE student_cur
```

执行结果如图5.11和图5.12所示。

图5.11 执行结果　　　　　图5.12 执行结果

7. 元数据函数

元数据是用于描述数据库和数据库对象的。元数据函数用于返回有关数据库和数据库对象的信息。

（1）DB_ID 函数

语法格式：

```
DB_ID ( [ '数据库名' ] )
```

系统在创建数据库时，自动为其创建一个标识号。函数DB_ID根据指定的数据库名，返回其数据库标识（ID）号。如果参数"数据库名"不指定，则返回当前数据库ID，返回值类型为smallint。

（2）DB_NAME 函数

语法格式：

```
DB_NAME ( 数据库ID )
```

根据参数"数据库ID"所给的数据库标识号，返回数据库名。参数"数据库ID"类型为smallint，如果没有指定数据库标识号，则返回当前数据库名。返回值类型为nvarchar(128)。

其他元数据函数请参考SQL Server联机丛书。

5.6　用户定义函数：CREATE/ALTER/ DROP FUNCTION

用户在编程时常常需要将多个 T-SQL 语句组成子程序，以便反复调用，这可通过自己定义函数实现。根据用户定义函数返回值的类型，可分成两类。

（1）标量函数：用户定义函数返回值为标量值，这样的函数称为标量函数。

（2）表值函数：返回值为整个表的用户定义函数为表值函数。根据函数主体的定义方式，表值函数又可分为内嵌表值函数或多语句表值函数。若用户定义函数包含单个 SELECT 语句且该语句可更新，则该函数返回的表也可更新，这样的函数称为内嵌表值函数；若用户定义函数包含多个 SELECT 语句，则该函数返回的表不可更新，这样的函数称为多语句表值函数。

用户定义函数不支持输出参数。用户定义函数不能修改全局数据库状态。

创建用户定义函数可以使用 CREATE FUNCTION 命令。利用 ALTER FUNCTION 命令可以对用户定义函数进行修改，用 DROP　FUNCTION 命令可以删除用户定义函数。

5.6.1　标量函数：SELECT/EXEC

1. 标量函数的定义

标量函数的一般定义形式如下：

```
CREATE FUNCTION [架构名.]函数名
( 参数 1 [AS]类型 1 [ = 默认值] ) [ ,...参数 n [AS]类型 n [ = 默认值] ] )
RETURNS 返回值类型
[ WITH 选项]
[ AS ]
BEGIN
    函数体
    RETURN 标量表达式
END
```

用户在使用命令方式创建用户定义函数后，单击"对象资源管理器" → "数据库" → "xscj" → "可编程性" → "函数" → "标量值函数"，即可看到已经创建好的用户定义的函数对象的图标。

2. 标量函数的调用

当调用用户定义的标量函数时，必须提供至少由两部分组成的名称（架构名.函数名）。

可用以下方式调用标量函数。

（1）在 SELECT 语句中调用

调用形式：

```
架构名.函数名(实参 1,…,实参 n)。
```

实参可为已赋值的局部变量或表达式。

（2）利用 EXEC 语句执行

用 T-SQL EXECUTE（EXEC）语句调用用户函数时，参数的标识次序与函数定义中的参数标识次序可以不同。有关 EXEC 语句的具体格式在第 7 章中介绍。

调用形式：

```
架构名.函数名 实参 1,…,实参 n
```

或：

架构名.函数名 形参名 1=实参 1,…, 形参名 n=实参 n

在这里，前者实参顺序应与函数定义的形参顺序一致，后者参数顺序可以与函数定义的形参顺序不一致。

如果函数的参数有默认值，则在调用该函数时必须指定 "default" 关键字才能获得默认值。这不同于存储过程中有默认值的参数，在存储过程中省略参数也意味着使用默认值。

【例 5.28】 创建用户定义函数，实现计算全体学生某门功课平均成绩的功能。

（1）创建用户定义函数

```
USE xscj
GO
CREATE FUNCTION average(@num char(20)) RETURNS int
    AS
    BEGIN
        DECLARE @aver int
        SELECT @aver=
          (
            SELECT  avg(成绩)
                FROM  cjb
                WHERE 课程号=@num
                GROUP BY 课程号
          )
        RETURN @aver
    END
```

标量函数的使用

（2）调用用户定义函数

```
DECLARE @course1 char(20)                   /*定义局部变量*/
DECLARE @aver1 int
SELECT  @course1 = '101'                     /*给局部变量赋值*/
SELECT  @aver1=dbo.average(@course1)         /*调用用户函数，并将返回值赋给局部变量*/
SELECT  @aver1 AS '101课程的平均成绩'        /*显示局部变量的值*/
```

执行结果为 101 课程的平均成绩。

（3）在 xscj 中建立一个 course 表，并将一个字段定义为计算列

```
CREATE TABLE course
(
    cno      int,                            /*课程号*/
    cname    nchar(20),                       /*课程名*/
    credit   int,                             /*学分*/
    aver AS                                   /*将此列定义为计算列*/
        (
            dbo.average(cno)
        )
)
```

5.6.2 内嵌表值函数：FROM 表(…)

内嵌函数可用于实现参数化视图。例如：

```
CREATE VIEW View1
    AS
    SELECT 学号, 姓名
        FROM  xscj.dbo.xsb
        WHERE  专业= '计算机'
```

若希望设计更通用的程序，让用户能指定感兴趣的查询内容，可将 "WHERE 专业= '计算机'" 替换为 "WHERE 专业= @para"。@para 用于传递参数。

视图不支持在 WHERE 子句中指定搜索条件参数，为解决这一问题，我们可使用内嵌用户定义函数，脚本如下：

```
/*内嵌函数的定义*/
CREATE FUNCTION fun_view1( @para nvarchar(30) )  RETURNS table
AS  RETURN
(
    SELECT 学号, 姓名
        FROM  xscj.dbo.xsb
        WHERE  专业= @para
)
GO
/*内嵌函数的调用*/
SELECT  *
        FROM fun_view1 ('计算机')
```

执行结果如图 5.13 所示。

	学号	姓名
1	191301	王林
2	191302	程明
3	191303	王燕
4	191304	韦严平
5	191306	李方方
6	191307	李明
7	191308	林一帆
8	191309	张强民
9	191310	张蔚
10	191311	赵琳
11	191313	严红

图 5.13　执行结果

下面介绍内嵌表值函数的定义及调用。

1. 内嵌表值函数的定义

语法格式：

```
CREATE FUNCTION [架构名. ]函数名            /*定义函数名部分*/
( [ { @参数名 [ AS ] [类型架构名. ] 参数数据类型[ = 默认] } [ ,... ] ])
                                         /*定义参数部分*/
RETURNS TABLE                            /*返回值为表类型*/
[ WITH <函数选项> [ , ... ] ]             /*定义函数的可选项*/
    [ AS ]
RETURN [ ( ) select-stmt [ ) ] ]         /*通过 SELECT 语句返回内嵌表
*/
```

RETURNS 子句仅包含关键字 TABLE，表示此函数返回一个表。内嵌表值函数的函数体仅有一个 RETURN 语句，并通过参数 select-stmt 指定的 SELECT 语句返回内嵌表值。语法格式中的其他参数项与标量函数的定义类似。

2. 内嵌表值函数的调用

内嵌表值函数只能通过 SELECT 语句调用，内嵌表值函数调用时，可以仅使用函数名。

在此，以前面定义的 st_score()内嵌表值函数的调用作为应用举例，学生通过输入学号调用内嵌函数查询其成绩。

【例 5.29】 对于 xscj 数据库，利用 xsb、kcb、cjb 3 个表创建视图，让学生查询其各科成绩及学分。

（1）创建视图

```
USE xscj
GO
CREATE VIEW xsv
    AS
    SELECT dbo.xsb.学号, dbo.xsb.姓名, dbo.kcb.课程名, dbo.cjb.成绩
        FROM  dbo.kcb
            INNER JOIN  dbo.cjb ON dbo.kcb.课程号 = dbo.cjb.课程号
            INNER JOIN dbo.xsb ON dbo.cjb.学号 = dbo.xsb.学号
```

（2）定义内嵌函数

```
CREATE FUNCTION student_score(@id char(6))  RETURNS table
    AS RETURN
    (
        SELECT  *
            FROM xscj.dbo.xsv
            WHERE dbo. xsv.学号= @id
    )
```

（3）调用内嵌函数

查询学号为191301的学生的各科成绩及学分：

```
SELECT  *
    FROM  xscj.[dbo].student_score('191301')
```

执行结果如图5.14所示。

图5.14　执行结果

3. 多语句表值函数

内嵌表值函数和多语句表值函数都返回表，二者不同之处在于：内嵌表值函数没有函数主体，返回的表是单个SELECT语句的结果集；而多语句表值函数在BEGIN…END块中定义的函数主体包含T-SQL语句，这些语句可生成行并将行插入至表中，最后返回表。

（1）多语句表值函数定义

语法格式：

```
CREATE FUNCTION [架构名.]函数名                         /*定义函数名部分*/
( [ { @参数名 [ AS ] [类型架构名.] 参数数据类型[ = 默认] } [ ,...] ]) /*定义函数参数部分*/
RETURNS @返回变量 TABLE < 表类型定义 >                   /*定义作为返回值的表*/
[ WITH <函数选项> [ ,...] ]                              /*定义函数的可选项*/
    [ AS ]
BEGIN
    函数体                                                /*定义函数体*/
    RETURN
END
```

说明 @返回变量：表变量，用于存储作为函数值返回的记录集。

函数体：T-SQL语句序列，只用于标量函数和多语句表值函数。在标量函数中，函数体是一系列合起来求得标量值的T-SQL语句；在多语句表值函数中，函数体是一系列在表变量"@返回变量"中插入记录行的T-SQL语句。

<表类型定义>：指定定义表结构的语句，参考第3章。语法格式中的其他项与标量函数的定义相同。

（2）多语句表值函数的调用

多语句表值函数的调用与内嵌表值函数的调用方法相同。

【例5.30】 在xscj数据库中创建返回表的函数，通过以学号作为实参调用该函数，可显示该学生各门功课的成绩和学分。

① 函数定义。

```
USE xscj
GO
CREATE FUNCTION score_table( @id char(6) )  RETURNS @score TABLE
(
    学号      char(6),
    姓名      char(8),
    课程      char(16),
    成绩      tinyint,
    学分      tinyint
)
AS
BEGIN
    INSERT @score
        SELECT S.学号, S.姓名,P.课程名,O.成绩, P.学分
```

多语句表值函数

```
        FROM  xscj.[dbo].xsb AS S
            INNER JOIN xscj.[dbo].cjb AS O ON (S.学号= O.学号)
            INNER JOIN xscj.[dbo].kcb AS P ON (O.课程号= P.课程号)
        WHERE S.学号=@id
    RETURN
END
```

② 查询学号为 191301 的学生的各科成绩和学分。

```
SELECT  *  FROM  xscj.[dbo].score_table('191301')
```

执行结果如图 5.15 所示。

	学号	姓名	课程	成绩	学分
1	191301	王林	计算机基础	80	5
2	191301	王林	程序设计与语言	78	4
3	191301	王林	离散数学	76	4

图 5.15 执行结果

5.6.3 用户定义函数的删除：DROP FUNCTION

对于一个已创建的用户定义函数，有两种方法删除：

（1）通过"对象资源管理器"删除，此方法非常简单，请读者自己练习；

（2）利用 T-SQL 语句 DROP FUNCTION 删除，下面介绍其语法格式。

语法格式：

```
DROP FUNCTION { [架构名.]函数名 } [ , ... ]
```

"函数名"是要删除的用户定义的函数名称。可以选择是否指定架构名称，但不能指定服务器名称和数据库名称。可以一次删除一个或多个用户定义函数。

要删除用户定义函数，先要删除与之相关的对象。例如，如果在前面建立的 course 表中引用了 average 函数来创建计算列，则要先删除与之相关的列后才能删除函数 average。

习   题

一、选择题

1. 下列（   ）不是常量。
   A. N'a student'   B. 0xABC   C. 1998-04-15   D. 2.0

2. 用户自定义数据类型错误的是（   ）。
   A. 只能是系统提供的数据类型   B. 可以是系统数据类型的表达式
   C. 是具体化系统数据类型   D. 是为了用户规范和方便阅读

3. 关于变量说法错误的是（   ）。
   A. 变量用于临时存放数据   B. 用户只能定义局部变量
   C. 变量可用于操作数据库命令   D. 全局变量可以读写

4. 关于查询条件不可以是（   ）形式表达式。
   A. a| b>=c   B. a>b AND b!=c   C. EXISTS select   D. UNKNOWN

5. 下列说法错误的是（　　　）。

    A. SELECT 可以运算字符表达式

    B. SELECT 中的输出列可以是字段组成的表达式

    C. TRY...CATCH 是对命令执行错误的控制

    D. T-SQL 程序用于触发器和存储过程中

6. 下列说法错误的是（　　　）。

    A. 语句体包含一个以上语句需要采用 BEGIN…END

    B. 多重分支只能用 CASE 语句

    C. WHILE 中循环体可以一次不执行

    D. 注释内容不会产生任何动作

7. 关于循环说法错误的是（　　　）。

    A. GOTO 语句可以跳出多重循环

    B. CONTINUE 语句跳过循环体没有执行的其他语句

    C. BREAK 语句跳出当前最内层循环

    D. RETURN 跳到最外面循环

8. 对数据库表操作采用（　　　），返回若干条记录。

    A. 行集函数　　　　　　　　　　　B. 聚合函数

    C. 标量函数　　　　　　　　　　　D. 包含用户定义的函数的表达式

二、操作题

1. 定义用户变量 today，并使用一条 SET 语句和一条 SELECT 语句把当前的日期赋值给它。

2. 创建一个用户自定义数据类型 faxno，基本数据类型为 varchar，长度为 24，不允许为空。

3. 在 SQL Server 中，标识符@、@@、#、##的意义是什么？

4. 找出下列语句的语法错误。

```
USE xscj
GO
DECLARE @ss INT
GO
SELECT @ss=89
GO
```

5. 使用循环计算一个数的阶乘。

三、说明题

1. 说明变量的分类及用法。

2. T-SQL 流程控制语句的关键字包括哪些？

3. T-SQL 的运算符一共包括哪些？运算符的优先级如何？

4. 举例说明用户自定义函数的使用方法。

5. 试说明系统内置函数的分类及各类函数的特点。

第6章 索引和完整性

当查阅书中某些内容时，为了提高查阅速度，并不是从书的第一页开始顺序查找，而是首先查看书的目录索引，找到需要的内容在目录中所列的页码，然后根据这一页码直接找到需要的内容。在 SQL Server 中，为了从数据库的大量数据中迅速找到需要的内容，也采用了类似于书目录这样的索引技术，通过它能迅速查到所需要的内容。

6.1　索　　引

索引是根据表中一列或若干列按照一定顺序建立的列值与记录行之间的对应关系表。在数据库系统中建立索引主要有以下作用：

（1）快速存取数据；

（2）保证数据记录的唯一性；

（3）实现表与表之间的参照完整性；

（4）在使用 ORDER BY、GROUP BY 子句进行数据检索时，利用索引可以减少排序和分组的时间。

6.1.1　索引的分类

如果一个表没有创建索引，则数据行不按任何特定的顺序存储，这种结构称为堆集。

SQL Server 支持在表中任何列（包括计算列）上定义索引。按索引的组织方式可将 SQL Server 索引分为聚集索引和非聚集索引两种类型。

聚集索引和
非聚集索引

1. 聚集索引

聚集索引使得数据表物理顺序与索引顺序一致。不论聚集索引里有表的哪个（或哪些）字段，这些字段都会按顺序保存在表中。由于存在这种排序，因而每个表只会有一个聚集索引。

由于数据记录按聚集索引键的次序存储，所以聚集索引对查找记录很有效。

2. 非聚集索引

在非聚集索引内，从索引行指向数据行的指针称为行定位器。行定位器的结构取决于数据页的存储方式是堆集还是聚集。对于堆集，行定位器是指向行的指针。对于有聚集索引的表，行定位器是聚集索引键。如果一个表只有非聚集索引，则它的数据行将按无序的堆集方式存储。

一个表中可有一个或多个非聚集索引。

当在一个表中既要创建聚集索引，又要创建非聚集索引时，应先创建聚集索引，然后再创建非聚集索引，因为创建聚集索引时将改变数据记录的物理存放顺序。

当在 SQL Server 上创建索引时，可指定是按升序还是降序存储键。

6.1.2 索引的创建：CREATE INDEX

在 xscj 数据库中，经常要对 xsb、kcb、cjb 3 个表进行查询和更新。为了提高查询和更新速度，可以考虑对 3 个表建立如下索引：

（1）对于 xsb 表，按学号建立主键索引（PRIMARY KEY 约束），组织方式为聚集索引。

（2）对于 kcb 表，按课程号建立主键索引，组织方式为聚集索引。

（3）对于 kcb 表，按课程名建立唯一索引（UNIQUE 约束），组织方式为非聚集索引。

（4）对于 cjb 表，按学号+课程号建立唯一索引，组织方式为聚集索引。

在 "SQL Server Management Studio" 中，既可以利用界面方式创建上述索引，也可以利用 T-SQL 命令通过查询分析器建立索引。

1. 界面（对象资源管理器）方式创建索引

下面以 xsb 表中按学号建立聚集索引为例，介绍聚集索引的创建方法。

（1）在 "对象资源管理器" 中选择 xscj 数据库 "dbo.xsb" 表展开，右键单击其中的 "索引" 项，在弹出的快捷菜单上选择 "新建索引" 菜单项，并且其后的菜单中选择索引类型，如图 6.1 所示。

图 6.1 选择新建索引

因为创建表时已经设置 "主键"，系统据此创建了聚集索引，所以此后只能创建 "非聚集索引"。

（2）新建索引。在打开的 "新建索引" 中，单击 "添加" 按钮，系统打开一个 xsb 表字段选择对话框，勾选需要索引的列（如 "出生时间列"），单击 "确定" 按钮，在 "索引键列" 就会显示该列，如图 6.2 所示。

图 6.2 新建索引

另外，如果之前在表中建立了全文索引可能会导致无法删除现有的主键索引，这时只要在全文目录"fulltext"的属性窗口中取消该表的全文索引即可。

2. 界面（表设计器）方式创建索引

（1）右键单击 xscj 数据库中的"dbo.xsb"表，在弹出的快捷菜单中选择"设计"菜单项，打开"表设计器"窗口。在"表设计器"窗口中选择任何（如"学号"）列，单击鼠标右键，在弹出的快捷菜单中选择"索引/键"菜单项。

（2）在打开的"索引/键"对话框中单击"添加"按钮，系统创建一个默认的索引"IX_xsb"，索引列为"学号"，用户可在右边的"标识"属性区域的"名称"一栏中确定新索引的名称，在右边的常规属性区域中的"列"一栏后面单击 按钮，可以修改要创建索引的列。如果将"是唯一的"一栏设定为"是"则表示索引是唯一索引。在"表设计器"栏下的"创建为聚集的"选项中，可以设置是否创建为聚集索引，由于 xsb 表中已经存在聚集索引，因而这里的这个选项不可修改，如图 6.3 所示。

最后关闭该窗口，单击面板上的"保存"按钮，在弹出的对话框中单击"是"按钮，索引创建即完成。索引创建好后，在"对象资源管理器"中展开"dbo.xsb"表中的"索引"项，就可以查看已建立的索引。其他索引的创建方法与之类似。

（a）索引

（b）选择索引列

图 6.3　"索引/键"和"索引列"对话框

3. 利用 SQL 命令建立索引

使用 CREATE INDEX 语句可以为表创建索引。

语法格式：

```
CREATE [ UNIQUE ] [ CLUSTERED | NONCLUSTERED ] INDEX 索引名
    ON 表或视图名
    ( 列[ ASC | DESC ] )
    WHERE 子句
    ……
```

（1）UNIQUE：表示为表或视图创建唯一索引（即不允许存在索引值相同的两行）。例如，对于 xsb 表，根据学号创建唯一索引，即不允许有两个相同的学号出现。

索引可以是唯一的，这意味着不会有两行记录相同的索引键值，这样的索引称为唯一索引。索引也可以不是唯一的，即多个行可以共享同一键值。如果索引是根据多列组合创建的，则这样的索引称为复合索引。

注意

对于视图创建的聚集索引必须是 UNIQUE 索引。如果对已存在数据的表创建唯一索引，则必须保证索引项对应的值无重复值。

（2）CLUSTERED | NONCLUSTERED：CLUSTERED 表示创建聚集索引，NONCLUSTERED 表示创建非聚集索引。一个表或视图只允许有一个聚集索引，并且必须先为表或视图创建唯一聚集索引，然后才能创建非聚集索引。默认为 NONCLUSTERED。

（3）索引名：索引名在表或视图中必须唯一，但在数据库中不必唯一；"表或视图名"用于指定包含索引字段的表名或视图名，指定表名、视图名时可包含数据库和所属架构。

（4）列：指定建立索引的字段，可以为索引指定多个字段。指定索引字段时，注意表或视图索引字段的类型不能为 ntext、text 或 image。通过指定多个索引字段可创建组合索引，但组合索引的所有字段必须取自同一表。

ASC 表示索引文件按升序建立，DESC 表示索引文件按降序建立，默认设置为 ASC。

（5）WHERE 子句：通过指定索引中要包含哪些行来创建筛选索引。

【例 6.1】 为 kcb 表的"课程名"列创建索引，课程号"列创建唯一聚集索引。

```
USE xscj
GO
CREATE INDEX kc_name
    ON kcb(课程名)
CREATE UNIQUE CLUSTERED INDEX kc_id
    ON  kcb (课程号)
```

因为指定了 CLUSTERED，所以该索引将对磁盘上的数据进行物理排序。

在最初创建 kcb 时，定义了课程号为 kcb 的主键，所以 kcb 已经存在了一个聚集索引，要创建以上的聚集索引，首先要将 kcb 的主键删除。

【例 6.2】 根据 cjb 表的"学号"列和"课程号"列创建复合索引。

```
CREATE INDEX cjb_ind
    ON cjb(学号, 课程号)
    WITH(DROP_EXISTING= ON)
```

其中：DROP_EXISTING 指定删除已存在的同名聚集索引或非聚集索引。设置为 ON 表示删除并重新生成现有索引，为 OFF 表示如果指定的索引已存在则显示一条错误信息，默认值为 OFF。

【例 6.3】 根据 xsb 表中"学号"列创建唯一聚集索引。如果输入了重复的键，将忽略该 INSERT 或 UPDATE 语句。

```
CREATE UNIQUE CLUSTERED INDEX xs_ind
    ON xsb(学号)
    WITH IGNORE_DUP_KEY
```

其中：IGNORE_DUP_KEY 指定对索引列插入操作时出现重复键值的错误响应。值为 ON 发出一条警告信息，且只有违反了唯一索引的行才会失败。值为 OFF 发出错误消息，并回滚整个 INSERT 事务。默认值为 OFF。

4. 在计算列和视图上创建索引

（1）在计算列上创建索引

对于 UNIQUE 或 PRIMARY KEY 索引，只要满足索引条件，就可以包含计算列，但计算列必须具有确定性，必须精确。若计算列中带有函数，则使用该函数时有相同的参数输入，且输出的结果也一定相同时，该计算列是确定的。而有些函数，如 getdate()，每次调用时都输出不同的结果，这时就不能在计算列上定义索引。

（2）在视图上创建索引

可以在视图上定义索引。索引视图是一种在数据库中存储视图结果集的方法，可减少动态生成结果集的开销。索引视图还能自动反映出创建索引后对基本表数据所做的修改。

【例 6.4】 创建一个视图，并为该视图创建索引。

```
CREATE VIEW view_stu WITH SCHEMABINDING
    AS
    SELECT 学号, 姓名
        FROM dbo.xsb
GO
/*在视图上创建索引*/
CREATE UNIQUE CLUSTERED INDEX inx1
    ON view_stu(学号)
GO
```

6.1.3 重建索引：ALTER INDEX

索引使用一段时间后，可能需要重新创建，这时可以使用 ALTER INDEX 语句来重新生成原来的索引。

语法格式：

```
ALTER INDEX { 索引名 | ALL }
    ON 表或视图名
    { REBUILD
    ……
    }
```

例如，重建 kcb 表上的所有索引：

```
USE xscj
GO
ALTER INDEX ALL ON kcb REBUILD
```

重建 kcb 表上的 kc_name 索引：

```
ALTER INDEX kc_name ON kcb REBUILD
```

6.1.4 索引的删除：DROP INDEX

索引的删除既可通过图形界面方式，也可通过执行 T-SQL 命令来实现。

1. 通过图形界面方式删除索引

在"对象资源管理器"中展开数据库"xscj"→"表"→"dbo.xsb"→"索引"，选择其中要删除的索引，单击鼠标右键，在弹出的快捷菜单上选择"删除"菜单项。在打开的"删除对象"窗口中单击"确定"按钮即可完成删除操作。

2. 通过执行 SQL 命令删除索引

从当前数据库中删除一个或多个索引。

语法格式：

```
DROP INDEX 索引名
    ON 表或视图名
    ……
```

（1）索引名：要删除的索引名称。
（2）表或视图名：索引所在的表名或视图名。

DROP INDEX 语句可以一次删除一个或多个索引。这个语句不适合删除通过定义 PRIMARY KEY 或 UNIQUE 约束创建的索引。若要删除 PRIMARY KEY 或 UNIQUE 约束创建的索引，必须通过删除约束实现。

另外，在系统表的索引上不能进行 DROP INDEX 操作。

【例 6.5】 删除 xscj 数据库中表 kcb 的一个索引名为 kc_name 的索引。

```
IF EXISTS (SELECT name FROM sysindexes WHERE name = 'kc_name')
   DROP INDEX kcb.kc_name
```

6.2   数据完整性

数据库中的数据是从外界输入的，由于种种原因，数据的输入会产生输入无效或错误信息。保证输入的数据符合规定，成为数据库系统尤其是多用户的关系数据库系统重要关注的问题。数据完整性因此而提出。

数据完整性是指数据库中的数据在逻辑上的一致性和准确性。数据完整性一般包括实体完整性、域完整性和参照完整性。

1. 实体完整性

实体完整性又称为行的完整性，要求表中有一个主键，其值不能为空且能唯一地标识对应的记录。通过 PRIMARY KEY 约束和 UNIQUE 约束或 IDENTITY 属性可实现实体完整性。

（1）PRIMARY KEY 约束

表中应有一个列或列的组合，其值能唯一地标识表中的每一行，选择这样的一列或多列作为主键，可实现表的实体完整性。通过定义 PRIMARY KEY 约束来创建主键。

一个表只能有一个 PRIMARY KEY 约束，而且 PRIMARY KEY 约束中的列不能取空值。由于 PRIMARY KEY 约束能确保数据的唯一，所以经常用来定义标识列。当为表定义 PRIMARY KEY 约束时，SQL Server 2016 为主键列创建唯一索引，实现数据的唯一性。在查询中使用主键时，该索引可用来对数据进行快速访问。

如果 PRIMARY KEY 约束是由多列组合定义的，则某一列的值可以重复，但 PRIMARY KEY 约束定义中所有列的组合值必须唯一。

（2）UNIQUE 约束

如果要确保一个表中的非主键列不输入重复值，则应在该列上定义唯一约束（UNIQUE 约束）。例如，对于 xscj 数据库中的 xsb 表，"学号"列是主键，在 xsb 表中增加一列"身份证号码"，可以定义一个 UNIQUE 约束来要求表中"身份证号码"列的取值是唯一的。

PRIMARY KEY 约束与 UNIQUE 约束的主要区别如下。

（1）一个数据表只能创建一个 PRIMARY KEY 约束，但一个表中可根据需要对表中不同的列创建若干个 UNIQUE 约束。

（2）PRIMARY KEY 字段的值不允许为 NULL，而 UNIQUE 字段的值可取 NULL。

（3）一般创建 PRIMARY KEY 约束时，系统会自动产生索引，索引的默认类型为簇索引。创建 UNIQUE 约束时，系统会自动产生一个 UNIQUE 索引，索引的默认类型为非簇索引。

PRIMARY KEY 约束与 UNIQUE 约束的相同点在于：二者均不允许表中对应字段存在重复值。

例如，对于 xscj 数据库中的 xsb 表，"学号"作为主键，每一个学生的学号能唯一地标识该学生对应的行记录信息，那么在输入数据时，则不能有相同学号的行记录。通过对学号这一字段建立主键约束可实现表 xsb 的实体完整性。

2. 域完整性

域完整性又称为列完整性，指给定列输入的有效性。实现域完整性的方法有：通过 CHECK 约束、数据类型、DEFALUT 定义、NOT NULL 定义和规则等。

CHECK 约束通过输入到列中的值来实现域完整性；DEFAULT 定义后，如果列中没有输入值，则填充默认值来实现域完整性；通过定义列为 NOT NULL 限制输入的值不能为空，也能实现域完整性。

例如，对于学生数据库 xscj 的 kcb 表，学生的学分应在 1～6 分。为了对"学分"这一数据项输入的数据范围进行限制，可以在定义 kcb 表的同时定义学分的约束条件来达到这一目的。

参照完整性

3. 参照完整性

参照完整性又称为引用完整性。参照完整性保证主表中的数据与从表（被参照表）中数据的一致性。在 SQL Server 2016 中，参照完整性的实现是通过定义外键与主键之间或外键与唯一键之间的对应关系来实现的。参照完整性确保键值在所有表中一致。

码：即前面所说的关键字，又称为"键"，是能唯一标识表中记录的字段或字段组合。如果一个表有多个码，可选其中一个作为主键（主码），其余的称为候选键。

外码：如果一个表中的一个字段或若干个字段的组合是另一个表的码，则称该字段或字段组合为该表的外码（外键）。

例如，对于 xscj 数据库中 xsb 表的每一个学号，在 cjb 表中都有相关的课程成绩记录，将 xsb 作为主表，"学号"字段定义为主键，cjb 作为从表，表中的"学号"字段定义为外键，从而建立主表和从表之间的联系，实现参照完整性。

如果定义了两个表之间的参照完整性，则要求：

（1）从表不能引用不存在的键值。例如，cjb 表中行记录出现的学号必须是 xsb 表中已存在的学号。

（2）如果主表中的键值更改了，那么在整个数据库中，对从表中该键值的所有引用要进行一致的更改。例如，如果对 xsb 表中的某一学号进行修改，则 cjb 表中所有对应学号也要进行相应的修改。

（3）如果主表中没有关联的记录，则不能将记录添加到从表。

如果要删除主表中的某一记录，则应先删除从表中与该记录匹配的相关记录。

6.2.1 创建实体完整性：PRIMARY KEY/UNIQUE

1. 界面方式创建和删除主键约束

（1）创建主键约束

对表建立 PRIMARY KEY 约束创建主键索引，以"PK_"为前缀，后跟表名命名，系统自动按聚集索引方式组织主键索引。

（2）删除主键约束

在"对象资源管理器"中选择表，单击鼠标右键，在弹出的快捷菜单中选择"设计"菜单项，进入"表设计器"窗口。选中主键所对应的行，单击鼠标右键，在弹出的快捷菜单中选择"删除主键"菜单项即可。

2. 界面方式创建和删除唯一性约束

（1）创建唯一性约束

如果要对 kcb 表中的"课程名"列创建 UNIQUE 约束，以保证该列取值的唯一性，可进入 kcb 表的"表设计器"窗口，选择"课程名"属性列并单击鼠标右键，在弹出的快捷菜单中选择"索引/键"菜单项，打开"索引/键"对话框。

在该对话框中单击"添加"按钮，并在右边的"标识"属性区域的"名称"一栏中输入唯一键的名称。在"常规"属性区域的"类型"一栏中选择唯一性列（课程名，排列升序），"是唯一的"选择"是"，如图 6.4 所示。

单击"关闭"按钮，然后保存修改即可创建 UNIQUE 约束。

（2）删除唯一性约束

打开图 6.4 所示的"索引/键"对话框，选择要删除的 UNIQUE 约束，单击左下方的"删除"按钮，

图 6.4　"索引/键"对话框

单击"关闭"按钮，保存表的修改即可删除。

3. 命令方式创建及删除主键约束或唯一性约束

利用 T-SQL 命令可以使用两种方式定义约束：作为列的约束或作为表的约束。可以在创建表或修改表时定义。

（1）在创建表的同时创建主键约束或唯一性约束

语法格式：

```
CREATE TABLE 表名
(
    { <列定义> <列约束>}[, ...]
    [ <表约束> ] [ , ... ]
)
```

其中，<列约束>和<表约束>的具体格式如下：

```
<列约束> ::=                                      /*定义列的约束*/
[ CONSTRAINT 约束名]
{
    { PRIMARY KEY | UNIQUE }                      /*定义主键与 UNIQUE 键*/
    [ CLUSTERED | NONCLUSTERED ]                  /*定义约束的索引类型*/
    [WITH ( <索引选项> [ , ... ] ) ]
    [ ON { 分区架构名（分区列名）| 文件组 | "default" } ]
    | [ FOREIGN KEY ] <参照定义>                    /*定义外键*/
    | CHECK [ NOT FOR REPLICATION ] ( 逻辑表达式 )   /*定义 CHECK 约束*/
}

<表约束> ::=                                      /*定义表的约束*/
[ CONSTRAINT 约束名]
{
    { PRIMARY KEY | UNIQUE }
    [ CLUSTERED | NONCLUSTERED ]
        (列 [ ASC | DESC ] [ , ... ] )             /*定义表的约束时需要指定列*/
    [WITH ( <索引选项> [ , ... ] ) ]
    [ ON { 分区架构名 (分区列名) | 文件组 | "default" } ]
    | FOREIGN KEY ( 列 [ , ... ] ) <参照定义>
    | CHECK [ NOT FOR REPLICATION ] ( 逻辑表达式 )
}
```

① CONSTRAINT 约束名：为约束命名，"约束名"为要指定的名称。如果没有给出，则系统自动创建一个名称。

② PRIMARY KEY | UNIQUE：定义约束的关键字，PRIMARY KEY 为主键，UNIQUE 为唯一键。

③ CLUSTERED | NONCLUSTERED：定义约束的索引类型，CLUSTERED 表示聚集索引，NONCLUSTERED 表示非聚集索引，与 CREATE INDEX 语句中的选项相同。WITH 子句和 ON 子句也与 CREATE INDEX 语句中的相同。

④ FOREIGN KEY：FOREIGN KEY 关键字用于定义一个外键，有关外键的内容在后面介绍。

⑤ CHECK：CHECK 关键字用于定义一个 CHECK 约束，有关 CHECK 约束的内容在后面介绍。外键和 CHECK 约束都可以作为列的约束或表的约束来定义。

⑥ <表约束>：定义表的约束与定义列的约束方法基本相同，只不过在定义表的约束时需要指定约束的列。

【例6.6】 创建 xsb3 表，并对"学号"字段创建主键约束，对"姓名"字段定义唯一性约束。

```
USE xscj
GO
CREATE TABLE xsb3
(
    学号        char(6)      NOT NULL CONSTRAINT    xh_pk     PRIMARY KEY,
    姓名        char(8)      NOT NULL CONSTRAINT    xm_uk     UNIQUE,
    性别        bit          NOT NULL DEFAULT 1,
    出生时间    date         NOT NULL,
    专业        char(12)     NULL,
    总学分      int          NULL,
    备注        varchar(500) NULL
)
```

① XH_PK PRIMARY KEY："学号"字段主键约束，名称为 xh_pk。
② XM_UK UNIQUE："姓名"字段定义唯一性约束，名称为 xm_uk。

当表中的主键为复合主键时，只能定义为一个表的约束。

（2）通过修改表创建主键约束或唯一性约束

使用 ALTER TABLE 语句中的 ADD 子句可以为表中已存在的列或新列定义约束，语法格式参见 ALTER TABLE 语句的 ADD 子句。

【例6.7】 修改 xsb3 表，向其中添加一个"身份证号码"字段，对该字段定义唯一性约束。对表中"出生时间"字段定义唯一性约束。

```
ALTER TABLE  xsb3
    ADD      身份证号码 char(20)
        CONSTRAINT sf_uk  UNIQUE NONCLUSTERED (身份证号码)
GO
ALTER TABLE  xsb3
    ADD    CONSTRAINT cssj_uk  UNIQUE NONCLUSTERED (出生时间)
```

（3）删除主键约束或唯一性约束

删除主键约束或唯一性约束需要使用 ALTER TABLE 的 DROP 子句。

语法格式：

```
ALTER TABLE 表名
    DROP CONSTRAINT 约束名[ , ... ]
```

【例6.8】 删除 xsb3 创建的主键约束和唯一性约束。

```
ALTER TABLE  xsb3
    DROP     CONSTRAINT xh_pk,  xm_uk
GO
```

6.2.2 创建域完整性：CHECK/CREATE RULE

SQL Server 2016 通过数据类型、CHECK 约束、规则、DEFAULT 定义和 NOT NULL 可以实现域完整性。其中，数据类型、DEFAULT、NOT NULL 定义在之前的内容中已经介绍，这里不再重复。下面介绍如何使用 CHECK 约束和规则实现域完整性。

1. CHECK 约束的定义与删除

CHECK（验证规则）约束实际上是字段输入内容的验证规则，表示一个字段的输入内容必须满足 CHECK 约束的条件，若不满足，则数据无法正常输入。

注意　　　　对于 timestamp 类型字段和 identity 属性字段不能定义 CHECK 约束。

（1）界面方式创建与删除 CHECK 约束

例如，在 xscj 数据库的 cjb 表中，学生每门功课的成绩的范围为 0～100 分，现对用户的输入数据要施加这一限制。

① 在"对象资源管理器"中展开"数据库"→"xscj"→"表"，选择"dbo.cjb"，展开后选择"约束"，单击鼠标右键，在出现的快捷菜单中选择"新建约束"菜单项。

② 在打开的"CHECK 约束"对话框中，单击"添加"按钮，添加一个"CHECK 约束"。在"常

图 6.5　CHECK 约束

规"属性区域中的"表达式"栏后面单击 按钮（或直接在文本框中输入内容），打开"CHECK 约束表达式"窗口，并编辑相应的 CHECK 约束表达式为"成绩>=0 AND 成绩<=100"。如图 6.5 所示。

③ 在"CHECK 约束"对话框中选择"关闭"按钮，并保存修改，完成"CHECK 约束"的创建。此时若输入数据，如果成绩不是在 0～100 分的范围内，系统将报告错误。

如果要删除上述约束，选中要删除的约束，单击"删除"按钮删除约束，然后单击"关闭"按钮即可。

（2）命令方式在创建表时创建 CHECK 约束

在创建表时可以使用 CHECK 约束表达式来定义 CHECK 约束，CHECK 约束表达式语法格式如下：

```
CHECK [ NOT FOR REPLICATION ] （逻辑表达式）
```

关键字 CHECK 表示定义 CHECK 约束，如果指定 NOT FOR REPLICATION 选项，则当复制代理执行插入、更新或删除操作时，将不会强制执行此约束。其后的"逻辑表达式"称为 CHECK 约束表达式，返回值为 TRUE 或 FALSE，该表达式只能为标量表达式。

【例 6.9】 创建一个表 student，只考虑"学号"和"性别"两列，性别只能包含"男"或"女"。

```
USE xscj
GO
CREATE  TABLE  student
 (
    学号 char(6)    NOT NULL,
    性别 char(1)    NOT NULL CHECK(性别 IN ('男', '女'))
 )
```

这里 CHECK 约束指定了性别允许哪个值，被定义为列的约束。CHECK 约束也可以定义为表的约束。

【例 6.10】 创建一个表 student1，只考虑"学号"和"出生日期"两列，出生日期必须大于 1980 年 1 月 1 日，并命名 CHECK 约束。

```
CREATE TABLE student1
 (
    学号        char(6)      NOT NULL,
    出生时间    datetime     NOT NULL,
```

```
    CONSTRAINT  DF_student1_cjsj  CHECK(出生时间>'1980-01-01')
 )
```

如果指定的一个 CHECK 约束中，要相互比较一个表的两个或多个列，那么该约束必须定义为表的约束。

【例 6.11】 创建表 student2，有"学号""最好成绩"和"平均成绩"3 列，要求最好成绩必须大于平均成绩。

```
CREATE  TABLE  student2
 (
    学号        char(6)      NOT NULL,
    最好成绩      int          NOT NULL,
    平均成绩      int          NOT NULL,
         CHECK(最好成绩>平均成绩)
 )
```

也可以同时定义多个 CHECK 约束，中间用逗号隔开。

（3）命令方式在修改表时创建 CHECK 约束

在使用 ALTER TABLE 语句修改表时也能定义 CHECK 约束。

定义 CHECK 约束的语法格式为：

```
ALTER TABLE 表名
    [ WITH { CHECK | NOCHECK } ] ADD
    [<列定义>]
    [CONSTRAINT 约束名] CHECK (逻辑表达式)
```

① WITH 子句：指定表中的数据是否用新添加的或重新启用的 FOREIGN KEY 或 CHECK 约束进行验证。如果未指定，则默认为 WITH CHECK，如果不想根据现有数据验证新的 CHECK 或 FOREIGN KEY 约束，则使用 WITH NOCHECK，除极个别的情况外，建议不要进行这样的操作。

② CONSTRAINT 关键字：为 CHECK 约束定义一个约束名。

【例 6.12】 通过修改 xscj 数据库的 cjb 表，增加"成绩"字段的 CHECK 约束。

```
USE xscj
GO
ALTER TABLE cjb
    ADD CONSTRAINT cj_constraint  CHECK (成绩>=0 AND 成绩<=100)
```

（4）利用 SQL 语句删除 CHECK 约束

CHECK 约束的删除可在"SSMS"中通过界面进行，有兴趣的读者可以自己试一试，在此介绍如何利用 SQL 命令删除 CHECK 约束。

使用 ALTER TABLE 语句的 DROP 子句可以删除 CHECK 约束。

语法格式：

```
ALTER TABLE 表名
    DROP CONSTRAINT 约束名
```

【例 6.13】 删除 cjb 表"成绩"字段的 CHECK 约束。

```
ALTER TABLE cjb
    DROP CONSTRAINT cj_constraint
```

2．规则对象的定义、使用与删除

规则是一组使用 T-SQL 语句组成的条件语句，规则提供了另外一种在数据库中实现域完整性与用户定义完整性的方法。

在 SQL Server 2016 中，规则对象的定义可以利用 CREATE RULE 语句来实现。

（1）规则对象的定义

语法格式：

```
CREATE RULE [架构名.]规则名
    AS 条件表达式
```

① 规则名：定义的新规则名，规则名必须符合标识符规则。

② 条件表达式：规则的条件表达式，该表达式可为 WHERE 子句中任何有效的表达式，但规则表达式中不能包含列或其他数据库对象，可以包含不引用数据库对象的内置函数。在条件表达式中包含一个局部变量，每个局部变量的前面都有一个@符号。使用 UPDATE 或 INSERT 语句修改或插入值时，该表达式用于对规则关联的列值进行约束。

创建规则时，一般使用局部变量表示 UPDATE 或 INSERT 语句输入的值。另外，有如下几点需说明：

① 创建的规则对先前已存在于数据库中的数据无效。

② 在单个批处理中，CREATE RULE 语句不能与其他 T-SQL 语句组合使用。

③ 规则表达式的类型必须与列的数据类型兼容，不能将规则绑定到 text、image 或 timestamp 列。要用单引号（'）将字符和日期常量引起来，在十六进制常量前加 0x。

④ 对于用户定义数据类型，当在该类型的数据列中插入值或更新该类型的数据列时，绑定到该类型的规则才会激活。规则不检验变量，所以在向用户定义数据类型的变量赋值时，不能与列绑定的规则冲突。

⑤ 如果列同时有默认值和规则与之关联，则默认值必须满足规则的定义，与规则冲突的默认值不能插入列。

（2）将规则对象绑定到用户定义数据类型或列

将规则对象绑定到列或用户定义数据类型中可以使用系统存储过程 sp_bindrule。

语法格式：

```
sp_bindrule [ @rulename = ] '规则名' ,
    [ @objname = ] '对象名'
    [ , [ @futureonly = ] 'futureonly标志' ]
```

① 规则名：为 CREATE RULE 语句创建的规则名，要用单引号括起来。

② 对象名：为绑定到规则的列或用户定义的数据类型。如果"对象名"采用"表名.字段名"格式，则认为绑定到表的列，否则绑定到用户定义数据类型。

③ futureonly：仅当将规则绑定到用户定义的数据类型时才使用。如果设置为"futureonly"，则用户定义数据类型的现有列不继承新规则。如果设置为 NULL，则当被绑定的数据类型当前无规则时，新规则将绑定到用户定义数据类型的每一列，默认值为 NULL。

【例 6.14】 如下程序创建一个规则，并绑定到表 kcb 的课程号列，用于限制课程号的输入范围。

```
USE xscj
GO
CREATE RULE  kc_rule
    AS @range like '[1-5][0-9][0-9]'
GO
EXEC sp_bindrule 'kc_rule', 'kcb.课程号'        /*执行存储过程使用 EXEC 命令*/
GO
```

程序如果正确执行将提示："已将规则绑定到表的列"。

在"对象资源管理器"中展开"xscj"→"表"→"dbo.kcb"→"列"，右键单击"课程号"，选择"属性"菜单项，在 kcb 表的"列属性-课程号"窗口的"规则"栏中可以查看已经新建的规则。

【例 6.15】 创建一个规则，用以限制输入到该规则所绑定的列中的值只能是该规则中列出的值。

```
CREATE RULE list_rule
    AS @list IN ('C语言', '离散数学', '微机原理')
GO
EXEC sp_bindrule 'list_rule', 'kcb.课程名'
GO
```

【例 6.16】 如下程序定义一个用户数据类型 course_num，然后将前面定义的规则"kc_rule"绑定到用户数据类型 course_num 上，最后创建表 kcb1，其"课程号"的数据类型为 course_num。

```
CREATE TYPE course_num
    FROM char(3) NOT NULL                    /*创建用户定义数据类型*/
EXEC sp_bindrule 'kc_rule', 'course_num'     /*将规则对象绑定到用户定义数据类型*/
GO
CREATE TABLE kcb1
(
    课程号        course_num,                /*将学号定义为 course_num 类型*/
    课程名        char(16) NOT NULL,
    开课学期      tinyint ,
    学时          tinyint,
    学分          tinyint
)
GO
```

（3）规则对象的删除

在删除规则对象前，首先应使用系统存储过程 sp_unbindrule 解除被绑定对象与规则对象之间的绑定关系，使用格式如下：

```
sp_unbindrule [@objname =] '对象名'
        [, [@futureonly =] 'futureonly标志']
```

在解除列或自定义类型与规则对象之间的绑定关系后，就可以删除规则对象了。

语法格式：

```
DROP RULE { [架构名.]规则名 } [ , ... ] [ ; ]
```

【例 6.17】 解除规则 kc_rule 与列或用户定义类型的绑定关系，并删除规则对象 kc_rule。

```
EXEC sp_unbindrule 'kcb.课程号'
EXEC sp_unbindrule 'course_num'
GO
DROP RULE kc_rule
```

说明　规则 kc_rule 绑定了 kcb 表的"课程号"列和用户定义数据类型 course_num，只有在和这两者都解除绑定关系后才能删除该规则。当解除与用户定义数据类型 course_num 的关系后，系统自动解除使用 course_num 定义的列与规则的绑定关系。

在 SQL Server 中，规则将逐步被淘汰，所以不建议使用。

6.2.3　创建参照完整性：FOREIGN KEY

对两个相关联的表（主表与从表，也称为父表和子表）进行数据插入和删除时，通过参照完整性保证它们之间数据的一致性。

利用 FOREIGN KEY 定义从表的外键，PRIMARY KEY 或 UNIQUE 约束定义主表中的主键或唯一键（不允许为空），可实现主表与从表之间的参照完整性。定义表间参照关系：先定义主表的主键（或唯一键），再对从表定义外键约束（根据查询的需要可先对从表的该列创建索引）。

1. 界面方式定义表间的参照关系

例如，要实现 xsb 表与 cjb 表之间的参照完整性，操作步骤如下。

（1）由于之前在创建表的时候已经定义 xsb 表中的"学号"字段为主键，所以这里就不需要再定义主表的主键了。

（2）在"对象资源管理器"中展开"数据库"→"xscj"，选择"数据库关系图"，单击鼠标右键，在出现的快捷菜单中选择"新建数据库关系图"菜单项，打开"添加表"窗口。

（3）在出现的"添加表"窗口中选择要添加的表，本例中选择了表 xsb 和表 cjb。单击"添加"按钮完成表的添加，之后单击"关闭"按钮退出窗口。

（4）在"数据库关系图设计"窗口将鼠标指向主表的主键，并拖动到从表，即将 xsb 表中的"学号"字段拖动到从表 cjb 中的"学号"字段。

（5）在弹出的"表和列"对话框中输入关系名、设置主键表和列名，单击"表和列"对话框中的"确定"按钮，再单击"外键关系"对话框中的"确认"按钮，进入图 6.6 所示的界面。

（6）单击"保存"按钮，在弹出的"选择名称"对话框中输入关系图的名称。单击"确定"按钮，在弹出的"保存"对话框中单击"是"按钮，保存设置。

为提高查询效率，在定义主表与从表的参照关系前，可考虑先对从表的外键定义索引，然后定义主表与从表间的参照关系。

图 6.6　外键关系

采用同样方法，再添加 kcb 表并建立它与 cjb 表参照完整性关系。

之后可以在 xscj 数据库的"数据库关系图"目录下看到所创建的参照关系。结果如图 6.7 所示。

图 6.7　3 个表之间的参照关系图

至此，关系图的创建过程全部完成，定义名称保存关系，默认名称为"Diagram_0"。读者可在主表和从表中插入或删除数据来验证它们之间的参照关系。

2. 界面方式删除表间的参照关系

（1）如果要删除前面建立的 xsb 表与 cjb 表之间的参照关系，可在 xscj 数据库的"数据库关系图"目录下选择要修改的关系图，如 Diagram_0，单击鼠标右键，在弹出的快捷菜单中选择"修改"菜单项，打开"数据库关系图设计"窗口。

（2）在"数据库关系图设计"窗口中，选择已经建立的"关系"，单击鼠标右键，选择"从数据库中删除关系"，在随后弹出的对话框中，单击"是"按钮，删除表之间的关系。

3. 命令方式定义表间的参照关系

前面已介绍了创建主键（PRIMARY KEY）约束及唯一键（UNIQUE）约束的方法，在此将介绍通过 T-SQL 命令创建外键的方法。

（1）创建表的同时定义外键约束

创建表语法格式中的<列定义>前面已经列出，这里只列出定义外键部分的语法。

```
CREATE TABLE 表名                    /*指定表名*/
(
    <列定义>
    [ CONSTRAINT 约束名]
    [ FOREIGN KEY ][ ( 列[ , ... ] )] <参照定义>
)
```

和主键一样，外键也可以定义为列的约束或表的约束。如果定义为列的约束，则直接在列定义后面使用 FOREIGN KEY 关键字定义该字段为外键。如果定义为表的约束，则需要在 FOREIGN KEY 关键字后面指定由哪些字段名组成外键，"列"为字段名，可以是一个字段或多个字段的组合。

其中，<参照定义>的具体格式如下：

```
<参照定义>::=
    REFERENCES 参照表名[ ( 参照列[ , ... ] ) ]
    [ ON DELETE { NO ACTION | CASCADE | SET NULL | SET DEFAULT } ]
    [ ON UPDATE { NO ACTION | CASCADE | SET NULL | SET DEFAULT } ]
    [ NOT FOR REPLICATION ]
```

① FOREIGN KEY 定义的外键应与参数"参照表名"指定的主表中的主键或唯一键对应，主表中主键或唯一键字段由参数"参照列"指定。主键的数据类型和外键的数据类型必须相同。

② 定义外键时还可以指定参照动作：ON DELETE | ON UPDATE。可以为每个外键定义参照动作。一个参照动作包含两部分：

a. 第一部分指定这个参照动作应用哪一条语句。这里有两条相关的语句，即 DELETE 和 UPDATE 语句，即对表进行删除和更新操作。

b. 第二部分指定采取哪个动作。可能采取的动作是 NO ACTION、CASCADE、SET NULL 和 SET DERAULT。接下来说明这些不同动作的含义。

● NO ACTION：NO ACTION 意味着不采取动作，就是如果有一个相关的外键值在子表中，那么删除或更新父表中主要键值的企图不被允许。

● CASCADE：从父表删除或更新行时自动删除或更新子表中匹配的行。

● SET NULL：当从父表删除或更新行时，设置子表中与之对应的外键列为 NULL。如果外键列没有指定 NOT NULL 限定词，这就是合法的。

● SET DEFAULT：作用和 SET NULL 一样，只不过 SET DEFAULT 是指定子表中的外键列为默认值。

如果没有指定动作，两个参照动作就会默认地使用 NO ACTION。

③ 如果指定 NOT FOR REPLICATION 选项，则当复制代理执行插入、更新或删除操作时，将不会强制执行此约束。

【例 6.18】 创建 stu 表，要求 stu 表中所有的学生学号都必须出现在 xsb 表中，假设已经使用"学号"列作为主键创建了 xsb 表。

```
USE xscj
GO
CREATE TABLE stu
(
    学号       char(6)  NOT NULL     FOREIGN KEY (学号) REFERENCES xsb (学号),
    姓名       char(8)  NOT NULL,
    出生时间    datetime NULL
)
```

【例 6.19】 创建 point 表，要求表中所有的学号、课程号组合都必须出现在 cjb 表中。

```
CREATE TABLE point
(
    学号       char(6)  NOT NULL,
    课程号     char(3)  NOT NULL,
    成绩       int      NULL,
    CONSTRAINT FK_point FOREIGN KEY (学号,课程号) REFERENCES cjb (学号,课程号)
        ON DELETE NO ACTION
)
```

（2）通过修改表定义外键约束

使用 ALTER TABLE 语句的 ADD 子句也可以定义外键约束，语法格式与定义其他约束类似，这里不再列出。

【例 6.20】 假设 kcb 表为主表，kcb 的"课程号"字段已定义为主键。cjb 表为从表，如下示例用于将 cjb 表的"课程号"字段定义为外键。

```
ALTER TABLE cjb
    ADD   CONSTRAINT kc_foreign
        FOREIGN KEY  (课程号)
            REFERENCES  kcb(课程号)
```

4. 命令方式删除表间的参照关系

删除表间的参照关系，实际上删除从表的外键约束即可。

语法格式与前面其他约束删除的格式类似。

【例 6.21】 删除上例对 cjb 表的"课程号"字段定义的外键约束。

```
ALTER TABLE cjb
    DROP CONSTRAINT kc_foreign
```

习　　题

一、选择题

1. 关于索引说法错误的是（　　　）。

    A. 一个表可以不创建索引，但需要创建主键

    B. 一个表可以创建索引一个聚集索引

    C. 一个表可以创建索引多个聚集索引

    D. B 和 C

2. 关于索引说法错误的是（　　　）。

    A. 一个表可以创建多个唯一索引

    B. 一个表可以创建多个不唯一索引

C. 创建非聚集索引并不改变表记录的排列顺序

D. 如果索引已经存在则不能创建

3. 不能采用（　　）创建索引。

　　A. CREATE TABLE　　　　　　　B. CREATE INDEX

　　C. ALTER TABLE　　　　　　　　D. ALTER INDEX

4. 两表没有创建任何索引，不能创建（　　　）。

　　A. 实体完整性　　　　B. 域完整性　　　　C. 参照完整性　　　　D. A 和 C

5. 实现列值的唯一性不能通过（　　　）。

　　A. 主键　　　　　　　B. UNIQUE　　　　C. identity 属性　　　D. CHECK 约束

6. 实现列值的非空不能通过（　　　）。

　　A. NOT NULL　　　　B. DEFAULT　　　　C. CHECK 约束　　　D. 数据类型

7. 成绩表、学生表、课程表和教师表之间（　　　）。

　　A. 成绩表与教师表之间具有参照完整性

　　B. 课程表与教师表之间具有参照完整性

　　C. 学生表和教师表之间具有参照完整性

　　D. 成绩表与学生表和课程表具有参照完整性

8. 完整性与索引的关系说法错误的是（　　　）。

　　A. 没有索引不能实现完整性

　　B. 没有实现完整性的表必须人为操作来达到完整性

　　C. 已经实现完整性可以解除完整性

　　D. 索引就是为了实现完整性

二、说明题

1. 试描述索引的概念与作用。

2. 分别以界面方式和命令方式创建 xscj 数据库中 xsb 表上的索引。

3. 索引是否越多越好，为什么？

4. 规则与 CHECK 约束的不同之处在哪里？

5. 试说明数据完整性的含义及分类。

6. 在 SQL Server 2016 中，可采用哪些方法实现数据完整性？各举一例，并分别编程实现。

第7章
存储过程和触发器

存储过程可以理解成数据库的子程序，在客户端和服务器端可以直接调用它。触发器是表操作记录时直接关联的特殊的存储过程，是在对表记录进行操作时触发的。

7.1 存 储 过 程

在 SQL Server 中，使用 T-SQL 语句可编写存储过程。存储过程可以接收输入参数、调用"数据定义语言（DDL）"和"数据操作语言（DML）"语句，返回输出参数（表格或标量结果和消息等）。使用存储过程的优点如下。

（1）存储过程在服务器端运行，执行速度快。

（2）存储过程执行一次后，就驻留在高速缓冲存储器，在以后的操作中，只需从高速缓冲存储器中调用已编译好的二进制代码执行，提高了系统性能。

（3）使用存储过程可以完成所有数据库操作，并可通过编程方式控制对数据库信息访问的权限，确保数据库的安全。

（4）自动完成需要预先执行的任务。存储过程可以在 SQL Server 启动时自动执行，而不必在系统启动后再进行手工操作，大大方便了用户的使用，可以自动完成一些需要预先执行的任务。

7.1.1 存储过程的类型

在 SQL Server 中有下列几种类型的存储过程。

（1）系统存储过程。系统存储过程是由 SQL Server 提供的存储过程，可以作为命令执行。系统存储过程定义在系统数据库 master 中，其前缀是"sp_"，例如，常用的显示系统对象信息的 sp_help 系统存储过程，为检索系统表的信息提供了方便快捷的方法。

系统存储过程允许系统管理员执行修改系统表的数据库管理任务，可以在任何一个数据库中执行。SQL Server 提供了很多的系统存储过程，通过执行系统存储过程，可以实现一些比较复杂的操作，本书也介绍了其中一些系统存储过程。要了解所有的系统存储过程，请参考 SQL Server 联机丛书。

（2）扩展存储过程。扩展存储过程是指在 SQL Server 环境之外，使用编程语言（如 C++语言）创建的外部例程形成的动态链接库（DLL）。使用时，先将 DLL 加载到 SQL Server 系统中，并且按照使用系统存储过程的方法执行。扩展存储过程在 SQL Server 实例地址空间中运行。但因为扩展存储过程不易撰写，而且可能会引发安全性问题，所以微软公司可能会在未来的 SQL Server 中删除这一功能，本书将不详细介绍扩展存储过程。

（3）用户存储过程。在 SQL Server 中，用户存储过程可以使用 T-SQL 语言编写，也可以使用 CLR 方式编写。在本书中，T-SQL 存储过程就称为存储过程。

① 存储过程：存储过程保存 T-SQL 语句集合，可以接收和返回用户提供的参数。存储过程中可以包含根据客户端应用程序提供的信息，以及在一个或多个表中插入新行所需的语句。存储过程也可以从数据库向客户端应用程序返回数据。

例如，电子商务 Web 应用程序可能根据联机用户指定的搜索条件，使用存储过程返回有关特定产品的信息。

② CLR 存储过程：CLR 存储过程是对 Microsoft .NET Framework 公共语言运行时（CLR）方法的引用，可以接收和返回用户提供的参数。

7.1.2　存储过程的创建与执行：CREATE PROCEDURE

存储过程只能定义在当前数据库中，可以使用 T-SQL 命令或"对象资源管理器"创建。在 SQL Server 中创建存储过程，必须具有 CREATE ROUTINE 权限。

1. 使用命令方式创建存储过程

创建存储过程的语句是 CREATE PROCEDURE 或 CREATE PROC，两者同义。

语法格式：

```
CREATE { PROC | PROCEDURE } [架构名.]过程名[ ; 组号]          /*定义过程名*/
    [ { @参数[类型架构名. ]数据类型 }                          /*定义参数的类型*/
       [ VARYING ] [ = default ] [ OUT | OUTPUT ] [READONLY]  /*定义参数的属性*/
    ]
    [ FOR REPLICATION ]
AS
{   <SQL 语句>                                               /*执行的操作*/
    ......
}
```

（1）过程名：用于指定存储过程名，必须符合标识符规则，且对于数据库及所在架构必须唯一。这个名称应当尽量避免取与系统内置函数相同的名称，否则会发生错误。另外，也应当尽量避免使用"sp_"作为前缀，此前缀是由 SQL Server 指定系统存储过程的。创建局部临时存储过程，可以在过程名前面加一个"#"。创建全局临时存储过程，可以在过程名前加"##"，对于 CLR 存储过程不能指定临时名称。

（2）@参数：为存储过程的形参，@符号作为第一个字符来指定参数名称。参数名必须符合标识符规则。创建存储过程时，可声明一个或多个参数。执行存储过程时应提供相应的参数，除非定义了该参数的默认值，否则默认参数值只能为常量。

（3）数据类型：用于指定形参的数据类型，形参可为 SQL Server 支持的任何类型，但 cursor 类型只能用于 OUTPUT 参数，如果指定参数的数据类型为 cursor，则必须同时指定 VARYING 和 OUTPUT 关键字，OUT 与 OUTPUT 关键字意义相同。

（4）VARYING：指定作为输出参数支持的结果集。该参数由存储过程动态构造，其内容可能发生改变，仅适用于 cursor 参数。

（5）default：指定存储过程输入参数的默认值，默认值必须是常量或 NULL。如果存储过程使用了带 LIKE 关键字的参数，默认值中可以包含通配符（%、_、[]和[^]）；如果定义了默认值，执行存储过程时根据情况可不提供实参。

（6）OUTPUT：指示参数为输出参数，输出参数可以从存储过程返回信息。

（7）READONLY：指定不能在存储过程的主体中更新或修改参数。如果参数类型为用户定义的表类型，则必须指定 READONLY。

（8）FOR REPLICATION：用于说明不能在订阅服务器上执行为复制创建的存储过程，如果指定了 FOR REPLICATION，则无法声明参数。

（9）SQL 语句：代表过程体包含的 T-SQL 语句，存储过程体中可以包含一条或多条 T-SQL 语句，除了 DCL、DML 与 DDL 命令外，还能包含过程式语句，如变量的定义与赋值、流程控制语句等。

对于存储过程要注意以下几点。

（1）用户定义的存储过程只能在当前数据库中创建。存储过程名称存储在 sysobjects 系统表中，而语句的文本存储在 syscomments 中。

（2）SQL Server 启动时可以自动执行一个或多个存储过程。这些存储过程必须由系统管理员在 master 数据库中创建，并在 sysadmin 固定服务器角色下作为后台过程执行。这些过程不能有任何输入参数。

（3）CREATE PROCEDURE 的权限默认授予 sysadmin 固定服务器角色成员、db_owner 和 db_ddladmin 固定数据库角色成员。sysadmin 固定服务器角色成员和 db_owner 固定数据库角色成员可以将 CREATE PROCEDURE 权限转让给其他用户。

（4）SQL 语句的限制。

① 如下语句必须使用对象的架构名对数据库对象进行限定：

CREATE TABLE、ALTER TABLE、DROP TABLE、TRUNCATE TABLE、CREATE INDEX、DROP INDEX、UPDATE STATISTICS 及 DBCC 语句。

② 如下语句不能出现在 CREATE PROCEDURE 定义中：

SET PARSEONLY、SET SHOWPLAN_TEXT、SET SHOWPLAN_XML、SET SHOWPLAN_ALL、CREATE SCHEMA、CREATE FUNCTION、ALTER FUNCTION、CREATE PROCEDURE、ALTER PROCEDURE、CREATE TRIGGER、ALTER TRIGGER、CREATE VIEW、ALTER VIEW、USE 数据库名等。

2. 存储过程的执行

通过 EXECUTE 或 EXEC 命令可以执行一个已定义的存储过程，EXEC 是 EXECUTE 的简写。语法格式：

```
[ { EXEC | EXECUTE } ]
{   [ @返回状态 = ]
{ 模块名 | @模块名变量 }
[ [ @参数名 = ] { 值 | @变量[ OUTPUT ] | [ DEFAULT ] } ]
}
```

（1）@返回状态：为可选的整型变量，保存存储过程的返回状态。EXECUTE 语句使用该变量前，必须对其声明。

（2）模块名：要调用的存储过程或用户定义标量函数的完全限定或者不完全限定名称。"组号"用于调用已定义的一组存储过程中的某一个。

（3）@模块名变量：局部定义的变量名，保存存储过程或用户定义函数的名称。

（4）@参数名：为 CREATE PROCEDURE 或 CREATE FUNCTION 语句中定义的参数名，"值"为实参。如果省略"@参数名"，则后面的实参顺序要与定义时参数的顺序一致。在使用"@参数名=值"格式时，参数名称和实参不必按在存储过程或函数中定义的顺序提供。但是，如果任何参数使用了"@参数名=值"格式，则对后续的所有参数均必须使用该格式。

（5）@变量：为局部变量，用于保存 OUTPUT 参数返回的值。

（6）DEFAULT：DEFAULT 关键字表示不提供实参，而是使用对应的默认值。

存储过程的执行要注意以下几点。

（1）如果存储过程名的前缀为"sp_"，SQL Server 会首先在 master 数据库中寻找符合该名称的系统存储过程。如果没能找到合法的过程名，SQL Server 才会寻找架构名称为 dbo 的存储过程。

（2）在执行存储过程时，若语句是批处理中的第一个语句，则不一定要指定 EXECUTE 关键字。

3. 举例

（1）设计简单的存储过程

【例 7.1】 返回 191301 号学生的成绩情况。该存储过程不使用任何参数。

```
USE xscj
GO
CREATE PROCEDURE student_info
    AS
        SELECT *
            FROM cjb
            WHERE 学号= '191301'
GO
```

存储过程定义后，执行存储过程 student_info：

```
EXECUTE student_info
```

如果该存储过程是批处理中的第一条语句，则可使用：

```
student_info
```

执行结果如图 7.1 所示。

（2）使用带参数的存储过程

【例 7.2】 从 xscj 数据库的 3 个表中查询某人指定课程的成绩和学分。该存储过程接收与传递参数精确匹配的值。

```
USE xscj
GO
CREATE PROCEDURE student_info1 @name char (8), @cname char(16)
    AS
        SELECT a.学号, 姓名, 课程名, 成绩, t.学分
            FROM xsb a  INNER JOIN cjb b
                ON a.学号 = b.学号 INNER  JOIN kcb t
                ON b.课程号= t.课程号
                WHERE a.姓名=@name and t.课程名=@cname
GO
```

执行存储过程 student_info1：

```
EXECUTE student_info1 '王林', '计算机基础'
```

执行结果如图 7.2 所示。

图 7.1 执行结果

图 7.2 执行结果

以下命令的执行结果与上面的相同：

```
EXECUTE student_info1 @name='王林', @cname='计算机基础'
```
或者：
```
DECLARE @proc char(20)
SET @proc= 'student_info1'
EXECUTE @proc @name='王林', @cname='计算机基础'
```
（3）使用带 OUPUT 参数的存储过程

【例 7.3】 创建一个存储过程 do_insert，作用是向 xsb 表中插入一行数据。创建另外一个存储过程 do_action，在其中调用第一个存储过程，并根据条件处理该行数据，处理后输出相应的信息。

第一个存储过程：
```
CREATE PROCEDURE dbo.do_insert
    AS
        INSERT INTO xsb VALUES('091201', '陶伟', 1, '1990-03-05', '软件工程',50, NULL);
```
第二个存储过程：
```
CREATE PROCEDURE do_action @X bit, @STR CHAR(8) OUTPUT
    AS
    BEGIN
        EXEC do_insert
        IF @X=0
        BEGIN
            UPDATE xsb SET 姓名='刘英', 性别=0 WHERE 学号='091201'
            SET @STR='修改成功'
        END
        ELSE
            IF @X=1
            BEGIN
                DELETE FROM xsb WHERE 学号='091201'
                SET @STR='删除成功'
            END
    END
```

存储过程

接下来执行存储过程 do_action 来查看结果：
```
DECLARE @str char(8)
EXEC dbo.do_action 0, @str OUTPUT
SELECT @str;
```
执行结果显示"修改成功"。

注意　　　在存储过程执行时使用的 OUTPUT 参数需要用 DECLARE 命令在之前定义。

（4）使用带有通配符参数的存储过程

【例 7.4】 从 3 个表的连接中返回指定学生的学号、姓名、所选课程名称及该课程的成绩。该存储过程在参数中使用了模式匹配，如果没有提供参数，则使用预设的默认值。
```
CREATE PROCEDURE st_info @name varchar(30) = '李%'
    AS
        SELECT a.学号,a.姓名,c.课程名,b.成绩
            FROM  xsb a  INNER JOIN  cjb b
                ON a.学号 =b.学号 INNER JOIN kcb c
                ON c.课程号= b.课程号
            WHERE 姓名 LIKE @name
GO
```
执行存储过程：
```
EXECUTE st_info                                    /*参数使用默认值*/
```

或者：

```
EXECUTE st_info '王%'                              /*传递给@name 的实参为'王%'*/
```

（5）使用 OUTPUT 游标参数的存储过程

OUTPUT 游标参数用于返回存储过程的局部游标。

【例 7.5】　在 xscj 数据库的 xsb 表上声明并打开一个游标。

```
CREATE PROCEDURE st_cursor @st_cursor cursor VARYING OUTPUT
    AS
        SET @st_cursor = CURSOR  FORWARD_ONLY STATIC FOR
            SELECT *
                FROM xsb
        OPEN @st_cursor
```

在如下的批处理中，声明一个局部游标变量，执行上述存储过程，并将游标赋值给局部游标变量，然后通过该游标变量读取记录。

```
DECLARE @MyCursor cursor
EXEC st_cursor @st_cursor = @MyCursor OUTPUT       /*执行存储过程*/
FETCH NEXT FROM @MyCursor
WHILE (@@FETCH_STATUS = 0)
BEGIN
    FETCH NEXT FROM @MyCursor
END
CLOSE @MyCursor
DEALLOCATE @MyCursor
```

（6）使用 WITH ENCRYPTION 选项

WITH ENCRYPTION 子句用于对用户隐藏存储过程的文本。

【例 7.6】　创建加密过程，使用 sp_helptext 系统存储过程获取关于加密过程的信息，然后尝试直接从 syscomments 表中获取关于该过程的信息。

```
CREATE PROCEDURE encrypt_this  WITH ENCRYPTION
    AS
        SELECT *
            FROM xsb
```

通过系统存储过程 sp_helptext 可显示规则、默认值、未加密的存储过程、用户定义函数、触发器或视图的文本。

执行如下语句：

```
EXEC sp_helptext encrypt_this
```

结果集为提示信息 "对象'encrypt_this'的文本已加密"。

7.1.3　存储过程的修改：ALTER PROCEDURE

使用 ALTER PROCEDURE 命令可修改已存在的存储过程并保留以前赋予的许可。

语法格式：

```
ALTER { PROC | PROCEDURE } [架构名.]过程名
    [ { @参数[类型架构名. ]数据类型 }
      [ VARYING ] [ = default ] [ OUT[PUT] ]
    ]
  [ FOR REPLICATION ]
AS
{
    <SQL 语句>
    ……
}
```

各参数含义与 CREATE PROCEDURE 相同，这里不再重复。

如果原来的过程定义是用 WITH ENCRYPTION 或 WITH RECOMPILE 创建的，那么只有在 ALTER PROCEDURE 中也包含这些选项时，这些选项才有效。

用 ALTER PROCEDURE 更改后，存储过程的权限和启动属性保持不变。

【例 7.7】 对例 7.2 中创建的存储过程 student_info1 进行修改，将第一个参数改成学生的学号。

```
USE xscj
GO
ALTER PROCEDURE student_info1
    @number char(6),@cname char(16)
    AS
        SELECT 学号, 课程名, 成绩
            FROM cjb, kcb
            WHERE cjb.学号=@number AND kcb.课程名=@cname
GO
```

【例 7.8】 创建名为 select_students 的存储过程，在默认情况下，该存储过程可查询所有学生信息，随后授予权限。当该存储过程需更改为能检索计算机专业的学生信息时，用 ALTER PROCEDURE 命令重新定义该存储过程。

创建 select_students 存储过程：

```
CREATE PROCEDURE select_students        /*创建存储过程*/
    AS
        SELECT *
            FROM xsb
            ORDER BY 学号
GO
```

修改存储过程 select_students：

```
ALTER PROCEDURE select_students WITH ENCRYPTION
    AS
        SELECT *
            FROM xsb
            WHERE 专业= '计算机'
            ORDER BY 学号
GO
```

7.1.4　存储过程的删除：DROP PROCEDURE

当不再使用一个存储过程时，就要把它从数据库中删除。使用 DROP PROCEDURE 语句可永久地删除存储过程。在此之前，必须确认该存储过程没有任何依赖关系。语法格式：

```
DROP { PROC | PROCEDURE } { [架构名. ]过程 } [ , ... ]
```

过程是指要删除的存储过程或存储过程组的名称。

【例 7.9】 删除 xscj 数据库中的 student_info 存储过程。

```
USE xscj
GO
IF EXISTS(SELECT name FROM sysobjects WHERE name='student_info')
    DROP PROCEDURE student_info
```

在删除存储过程之前，可以先查找系统表 sysobjects 中是否存在这一存储过程，然后再删除。

7.1.5　界面方式操作存储过程

存储过程的创建、修改和删除也可以通过界面方式来实现。

1. 创建存储过程

在"对象资源管理器"中展开"数据库"→选择数据库（如"xscj"）→"可编程性"→"存储过程"，单击鼠标右键，在弹出的快捷菜单中选择"新建存储过程"菜单项，打开"存储过程脚本编辑"窗口，在该窗口中输入要创建的存储过程的代码，输入完成后单击"执行"按钮，若执行成功则创建完成，如图 7.3 所示。

2. 执行存储过程

在 xscj 数据库的"存储过程"目录下选择要执行的存储过程，如 student_info1，单击鼠标右键，选择"执行存储过程"菜单项。在弹出的"执行过程"窗口中会列出存储过程的参数形式，如果"输出参数"栏为"否"，则表示该参数为输入参数，用户需要设置输入参数的值，在@number"值"一栏中输入"191301"，在@cname 栏输入"计算机基础"，如图 7.4 所示。

图 7.3　创建存储过程

图 7.4　执行存储过程

单击"确定"按钮，系统显示存储过程运行的结果，如图 7.5 所示。

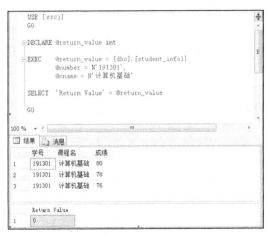

图 7.5　显示存储过程运行的结果

3. 修改存储过程

在"存储过程"目录下选择要修改的存储过程，单击鼠标右键，在弹出的快捷菜单中选择"修改"菜单项，打开"存储过程脚本编辑"窗口，在该窗口中修改相关的 T-SQL 语句。修改完成后，执行修改后的脚本，若执行成功，则存储过程修改完毕。

4. 删除存储过程

选择要删除的存储过程，单击鼠标右键，在弹出的快捷菜单中选择"删除"菜单项，根据提示删除该存储过程。

7.2 触 发 器

触发器是一个被指定关联到一个表的数据对象，触发器是不需要调用的，当对一个表的特别事件出现时，它就会被激活。触发器的代码也是由 SQL 语句组成的，因此用在存储过程中的语句也可以用在触发器的定义中。触发器是一类特殊的存储过程，与表的关系密切，用于保护表中的数据。当有操作影响到触发器保护的数据时，触发器将自动执行。

7.2.1 触发器的类型

在 SQL Server 中，按照触发事件的不同可以将触发器分为两大类：DML 触发器和 DDL 触发器。

1. DML 触发器

当数据库中发生数据操纵语言（DML）事件时将调用 DML 触发器。一般情况下，DML 事件包括对表或视图的 INSERT 语句、UPDATE 语句和 DELETE 语句，因而 DML 触发器也可分为 INSERT、UPDATE 和 DELETE 3 种类型。

利用 DML 触发器可以方便地保持数据库中数据的完整性。例如，xscj 数据库有 xsb 表、cjb 表和 kcb 表，当插入某一学号的学生某一课程的成绩时，该学号应是 xsb 表中已存在的，课程号应是 kcb 表中已存在的，此时，可通过定义 INSERT 触发器实现上述功能。通过 DML 触发器可以实现多个表间数据的一致性。例如，对于 xscj 数据库，在 xsb 表中删除一个学生时，在 xsb 表的 DELETE 触发器中要同时删除 cjb 表中所有该学生的记录。

2. DDL 触发器

DDL 触发器也是由相应的事件触发的，但 DDL 触发器触发的事件是数据定义语句（DDL）。这些语句主要是以 CREATE、ALTER、DROP 等关键字开头的语句。DDL 触发器的主要作用是执行管理操作，如审核系统、控制数据库的操作等。通常情况下，DDL 触发器主要用于以下一些操作需求：防止对数据库架构进行某些修改；希望数据库中发生某些变化以利于相应数据库架构中的更改；记录数据库架构中的更改或事件。

DDL 触发器只在响应由 T-SQL 语法所指定的 DDL 事件时才会触发。

在 SQL Server 中，可以使用.NET Framework 公共语言运行时（CLR）创建的程序集的方法创建 CLR 触发器。CLR 触发器既可以是 DML 触发器，也可以是 DDL 触发器。

7.2.2 触发器的创建：CREATE TRIGGER

创建 DML 触发器和 DDL 触发器都使用 CREATE TRIGGER 语句，但是两者语法略有不同。

1. 创建 DML 触发器

语法格式：

```
CREATE TRIGGER [架构名.]触发器名
    ON { 表 | 视图 }                              /*指定操作对象*/
[ WITH  ENCRYPTION ]                              /*说明是否采用加密方式*/
{ FOR | AFTER | INSTEAD OF }
{ [ INSERT ] [ , ] [ UPDATE ] [ , ] [ DELETE ] }
[ WITH APPEND ]
[ NOT FOR REPLICATION ]                           /*说明该触发器不用于复制*/
AS
```

```
{
    <SQL 语句>
    ......
}
```

（1）触发器名：用于指定触发器名，触发器名必须符合标识符规则，并且在数据库中必须唯一。"架构名"是 DML 触发器所属架构的名称。对于 DDL 触发器，无法指定架构名。

（2）表 | 视图：指定在其上执行触发器的表或视图，有时称为触发器表或触发器视图。使用 WITH ENCRYPTION 选项可以对 CREATE TRIGGER 语句的文本进行加密。

（3）AFTER：用于说明触发器在指定操作都成功执行后触发，如 AFTER INSERT 表示向表中插入数据时激活触发器。不能在视图上定义 AFTER 触发器。如果为了向前兼容而仅指定 FOR 关键字，则 AFTER 是默认值。一个表可以创建多个给定类型的 AFTER 触发器。

（4）INSTEAD OF：指定用 DML 触发器中的操作代替触发语句的操作。

在表或视图上，每个 INSERT、UPDATE 或 DELETE 语句最多可以定义一个 INSTEAD OF 触发器。另外，INSTEAD OF 触发器不可以用于使用了 WITH CHECK OPTION 选项的可更新视图。如果触发器表存在约束，则在 INSTEAD OF 触发器执行之后和 AFTER 触发器执行之前检查这些约束。如果违反了约束，则回滚 INSTEAD OF 触发器操作，且不执行 AFTER 触发器。

（5）{ [INSERT] [,] [UPDATE] [,] [DELETE] }：指定激活触发器的语句的类型，必须至少指定一个选项。在触发器定义中允许使用上述选项的任意顺序组合。INSERT 表示将新行插入表时激活触发器。UPDATE 表示更改某一行时激活触发器。DELETE 表示从表中删除某一行时激活触发器。

（6）WITH APPEND：指定应该再添加一个现有类型的触发器。这个选项只有在仅指定了 FOR 关键字时才可以使用，该选项将在以后的 SQL Server 版本中删除。

（7）<SQL 语句>：触发器的 T-SQL 语句，可以有一条或多条语句，指定 DML 触发器触发后将要执行的动作。

2. 触发器说明

触发器有以下几点说明。

（1）触发器中使用的特殊表。执行触发器时，系统会创建两个特殊的临时表 inserted 表和 deleted 表，下面介绍一下这两个表的内容。

● inserted 表：当向表中插入数据时，INSERT 触发器触发执行，新的记录插入到触发器表和 inserted 表中。

● deleted 表：用于保存已从表中删除的记录，当触发一个 DELETE 触发器时，被删除的记录存放到 deleted 表中。

修改一条记录等于插入一条新记录，同时删除旧记录。当对定义了 UPDATE 触发器的表记录修改时，表中原记录移到 deleted 表中，修改过的记录插入到 inserted 表中。由于 inserted 表和 deleted 表都是临时表，它们在触发器执行时被创建，触发器执行完后就消失了，所以只可以在触发器的语句中使用 SELECT 语句查询这两个表。

（2）创建 DML 触发器的说明。创建 DML 触发器时主要有以下几点说明。

① CREATE TRIGGER 语句必须是批处理中的第一条语句，并且只能应用到一个表中。

② DML 触发器只能在当前的数据库中创建，但可以引用当前数据库的外部对象。

③ 创建 DML 触发器的权限默认分配给表的所有者。

④ 在同一 CREATE TRIGGER 语句中，可以为多种操作（如 INSERT 和 UPDATE）定义相同的触发器操作。

⑤ 不能对临时表或系统表创建 DML 触发器。

⑥ 对于含有 DELETE 或 UPDATE 操作定义的外键表，不能使用 INSTEAD OF DELETE 和 INSTEAD OF UPDATE 触发器。

⑦ TRUNCATE TABLE 语句虽然能够删除表中的记录，但它不会触发 DELETE 触发器。

⑧ 在触发器内可以指定任意的 SET 语句，所选择的 SET 选项在触发器执行期间有效，并在触发器执行完后恢复到以前的设置。

⑨ DML 触发器最大的用途是返回行级数据的完整性，而不是返回结果，所以应当尽量避免返回任何结果集。

⑩ CREATE TRIGGER 权限默认授予定义触发器的表所有者、sysadmin 固定服务器角色成员、db_owner 和 db_ddladmin 固定数据库角色成员，并且不可转让。

⑪ DML 触发器中不能包含以下语句：ALTER DATABASE、CREATE DATABASE、DROP DATABASE、LOAD DATABASE、LOAD LOG、RECONFIGURE、RESTORE DATABASE、RESTORE LOG。

3. 创建 INSERT 触发器

INSERT 触发器是当对触发器表执行 INSERT 语句时就会激活的触发器。INSERT 触发器可以用来修改，甚至拒绝接收正在插入的记录。

【例 7.10】 创建一个表 table1，其中只有一列 a。在表上创建一个触发器，每次插入操作时，将变量@str 的值设为"TRIGGER IS WORKING"并显示。

```
USE xscj
GO
CREATE TABLE table1(a int)
GO
CREATE TRIGGER table1_insert
    ON table1 AFTER INSERT
  AS
  BEGIN
    DECLARE @str char(50)
    SET @str='TRIGGER IS WORKING'
    PRINT @str
  END
```

向 table1 中插入一行数据：

```
INSERT INTO table1 VALUES(10)
```

执行结果显示"TRIGGER IS WORKING"。

本例定义的是 INSERT 触发器，每次向表中插入一行数据时就会激活该触发器，从而执行触发器中的操作。

触发器

PRINT 命令的作用是向客户端返回用户定义的消息。

【例 7.11】 创建 cjb 表后激活触发器，当向 cjb 表中插入一个学生的成绩时，将 xsb 表中该学生的总学分加上添加的课程的学分。

```
CREATE TRIGGER cjb_insert
    ON cjb AFTER INSERT
  AS
  BEGIN
```

```
DECLARE @num char(6), @kc_num char(3)
DECLARE @xf int
SELECT @num=学号, @kc_num=课程号 from inserted
SELECT @xf=学分 FROM kcb WHERE 课程号=@kc_num
UPDATE xsb SET 总学分=总学分+@xf  WHERE 学号=@num
PRINT '修改成功'
END
```

　　　　本例使用 SELECT 语句从 inserted 临时表查找出插入 cjb 表的一行记录，然后根据课程号的值查找到学分值，最后修改 xsb 表的总学分。本例的执行结果请读者自行验证。

4. 创建 UPDATE 触发器

UPDATE 触发器在对触发器表执行 UPDATE 语句后触发。在执行 UPDATE 触发器时，将触发器表的原记录保存到 deleted 临时表中，将修改后的记录保存到 inserted 临时表中。

【例 7.12】　创建 xsb 表修改触发器，当修改 xsb 表中的学号时，同时也要将 cjb 表中的学号修改成相应的学号（假设 xsb 表和 cjb 表之间没有定义外键约束）。

（1）创建 xsb 表修改触发器。

```
CREATE TRIGGER xsb_update
   ON xsb AFTER UPDATE
   AS
   BEGIN
      DECLARE @old_num char(6), @new_num char(6)
      SELECT @old_num=学号 FROM deleted
      SELECT @new_num=学号 FROM inserted
      UPDATE cjb SET 学号=@new_num WHERE 学号=@old_num
   END
```

（2）接着修改 xsb 表中的一行数据，并查看触发器执行结果：

```
UPDATE xsb SET 学号='191320' WHERE 学号='191301'
GO
SELECT *  FROM cjb WHERE 学号='191320'
GO
```

由于 xsb 表和 cjb 表之间没有定义外键约束，所以上述修改 xsb 学号的命令不能执行。

5. 创建 DELETE 触发器

【例 7.13】　在删除 xsb 表中的一条学生记录时将 cjb 表中该学生的相应记录也删除。

```
CREATE TRIGGER xsb_delete
   ON xsb AFTER DELETE
   AS
   BEGIN
      DELETE FROM cjb
          WHERE 学号 IN(SELECT 学号 FROM deleted)
   END
```

执行结果请自行验证。

创建 DML 触发器时还可以同时创建多个类型的触发器。

【例 7.14】　在 kcb 表中创建 UPDATE 和 DELETE 触发器，当修改或删除 kcb 表中的课程号字段时，同时修改或删除 cjb 表中的该课程号。

```
CREATE TRIGGER kcb_trig
   ON kcb AFTER UPDATE, DELETE
   AS
   BEGIN
      IF (UPDATE(课程号))
          UPDATE cjb SET 课程号=(SELECT 课程号 FROM inserted)
```

```
                    WHERE 课程号=(SELECT 课程号 FROM deleted)
            ELSE
                DELETE FROM cjb
                    WHERE 课程号 IN(SELECT 课程号 FROM deleted)
        END
```

　　　UPDATE()函数返回一个布尔值，指示是否对表或视图的指定列进行了 INSERT 或 UPDATE 操作。

6. 创建 INSTEAD OF 触发器

　　AFTER 触发器是在触发语句执行后触发的，与 AFTER 触发器不同的是，INSTEAD OF 触发器触发时只执行触发器内部的 SQL 语句，而不执行激活该触发器的 SQL 语句。一个表或视图中只能有一个 INSTEAD OF 触发器。

　　【例 7.15】 创建表 table2，值包含一列 a，在表中创建 INSTEAD OF INSERT 触发器，当向表中插入记录时显示相应消息。

```
USE xscj
GO
CREATE TABLE table2(a int)
GO
CREATE TRIGGER table2_insert
    ON table2 INSTEAD OF INSERT
  AS
    PRINT 'INSTEAD OF TRIGGER IS WORKING'
```

向表中插入一行数据：

```
INSERT INTO table2 VALUES(10)
```

　　执行结果：使用 SELECT 语句查询表 table2 可以发现，table2 中并没有插入数据。

　　INSTEAD OF 触发器的主要作用是使不可更新视图支持更新。如果视图的数据来自于多个基表，则必须使用 INSTEAD OF 触发器支持引用表中数据的插入、更新和删除操作。

　　例如，若在一个多表视图上定义了 INSTEAD OF INSERT 触发器，视图各列的值可能允许为空，也可能不允许为空。若视图某列的值不允许为空，则 INSERT 语句必须为该列提供相应的值。

　　如果视图的列为以下几种情况之一：基表中的计算列、基表中的标识列、具有 timestamp 数据类型的基表列，该视图的 INSERT 语句必须为这些列指定值，INSTEAD OF 触发器在构成将值插入基表的 INSERT 语句时会忽略指定的值。

　　【例 7.16】 在 xscj 数据库中创建视图 stu_view，包含学生学号、专业、课程号、成绩。该视图依赖于表 xsb 和 cjb，是不可更新视图。可以在视图上创建 INSTEAD OF 触发器，当向视图中插入数据时分别向表 xsb 和 cjb 插入数据，从而实现向视图插入数据的功能。

　　创建视图：

```
CREATE VIEW stu_view
AS
SELECT xsb.学号, 专业, 课程号, 成绩
    FROM xsb, cjb
    WHERE xsb.学号=cjb.学号
```

创建 INSTEAD OF 触发器：

```
CREATE TRIGGER InsteadTrig
    ON stu_view
     INSTEAD OF INSERT
    AS
    BEGIN
      DECLARE @XH char(6), @XM char(8),
```

```
            @ZY char(12), @KCH char(3), @CJ int
        SET @XM='佚名'
        SELECT @XH=学号, @ZY=专业, @KCH=课程号, @CJ=成绩
            FROM inserted
        INSERT INTO xsb(学号, 姓名, 专业)
            VALUES(@XH, @XM, @ZY)
        INSERT INTO cjb VALUES(@XH, @KCH, @CJ)
    END
```

向视图插入一行数据：

```
INSERT INTO stu_view VALUES('201302', '计算机', '101', 85 )
```

查看 stu_view 视图和与视图关联的 xsb 基表数据是否插入：

```
SELECT * FROM stu_view WHERE 学号= '201302'
SELECT * FROM xsb WHERE 学号= '201302'
```

执行结果如图 7.6 所示。

图 7.6　执行结果

　　向视图插入数据的 INSERT 语句实际执行插入操作的语句是 INSTEAD OF 触发器中的 SQL 语句。由于 xsb 表中"姓名"列不能为空，所以在向 xsb 表插入数据时给姓名设置了一个默认值。总学分默认值虽然为 0，但结果中为 5，这是因为在 cjb 表中定义了一个 INSERT 触发器。

7. 创建 DDL 触发器

语法格式：

```
CREATE TRIGGER 触发器名
    ON { ALL SERVER | DATABASE }
[ WITH ENCRYPTION ]
{ FOR | AFTER } { 事件类型 | 事件组 } [ , ... ]
AS
{
    SQL 语句[ ; ] [ ... ]
    | EXTERNAL NAME 程序集名.类名.方法名
}
```

　　（1）ALL SERVER | DATABASE：ALL SERVER 关键字是指将当前 DDL 触发器的作用域应用于当前服务器。DATABASE 是指将当前 DDL 触发器的作用域应用于当前数据库。
　　（2）事件类型：执行之后将导致触发 DDL 触发器的 T-SQL 语句事件的名称。当 ON 关键字后面指定 DATABASE 选项时使用该名称。值得注意的是，每个事件对应的 T-SQL 语句有一些修改，如果要在使用 CREATE TABLE 语句时激活触发器，AFTER 关键字后面的名称为 CREATE_TABLE，在关键字之间包含下画线（"_"）。"事件类型"选项的值可以是 CREATE_TABLE、ALTER_TABLE、DROP_TABLE、CREATE_USER、CREATE_VIEW 等。
　　（3）事件组：预定义的 T-SQL 语句事件分组的名称。ON 关键字后面指定为 ALL SERVER 选项时使用该名称，如 CREATE_DATABASE、ALTER_DATABASE 等。
　　其他选项与创建 DML 触发器语法相同。

【例 7.17】　创建 xscj 数据库作用域的 DDL 触发器，当删除一个表时，提示禁止该操作，然后回滚删除表的操作。

```
USE xscj
GO
CREATE TRIGGER safety  ON DATABASE
    AFTER DROP_TABLE
    AS
        PRINT '不能删除该表'
        ROLLBACK TRANSACTION
```

图 7.7　执行结果

尝试删除表 table1：

```
DROP TABLE table1
```

执行结果如图 7.7 所示。

读者可以自行查看 table1 表是否被删除。

> ROLLBACK TRANSACTION 语句用于回滚之前所做的修改，将数据库恢复到原来的状态。

【例 7.18】 创建服务器作用域的 DDL 触发器，当删除一个数据库时，提示禁止该操作并回滚删除数据库的操作。

```
CREATE TRIGGER safety_server  ON ALL SERVER
    AFTER DROP_DATABASE
    AS
        PRINT '不能删除该数据库'
        ROLLBACK TRANSACTION
```

7.2.3　触发器的修改：ALTER TRIGGER

要修改触发器执行的操作，可以使用 ALTER TRIGGER 语句。

（1）修改 DML 触发器的语法格式：

```
ALTER TRIGGER 架构名.触发器名
    ON（表 | 视图）
[ WITH ENCRYPTION ]
( FOR | AFTER | INSTEAD OF )
{ [ DELETE ] [ , ] [ INSERT ] [ , ] [ UPDATE ] }
[ NOT FOR REPLICATION ]
    AS
{
    SQL 语句[ ; ] [ ... ]
    | EXTERNAL NAME 程序集名.类名.方法名
}
```

（2）修改 DDL 触发器的语法格式：

```
ALTER TRIGGER 触发器名
    ON { DATABASE | ALL SERVER }
[ WITH ENCRYPTION ]
{ FOR | AFTER } { 事件类型[ , ... ] | 事件组 }
    AS
{
    SQL 语句[ ; ]
    | EXTERNAL NAME 程序集名.类名.方法名[ ; ]
}
```

> "触发器名"为要修改的触发器的名称，该触发器必须在数据库中已经存在。ALTER TRIGGER 语句其他语法与 CREATE TRIGGER 语句类似，这里不再重复说明。

【例 7.19】　修改 xscj 数据库中在 xsb 表上定义的触发器 xsb_delete，将其修改为 UPDATE 触发器。

```
USE xscj
GO
ALTER TRIGGER xsb_delete ON xsb  FOR UPDATE
    AS
        PRINT '执行的操作是修改'
```

7.2.4　触发器的删除：DROP TRIGGER

触发器本身是存在于表中的，因此，当表被删除时，表中的触发器也将一起被删除。删除触发器使用 DROP TRIGGER 语句。

语法格式：

```
DROP TRIGGER 架构名.触发器名 [ ,... ] [ ; ]                      /*删除 DML 触发器*/
DROP TRIGGER 触发器名 [ ,... ] ON { DATABASE | ALL SERVER } [ ; ]    /*删除 DDL 触发器*/
```

　　　　"触发器名"为要删除的触发器名称，可以包含触发器的架构名。如果是删除 DDL 触发器，则要使用 ON 关键字指定在数据库作用域还是服务器作用域。

【例 7.20】　删除 DML 触发器 xsb_delete。

```
IF EXISTS (SELECT name FROM sysobjects WHERE name = 'xsb_delete')
    DROP TRIGGER xsb_delete
```

　　　　DML 触发器创建后名称一般保存在系统表 sysobjects 中，在删除前可以先判断该触发器的名称是否存在。

【例 7.21】　删除 DDL 触发器 safety。

```
DROP TRIGGER safety ON DATABASE
```

7.2.5　界面方式操作触发器

1．创建触发器

（1）通过界面方式只能创建 DML 触发器。在"对象资源管理器"中展开"数据库"→"xscj"→"表"→"dbo.xsb"，选择其中的"触发器"目录，在该目录下可以看到之前已经创建的 xsb 表的触发器。右键单击"触发器"，在弹出的快捷菜单中选择"新建触发器"菜单项。在打开的"触发器脚本编辑"窗口输入相应的创建触发器的命令。输入完成后，单击"执行"按钮，若执行成功，则触发器创建完成。

（2）查看 DDL 触发器。DDL 触发器不可以使用界面方式创建，DDL 触发器分为数据库触发器和服务器触发器，展开"数据库"→"xscj"→"可编程性"→"数据库触发器"，可以查看到有哪些数据库触发器。展开"数据库"→"服务器对象"→"触发器"，可以查看到有哪些服务器触发器。

2．修改触发器

DML 触发器能够使用界面方式修改，DDL 触发器则不可以。进入"对象资源管理器"，修改触发器的步骤与创建的步骤相同，在"对象资源管理器"中选择要修改的触发器，单击鼠标右键，在弹出的快捷菜单中选择"修改"菜单项，打开"触发器脚本编辑"窗口，在该窗口中可以进行触发器的修改，修改后单击"执行"按钮重新执行即可。但是被设置成"WITH ENCRYPTION"的触发器是不能被修改的。

3．删除触发器

（1）删除 DML 触发器。以 xsb 表的 DML 触发器为例，在"对象资源管理器"中展开"数据库"→"xscj"→"表"→"dbo.xsb"→"触发器"，选择要删除的触发器名称，单击鼠标右键，在弹出的快捷菜单中选择"删除"菜单项，在弹出的"删除对象"窗口中单击"确定"按钮，即可完成触发器的删除操作。

（2）删除 DDL 触发器。删除 DDL 触发器与删除 DML 触发器的方法类似，首先找到要删除的触发器，单击鼠标右键，选择"删除"选项即可。

习　　题

一、选择题

1. 关于存储过程说法错误的是（　　　）。

    A．是方便用户完成某些功能

    B．用户存储过程是方便用户批量执行 T-SQL 命令

    C．用户存储过程不能调用系统存储过程

    D．应用程序可以调用用户存储过程

2. 存储过程与外界的交互通过（　　　）。

    A．表　　　　　　　　B．输入参数　　　　　C．输出参数　　　　　D．游标

3. 存储过程的修改不能采用（　　　）。

    A．界面方式修改命令方式创建的存储过程　B．ALTER PROCEDURE

    C．先删除再创建　　　　　　　　　　　　D．CREATE PROCEDURE

4. 触发器正确说法是（　　　）。

    A．DML 触发器控制表记录　　　　　　　B．DDL 触发器实现数据库管理

    C．DML 触发器不能控制所有数据完整性　D．触发器中的 T-SQL 代码是事件产生时执行

5. 关于触发器错误说法是（　　　）。

    A．INSERT 触发器先插入记录后判断　　　B．DELETE 触发器先删除记录后判断

    C．UPDATE 触发器先判断再修改记录　　　D．A 和 B

6. 关于触发器错误说法是（　　　）。

    A．游标一般用于存储过程　　　　　　　　B．游标也可用于触发器

    C．应用程序可以调用触发器　　　　　　　D．触发器一般是针对表

二、说明题

1. 试说明存储过程的特点及分类。

2. 举例说明存储过程的定义与执行。

3. 什么是 inserted 表和 deleted 表？

4. DML 触发器和 DDL 触发器的区别是什么？在 xscj 数据库的 xsb 表上分别创建一个 DML 和 DDL 触发器。

第8章
备份与恢复

尽管数据库管理系统中采取了各种措施来保证数据库的安全性和完整性，但硬件故障、软件错误、病毒、误操作或故意破坏仍是可能发生的。这些故障会造成运行事务的异常中断，影响数据的正确性，甚至会破坏数据库，使数据库中的数据破坏和丢失。因此数据库管理系统都提供了把数据库从错误状态恢复到某一正确状态的功能，这种功能称为恢复。

数据库的恢复是以备份为基础的，SQL Server 2016 的备份和恢复组件为存储在 SQL Server 中的关键数据提供了重要的保护手段。备份和恢复数据库也可以用于其他目的，如可以通过备份与恢复将数据库从一个服务器移动或复制到另一个服务器。

本章着重讨论备份恢复策略和过程。

8.1　备份和恢复概述

下面分别介绍备份和恢复的概念。

8.1.1　数据库备份概念

SQL Server 2016 提供了多种备份方法，各种方法都有自己的特点。如何根据具体的应用状况选择合适的备份方法是很重要的。设计备份策略的指导思想是：以最小的代价恢复数据。备份与恢复是互相联系的，备份策略与恢复应结合起来考虑。

1. 备份内容

数据库中数据的重要程度决定了数据恢复的必要性与重要性，也就决定了数据是否需要及如何备份。数据库需备份的内容可分为数据文件（包括主要数据文件和次要数据文件）、日志文件两部分。其中，数据文件中所存储的系统数据库是确保 SQL Server 2016 系统正常运行的重要依据，无疑，系统数据库必须完全备份。

2. 由谁做备份

在 SQL Server 2016 中，具有下列角色的成员可以做备份操作：

（1）固定的服务器角色 sysadmin（系统管理员）。

（2）固定的数据库角色 db_owner（数据库所有者）。

（3）固定的数据库角色 db_backupoperator（允许进行数据库备份的用户）。

除了以上 3 个角色之外，还可以通过授权允许其他角色进行数据库备份。有关角色的内容将在第 9 章介绍。

3. 备份介质

备份介质是指将数据库备份到的目标载体，即备份到何处。SQL Server 2016 中，允许使用两种类型的备份介质。

（1）硬盘：最常用的备份介质，可以用于备份本地文件，也可以用于备份网络文件。

（2）磁带：大容量的备份介质，磁带仅可用于备份本地文件。

4. 何时备份

对于系统数据库和用户数据库，其备份时机是不同的。

（1）系统数据库。当系统数据库master、msdb和model中的任何一个被修改以后，都要将其备份。

master数据库包含了SQL Server 2016系统有关数据库的全部信息，即它是"数据库的数据库"。如果master数据库损坏，那么SQL Server 2016可能无法启动，并且用户数据库可能无效。当master数据库被破坏而没有master数据库的备份时，就只能重建全部的系统数据库。

当修改了系统数据库msdb或model时，也必须对它们进行备份，以便在系统出现故障时恢复作业，以及用户创建的数据库信息。

不要备份数据库tempdb，因为它仅包含临时数据。

（2）用户数据库。当创建数据库或加载数据库时，应备份数据库；当为数据库创建索引时，应备份数据库，以便恢复时能够大大节省时间。

当清理了日志或执行了不记日志的T-SQL命令时，应备份数据库，这是因为若日志记录被清除或命令未记录在事务日志中，日志中将不包含数据库的活动记录，因此不能通过日志恢复数据。不记日志的命令有BACKUP LOG WITH NO_LOG、WRITETEXT、UPDATETEXT、SELECT INTO、命令行实用程序、BCP命令等。

5. 限制的操作

SQL Server 2016在执行数据库备份的过程中，允许用户对数据库继续操作，但不允许用户在备份时执行下列操作：创建或删除数据库文件；创建索引；不记日志的命令。

若在系统正执行上述操作中的任何一种时试图进行备份，则备份进程不能执行。

6. 备份方法

数据库备份常用的两类方法是完全备份和差异备份。完全备份每次都备份整个数据库或事务日志，差异备份则只备份自上次备份以来发生过变化的数据库的数据。差异备份也称为增量备份。

SQL Server 2016中有两种基本的备份：一是只备份数据库，二是备份数据库和事务日志，它们又都可以与完全或差异备份相结合。另外，当数据库很大时，也可以进行个别文件或文件组的备份，从而将数据库备份分割为多个较小的备份过程。这样就形成了以下4种备份方法。

（1）完全数据库备份。这种方法按常规定期备份整个数据库，包括事务日志。当系统出现故障时，可以恢复到最近一次数据库备份时的状态，但自该备份后所提交的事务都将丢失。

完全数据库备份的主要优点是简单，备份是单一操作，可按一定的时间间隔预先设定，恢复时只需一个步骤就可以完成。

若数据库不大，或者数据库中的数据变化很少甚至是只读的，那么就可以对其进行完全数据库备份。

（2）数据库和事务日志备份。这种方法不需很频繁地定期进行数据库备份，而是在两次完全数据库备份期间，进行事务日志备份，所备份的事务日志记录了两次数据库备份之间所有的数据库活动记录。当系统出现故障后，能够恢复所有备份的事务，而只丢失未提交或提交但未执行完的事务。

执行恢复时，需要两步：首先恢复最近的完全数据库备份，然后恢复在该完全数据库备份以后的所有事务日志备份。

（3）差异备份。差异备份只备份自上次数据库备份后发生更改的部分数据库，它用来扩充完全数据库备份或数据库和事务日志备份方法。对于一个经常修改的数据库，采用差异备份策略可以减少备份和恢复时间。差异备份比全量备份工作量小而且备份速度快，对正在运行的系统影响也较小，因此可以更经常地备份。经常备份将减少丢失数据的危险。

使用差异备份方法，执行恢复时，若是数据库备份，则用最近的完全数据库备份和最近的差异数据库备份来恢复数据库；若是差异数据库和事务日志备份，则需用最近的完全数据库备份和最近的差异备份后的事务日志备份来恢复数据库。

（4）数据库文件或文件组备份。这种方法只备份特定的数据库文件或文件组，同时还要定期备份事务日志，这样在恢复时可以只还原已损坏的文件，而不用还原数据库的其余部分，从而加快了恢复速度。

对于被分割在多个文件中的大型数据库，可以使用这种方法进行备份。例如，如果数据库由几个在物理上位于不同磁盘上的文件组成，当其中一个磁盘发生故障时，只需还原发生了故障的磁盘上的文件。文件或文件组备份和还原操作必须与事务日志备份一起使用。

文件或文件组备份能够更快地恢复已隔离的媒体故障，迅速还原损坏的文件，在调度和媒体处理上具有更大的灵活性。

8.1.2　数据库恢复概念

数据库恢复就是当数据库出现故障时，将备份的数据库加载到系统，从而使数据库恢复到备份时的正确状态。

恢复是与备份相对应的系统维护和管理操作。系统进行恢复操作时，先执行一些系统安全性的检查，包括检查所要恢复的数据库是否存在、数据库是否变化，以及数据库文件是否兼容等，然后根据所采用的数据库备份类型采取相应的恢复措施。

与备份操作相比，恢复操作较为复杂，因为它是在系统异常的情况下执行的操作。通常恢复要经过以下两个步骤。

1．准备工作

数据库恢复的准备工作包括系统安全性检查和备份介质验证。在进行恢复时，系统先执行安全性检查、重建数据库及其相关文件等操作，保证数据库安全地恢复，这是数据库恢复必要的准备，可以防止错误的恢复操作。例如，用不同的数据库备份或用不兼容的数据库备份信息覆盖某个已存在的数据库。当系统发现出现了以下情况时，恢复操作将不进行：

（1）指定要恢复的数据库已存在，但在备份文件中记录的数据库与其不同；

（2）服务器上数据库文件集与备份中的数据库文件集不一致；

（3）未提供恢复数据库所需的所有文件或文件组。

安全性检查是系统在执行恢复操作时自动进行的。恢复数据库时，要确保数据库的备份是有效的，即要验证备份介质，得到数据库备份的信息。这些信息包括：

- 备份文件或备份集名及描述信息；
- 所使用的备份介质类型（磁带或磁盘等）；
- 所使用的备份方法；
- 执行备份的日期和时间；
- 备份集的大小；
- 数据库文件及日志文件的逻辑和物理文件名；
- 备份文件的大小。

2．执行恢复数据库的操作

可以使用图形向导方式或 T-SQL 语句执行恢复数据库的操作。

8.2 数据库备份

进行数据库备份时，首先必须创建用来存储备份的备份设备。备份设备一般是硬盘。备份设备分为永久备份设备和临时备份设备两类。创建备份设备后，才能将需要备份的数据库备份到备份设备中。创建备份设备和数据库备份可通过 SMSS 或 T-SQL 命令进行。

8.2.1 创建命名备份设备

1．创建备份设备

备份设备总是有一个物理名称，这个物理名称是操作系统访问物理设备时所使用的名称。若使用磁盘设备备份，那么备份设备实际上就是磁盘文件。

描述物理文件名需要指定盘符、路径、文件名等。SQL Server 可以直接使用物理文件名进行备份，但使用逻辑名进行备份更加方便。我们可以根据自己的喜好确定一个方便记忆的名称作为逻辑名，并将它与物理名相对应，以后需要备份时就可以使用已经命名的逻辑名，实际还是存储在对应物理名对应的设备中。

可使用系统存储过程 sp_addumpdevice 和 SMSS 创建逻辑备份设备。

（1）执行系统存储过程 sp_addumpdevice 创建命名备份设备，也可以将数据定向到命名管道。

语法格式：

```
sp_addumpdevice [ @devtype = ] '设备类型',
    [ @logicalname = ] '逻辑名',
    [ @physicalname = ] '物理名'
```

说明 "设备类型"指出介质类型，可以是 DISK（硬盘文件）或者 TAPE（磁带）。

【例 8.1】 在本地硬盘上创建一个备份设备。

```
EXEC sp_addumpdevice 'DISK', 'myBK1',
    'E:\Data\MSSQL2008\myBK1.bak'
```

其中，所创建的备份设备的逻辑名是 myBK1；所创建的备份设备的物理名是 E:\Data\ MSSQL 2008\myBK1.bak。注意：备份设备的物理文件一定不能直接保存在磁盘根目录下。

图 8.1 备份设备

命令执行后，在"对象资源管理器"中展开"服务器对象"，在"备份设备"的列表上可以看到上例中使用系统存储过程创建的备份设备"myBK1" 逻辑设备。因为还没有执行数据库备份操作，所以对应的目录中存放内容的物理文件还没有产生。

（2）使用"对象资源管理器"创建逻辑备份设备。选择"备份设备"，单击鼠标右键，在弹出的快捷菜单中选择"新建备份设备"菜单项。在打开的"备份设备"窗口中分别输入备份设备的名称和完整的物理路径名，如图 8.1 所示。

单击"确定"按钮，创建备份设备"myBK2, 对

应的文件为 "E:\Data\MSSQL2008\myBK2.bak"。

（3）当所创建的 "命名备份设备" 不再需要时，可以用系统存储过程 sp_dropdevice 删除它。例如：

```
EXEC sp_dropdevice 'myBK2', DELFILE
```

因为后面需要使用 myBK2 备份设备，实际不要执行删除操作。

2. 使用多个备份设备

SQL Server 可以同时向多个备份设备写入数据，即进行并行的备份。并行备份将需备份的数据分别备份在多个设备上，这多个备份设备构成了备份集。图 8.2 所示为在多个备份设备上进行备份及由备份的各组成部分形成备份集。

图 8.2　使用多个备份设备及备份集

使用并行备份可以减少备份操作的时间。例如，使用 3 个磁盘设备进行并行备份，比只使用一个磁盘设备进行备份，在正常情况下可以减少 2/3 的时间。

在用多个备份设备进行并行备份时，要注意：

（1）设备备份操作使用的所有设备必须具有相同的介质类型；

（2）多设备备份操作使用的设备其存储容量和运行速度可以不同；

（3）可以使用命名备份设备与临时备份设备的组合；

（4）从多设备备份恢复时，不必使用与备份时相同数量的设备。

8.2.2　命令方式备份数据库：BACKUP DATABASE

规划了备份的策略，确定了备份设备后，就可以执行实际的备份操作了。可以使用 "对象资源管理器" "备份向导" 或 "T-SQL 命令" 执行备份操作。

本小节讨论 T-SQL 提供的备份命令—BACKUP，该语句用于备份整个数据库、差异备份数据库、备份特定的文件或文件组及备份事务日志。

1. 临时备份数据库

如果备份数据库只做临时性存储之用（例如，如果只要进行数据库的一次性备份或测试自动备份操作），直接使用物理名备份。

语法格式：

```
BACKUP DATABASE { 数据库名 | @数据库名变量 }
    TO <备份文件> [, … ]
```

【例 8.2】　在磁盘上创建一个临时备份文件 tmpxscj.bak，它用来备份数据库 xscj。

```
BACKUP DATABASE xscj TO  DISK='E:\Data\MSSQL2008\tmpxscj.bak'
```

命令执行后，在'E:\Data\MSSQL2008 目录下生成了 tmpxscj.bak 文件。

2. 备份整个数据库

BACKUP DATABASE 命令，语法格式：

```
BACKUP DATABASE { 数据库名 | @数据库名变量 }          /*被备份的数据库名*/
    TO <备份设备> [ , ... ]                          /*指出备份目标设备*/
[ MIRROR TO <备份设备> ... ]
[ WITH INIT|NOINIT ]
[ WITH NAME='名称' ]
```

（1）数据库名：将此名称的数据库备份到指定的备份设备。

其中，参数"数据库名"指定了一个数据库，表示从该数据库中对事务日志和完整的数据库进行备份。如果要备份的数据库以变量（@数据库名变量）形式提供，则可将该名称指定为字符串常量（@数据库名变量=数据库名）或字符串数据类型（ntext 和 text 数据类型除外）的变量。

（2）TO <备份设备>：指定备份操作时要使用的逻辑或物理备份设备，最多可指定 64 个备份设备。<备份设备>可以是下列一种或多种格式。

格式一：

```
{ 逻辑备份设备名 } | { @逻辑备份设备名变量 }
```

这是由界面方式或系统存储过程 sp_addumpdevice 已经创建的备份设备的逻辑名称，数据库将备份到该设备中，其名称必须遵守标识符规则。如果将其作为变量（@逻辑备份设备名变量）提供，则可将该备份设备名称指定为字符串常量（@逻辑备份设备名变量=逻辑备份设备名）或字符串数据类型（ntext 和 text 数据类型除外）的变量。

格式二：

```
{ DISK } = '物理备份设备名' | @物理备份设备名变量
```

这种格式允许在指定的磁盘或磁带设备上创建备份。在执行 BACKUP 语句之前不必创建指定的物理设备。如果指定的备份设备已存在且 BACKUP 语句中没有指定 INIT 选项，则备份将追加到该设备。

当指定 TO DISK 时，必须输入完整的路径和文件名。当指定多个文件时，可以混合逻辑文件名（或变量）和物理文件名（或变量）。

（3）MIRROR TO 子句：表示伴随的备份设备组是包含 2~4 个镜像服务器的镜像媒体集中的一个镜像。若要指定镜像媒体集，针对第一个镜像服务器设备使用 TO 子句，后面最多跟 3 个 MIRROR TO 子句。备份设备必须在类型和数量上等同于 TO 子句中指定的设备。在镜像媒体集中，所有的备份设备必须具有相同的属性。

（4）WITH INIT | NOINIT：选择 INIT，备份内容覆盖原来文件内容。NOINIT(默认状态))备份内容追加在原来文件内容的后面。

对于 WITH NAME='名称'，用于对本次备份对于一个名称。

使用"对象资源管理器"查看备份设备的内容，步骤如下：

在"对象资源管理器"中展开"服务器对象"→"备份设备"，选定要查看的备份设备，单击鼠标右键，在弹出的快捷菜单中选择"属性"菜单项，在打开的"备份设备"窗口中显示所要查看的备份设备的内容。

以下是一些使用 BACKUP 语句进行完全数据库备份的例子。

【例 8.3】 将数据库 xscj 完全备份到 myBK1 逻辑设备上。

```
BACKUP DATABASE xscj TO myBK1
```

执行结果如图 8.3 所示。

图 8.3 完全备份 xscj 数据库

命令执行后，在'E:\Data\MSSQL2008 目录下生成了 myBK1.bak 文件。

说明

主要消息显示当前数据库保存在文件 1 位置，如果重复执行上述命令，因为没有选择 "WITH INIT" 选项，系统默认 "WITH NOINIT"，数据库的备份内容将追加在文件的后面。在 "消息" 显示中出现 "(位于文件 2)"。

如果在这两个备份之间数据库的内容不同，在恢复时可以根据文件位置确认恢复的数据库内容的时间。

如果执行下列命令，将覆盖该设备中原有的内容：

```
BACKUP DATABASE xscj TO myBK1 WITH INIT
```

【例 8.4】 将数据库 xscj 备份到多个备份设备。

```
EXEC sp_addumpdevice 'DISK','myBK3_1','E:\Data\MSSQL2008\myBK3_1.bak'
EXEC sp_addumpdevice 'DISK','myBK3_2','E:\Data\MSSQL2008\myBK3_2.bak'
BACKUP DATABASE xscj TO myBK3_1, myBK3_2
    WITH NAME = 'xscjbk'
```

命令执行后，"刷新" 备份设备，系统多出了 myBK3_1 和 myBK3_2 备份设备，在 E:\Data\MSSQL2008 目录下生成了 myBK3_1.bak 和 myBK3_2.bak 文件。

注意

myBK3_1 和 myBK3_2 备份设备是一个整体，不能单独删除其中的一个。对应 myBK3_1.bak 和 myBK3_2.bak 文件也是一样。

单击 myBK3_1 备份设备，按右键， 选择 "属性"，系统显示介质内容页如图 8.4 所示。

图 8.4 备份设备属性——介质内容页

"备份集"的名称为"xscjbk"， myBK3_2 备份设备的属性中"备份集"的名称与 myBK3_1 相同。

3. 差异备份数据库

对于需频繁修改的数据库，进行差异备份可以缩短备份和恢复的时间。只有当已经执行了完全数据库备份后才能执行差异备份。在进行差异备份时，SQL Server 将备份从最近的完全数据库备份后数据库发生了变化的部分。

语法格式：

```
BACKUP DATABASE { 数据库名 | @数据库名变量 }
    READ_WRITE_FILEGROUPS
    [ , FILEGROUP = { 逻辑文件组名 | @逻辑文件组名变量 } …]
TO <备份设备> [ , … ]
[ MIRROR TO <备份设备> … ]
[WITH DIFFERENTIAL]
```

（1）DIFFERENTIAL：表示差异备份的关键字。

（2）READ_WRITE_FILEGROUPS：指定在部分备份中备份所有读/写文件组。

（3）FILEGROUP：包含在部分备份中的读写文件组的逻辑名称或变量的逻辑名称。

SQL Server 执行差异备份时需注意下列几点：

（1）若在上次完全数据库备份后，数据库的某行被修改了，则执行差异备份只保存最后一次改动的值；

（2）为了使差异备份设备与完全数据库备份设备区分开来，应使用不同的设备名。

【例 8.5】 创建临时备份并在所创建的临时备份设备上进行差异备份。

```
BACKUP DATABASE xscj TO
    DISK ='E:\Data\MSSQL2008\xscjDIFbk.bak' WITH DIFFERENTIAL
```

4. 备份数据库文件或文件组

当数据库非常大时，可以进行数据库文件或文件组的备份。

语法格式：

```
BACKUP DATABASE { 数据库名 | @数据库名变量 }
    <文件或文件组> [ , … ]                              /*指定文件或文件组名*/
TO <备份设备> [ , … ]
[ MIRROR TO <备份设备> … ]
```

其中：

```
<文件或文件组>::=
{
    FILE = { 逻辑文件名 | @逻辑文件名变量 }
    | FILEGROUP = { 逻辑文件组名 | @逻辑文件组名变量 }
}
```

（1）<文件或文件组>：指定需要备份数据库文件或文件组。

（2）FILE 选项：指定一个或多个包含在数据库备份中的文件命名。

（3）FILEGROUP 选项：指定一个或多个包含在数据库备份中的文件组命名。

必须先通过使用 BACKUP LOG 将事务日志单独备份，才能使用文件和文件组备份来恢复数据库。

使用数据库文件或文件组备份时，要注意以下几点：

（1）必须指定文件或文件组的逻辑名；

（2）必须执行事务日志备份，以确保恢复后的文件与数据库其他部分的一致性；

（3）应轮流备份数据库中的文件或文件组，以使数据库中的所有文件或文件组都定期得到备份。

【例 8.6】 设 test2 数据库有 2 个数据文件 test2_data1 和 test2_data1，事务日志存储在文件 test2_log1 中。如图 8.5 所示。

要求将文件 test2_data1 备份到备份设备 myBK1 中。

```
BACKUP DATABASE test2  FILE ='test2_data1'  TO  myBK1
```

图 8.5　test2 数据库文件

5. 事务日志备份

备份事务日志用于记录前一次的数据库备份或事务日志备份后数据库所做出的改变。事务日志备份需在一次完全数据库备份后进行，这样才能将事务日志文件与数据库备份一起用于恢复。当进行事务日志备份时，系统进行下列操作：

（1）将事务日志中从前一次成功备份结束位置开始，到当前事务日志结尾处的内容进行备份。

（2）标识事务日志中活动部分的开始，所谓事务日志的活动部分指从最近的检查点或最早的打开位置开始至事务日志的结尾处。

进行事务日志备份使用 BACKUP LOG 语句。语法格式：

```
BACKUP LOG
    ......                        /*其余选项与数据库的完全备份 BACKUP 相同*/
WITH
    { NORECOVERY | STANDBY = 撤销文件名}
    [, NO_TRUNCATE ]
```

（1）NORECOVERY：该选项将内容备份到日志尾部，不覆盖原有的内容。

（2）STANDBY：该选项将备份日志尾部，并使数据库处于只读或备用模式。其中"撤销文件名"指定容纳回滚（roll back）更改的存储文件。如果随后执行操作，则必须撤销这些回滚更改。如果指定的撤销文件名不存在，SQL Server 将创建该文件；如果该文件已存在，则 SQL Server 将重写它。

（3）NO_TRUNCATE：若数据库被损坏，使用该选项可以备份最近的所有数据库活动，SQL Server 将保存整个事务日志。当执行恢复时，可以恢复数据库和事务日志。

BACKUP LOG 语句指定只备份事务日志，所备份的日志内容范围是从上一次成功执行了事务日志备份之后到当前事务日志的末尾。该语句大部分选项的含义与 BACKUP DATABASE 语句中同名选项的含义相同。

【例 8.7】 创建一个命名的备份设备 xscjLOGBK，并备份 xscj 数据库的事务日志。

```
USE xscj
GO
EXEC sp_addumpdevice 'DISK' , 'xscjLOGBK' , 'E:\Data\xscjlog.bak'
BACKUP LOG xscj TO xscjLOGBK
```

8.2.3 界面方式备份数据库

以备份 xscj 数据库为例，采用前面 E:\Data 目录创建的备份设备 myBK2。

（1）在"对象资源管理器"中选择"管理"，单击鼠标右键，在弹出的快捷菜单中选择"备份"菜单项。或者选择需要恢复的数据库（如"xscj"），单击鼠标右键，在弹出的快捷菜单中选择"任务"菜单项，在弹出的"任务"子菜单中选择"备份"菜单项，在弹出的"备份"子菜单中选择"数据库"菜单项，进入"备份数据库-xscj"窗口。

（2）在打开的"备份数据库"窗口中选择要备份的数据库名，如 xscj；在"备份类型"栏选择备份的类型，有 3 种类型："完整""差异""事务日志"，这里选择"完整"；在"备份组件"栏选择备份"数据库"还是"文件或文件组"，如果选择"文件或文件组"，则可以在弹出的"选择文件或文件组"窗口中选择需要备份的文件或文件组，这里选择"数据库"；在选定了要备份的数据库之后，可以在"名称"栏填写备份集的名称，在"说明"栏填写备份的描述；介质类型默认为磁盘，"备份到"文本框中可采用系统默认的路径和文件名，如图 8.6 所示。

图 8.6 "备份数据库"窗口

（3）也可在"备份到"中将系统默认的路径和文件名删除，然后添加自己的路径和文件名。单击"添加"按钮在"选择备份目标"对话框中有两个选项："文件名"和"备份设备"。选择"备份设备"选项，在下拉框中选择目标备份设备，如前面已经创建的"myBK2"，当然，也可以选择"文件名"选项，然后选择备份设备的物理文件来进行备份。

（4）将不需要的备份目标选择后单击"删除"按钮删除，最后备份目标选择为"myBK2"，单击"确定"按钮，执行备份操作。

在"对象资源管理器"中进行备份，也可以将数据库备份到多个备份介质，只需在选择备份介质时，多次使用"添加"按钮进行选择，指定多个备份介质。然后单击"备份数据库"窗口左边的"选项"页，选择"备份到新媒体集并清除所有现有备份集"，单击"确定"按钮。

8.3 数据库恢复

恢复是与备份相对应的操作，备份的主要目的是为了在系统出现异常情况（如硬件失败、系统软件瘫痪或误操作而删除了重要数据等）时将数据库恢复到某个正常的状态。

8.3.1　检查点

先了解一下与数据库恢复操作关系密切的一个概念—检查点（Check Point）。在 SQL Server 运行过程中，数据库的大部分页存储于磁盘的主数据文件和辅数据文件中，而正在使用的数据页则存储在主存储器的缓冲区中，所有对数据库的修改都记录在事务日志中。日志记录每个事务的开始和结束，并将每个修改与一个事务相关联。

SQL Server 系统在日志中存储有关信息，以便在需要时可以恢复（前滚）或撤销（回滚）构成事务的数据修改。日志中的每条记录都有一个唯一的日志序号（LSN）标识，事务的所有日志记录都链接在一起。

SQL Server 系统对修改过的数据缓冲区的内容并不是立即写回磁盘，而是控制写入磁盘的时间，它将在缓冲区内修改过的数据页存入高速缓存一段时间后再写入磁盘，从而实现优化磁盘写入。将包含被修改过但尚未写入磁盘的数据缓冲区页称为脏页，将脏缓冲区页写入磁盘称为刷新页。对被修改过的数据页进行高速缓存时，要确保在将相应的内存日志映像写入日志文件之前没有刷新任何数据修改，否则将不能在需要时进行回滚。

为了保证能恢复所有对数据页的修改，SQL Server 采用预写日志的方法，即将所有内存日志映像都在相应的数据修改前写入磁盘。只要所有日志记录都已刷新到磁盘，则即使在被修改的数据页未被刷新到磁盘的情况下，系统也能够恢复。这时系统恢复可以只使用日志记录，进行事务前滚或回滚，执行对数据页的修改。

SQL Server 系统定期将所有脏日志和数据页刷新到磁盘，称之为检查点。检查点从当前数据库的高速缓冲存储器中刷新脏数据和日志页，以尽量减少在恢复时必须前滚的修改量。

SQL Server 恢复机制能够通过检查点在检查事务日志时保证数据库的一致性，在对事务日志进行检查时，系统将从最后一个检查点开始检查事务日志，以发现数据库中所有数据的改变。若发现有尚未写入数据库的事务，则将它们对数据库的改变写入数据库。

8.3.2　命令方式恢复数据库：RESTORE DATABASE

SQL Server 进行数据库恢复时，将自动执行下列操作以确保数据库迅速而完整地还原。

（1）进行安全检查。安全检查是系统的内部机制，是数据库恢复时的必要操作，它可以防止由于偶然的误操作而使用了不完整的信息或其他数据库备份来覆盖现有的数据库。

当出现以下几种情况时，系统将不能恢复数据库：
- 使用与被恢复的数据库名称不同的数据库名去恢复数据库；
- 服务器上的数据库文件组与备份的数据库文件组不同；
- 需恢复的数据库名或文件名与备份的数据库名或文件名不同，那么 SQL Server 将拒绝此恢复过程。

（2）重建数据库。当从完全数据库备份中恢复数据库时，SQL Server 将重建数据库文件，并把所重建的数据库文件置于备份数据库时这些文件所在的位置，所有的数据库对象都将自动重建，用户无需重建数据库的结构。

在 SQL Server 中，恢复数据库的语句是 RESTORE。

1.　恢复数据库的准备

在进行数据库恢复之前，RESTORE 语句要校验有关备份集或备份介质的信息，其目的是确保数据库备份介质是有效的。有两种方法可以得到有关数据库备份介质的信息。

（1）界面方式查看所有备份介质的属性

在"对象资源管理器"中展开"服务器对象"，在其中的"备份设备"中选择欲查看的备份介质，单击鼠标右键，在弹出的快捷菜单中选择"属性"菜单项。

在打开的"备份设备"窗口中单击"媒体内容"选项页，将显示所选备份介质的有关信息，如备份介质所在的服务器名、备份数据库名、备份类型、备份日期、到期日及大小等信息。

（2）使用命令得到有关备份介质更详细的信息

RESTORE HEADERONLY 语句的执行结果是在特定的备份设备上检索所有备份集的所有备份首部信息。

语法格式：

```
RESTORE HEADERONLY FROM <备份设备>              /*指定还原时要使用的逻辑或物理备份设备*/
......
```

RESTORE FILELISTONLY 语句可获得备份集内包含的数据库和日志文件列表组成的结果集信息。RESTORE LABELONLY 语句可获得由有关给定备份设备所标识的备份媒体的信息组成的结果集信息。RESTORE VERIFYONLY 语句可以检查备份集是否完整，以及所有卷是否都可读。其具体语法格式与 RESTORE HEADERONLY 语句类似，这里不再列出。

2. 命令方式恢复数据库说明

使用 RESTORE 语句可以恢复用 BACKUP 命令所做的各种类型的备份，但是需要注意的是：对于使用完全恢复模式或大容量日志恢复模式的数据库，大多数情况下，在完整恢复模式或大容量日志恢复模式下，SQL Server 2016 要求先备份日志尾部，然后还原当前附加在服务器实例上的数据库。

"尾日志备份"可捕获尚未备份的日志（日志尾部），是恢复计划中的最后一个相关备份。除非RESTORE 语句包含 WITH REPLACE 或 WITH STOPAT 子句，否则还原数据库而不先备份日志尾部将导致错误。

与正常日志备份相似，尾日志备份将捕获所有尚未备份的事务日志记录，但尾日志备份与正常日志备份在下列几个方面有所不同。

（1）如果数据库损坏或离线，则可以尝试进行尾日志备份。仅当日志文件未损坏且数据库不包含任何大容量日志更改时，尾日志备份才会成功。如果数据库包含要备份的、在记录间隔期间执行的大容量日志更改，则仅在所有数据文件都存在且未损坏的情况下，尾日志备份才会成功。

（2）尾日志备份可使用 COPY_ONLY 选项独立于定期日志备份进行创建。仅复制备份不会影响备份日志链。事务日志不会被尾日志备份截断，并且捕获的日志将包括在以后的正常日志备份中。这样就可以在不影响正常日志备份过程的情况下进行尾日志备份，例如，为了准备进行在线还原。

（3）如果数据库损坏，尾日志可能会包含不完整的元数据，这是因为某些通常可用于日志备份的元数据在尾日志备份中可能会不可用。使用 CONTINUE_AFTER_ERROR 进行的日志备份可能会包含不完整的元数据，这是因为此选项将通知进行日志备份，而不考虑数据库的状态。

（4）在创建尾日志备份时，也可以同时使数据库变为还原状态。使数据库离线可保证尾日志备份包含对数据库所做的所有更改，并且随后不对数据库进行更改。

3. 恢复整个数据库命令

当存储数据库的物理介质被破坏，或整个数据库被误删除或被破坏时，就要恢复整个数据库。在恢复整个数据库时，SQL Server 系统将重新创建数据库及与数据库相关的所有文件，并将文件存放在原来的位置。

语法格式：

```
RESTORE DATABASE { 数据库名 |  @数据库名变量 }         /*指定被还原的目标数据库*/
[ FROM <备份设备> [ , ... ] ]                        /*指定备份设备*/
[ WITH RECOVERY | NORECOVERY | STANDBY =
```

```
        {备用文件名 | @备用文件名变量}
]
......
```

【例 8.8】 使用 RESTORE 语句从一个已存在的命名备份介质 xscjBK1 中恢复整个数据库 xscj。

首先创建备份设备 xscjBK1：

```
USE xscj
GO
EXEC sp_addumpdevice 'DISK', 'xscjBK1',
      'E:\Data\xscjBK1.bak'
```

使用 BACKUP 命令对 xscj 数据进行完全备份：

```
BACKUP DATABASE xscj
    TO xscjBK1
```

接着，在恢复数据库之前，用户可以对 xscj 数据库做一些修改，如删除其中一个表，以便确认是否恢复了数据库。

恢复数据库的命令如下：

```
RESTORE DATABASE xscj
    FROM xscjBK1
    WITH FILE=1, REPLACE
```

（1）在恢复前需要打开备份设备的属性页，查看数据库备份在备份设备中的位置，如果备份的位置为 2，那么 WITH 子句的 FILE 选项值就要设为 2。命令执行成功后用户可查看数据库是否恢复。

（2）如果被恢复的数据库存在快照，则数据库不能恢复。需要先删除该数据库的快照。

4. 恢复数据库的部分内容命令

应用程序或用户的误操作，如无效更新或误删表格等，往往只影响到数据库的某些相对独立的部分。在这些情况下，SQL Server 提供了将数据库的部分内容还原到另一个位置的机制，以使损坏或丢失的数据可复制回原始数据库。

5. 恢复特定的文件或文件组

若某个或某些文件被破坏或被误删除，则可以从文件或文件组备份中进行恢复，而不必进行整个数据库的恢复。

6. 恢复事务日志

使用事务日志恢复，可将数据库恢复到指定的时间点。

语法格式：

```
RESTORE LOG { 数据库名 | @数据库名变量 }
[ <文件或文件组> [ , ... ] ]
[ FROM <备份设备> [ , ... ] ]
[ WITH
    [ RECOVERY | NORECOVERY | STANDBY = {备用文件名 | @备用文件名变量 } ]
    ......
    | , <指定时间点>
]
```

执行事务日志恢复必须在进行完全数据库恢复以后。以下语句是先从备份介质 xscjBK1 完全恢复数据库 xscj，再进行事务日志事务恢复，前面已经备份了 xscj 数据库的事务日志到备份设备 xscjLOGBK 中。

```
RESTORE LOG xscj  FROM xscjLOGBK
```

7. 恢复到数据库快照

可以使用 RESTORE 语句将数据库恢复到创建数据库快照时的状态。此时恢复的数据库会覆盖原来的数据库。

语法格式：

```
RESTORE DATABASE { 数据库名 | @数据库名变量 }
    FROM DATABASE_SNAPSHOT = 数据库快照名
```

【例 8.9】 创建 test1 数据库的快照，并将数据库恢复到创建该快照时的状态。

首先创建 test1 数据库的快照（如果已经创建则略）：

```
CREATE DATABASE test1_s1
    ON
    (
        NAME=test1_data,
        FILENAME='E:\Data\test1_s1.mdf'
    )
    AS SNAPSHOT OF test1
GO
```

接着对数据库做一些修改，以确定数据库是否恢复。恢复数据库的语句如下：

```
RESTORE DATABASE test1
    FROM DATABASE_SNAPSHOT='test1_s1'
```

8.3.3　界面方式恢复数据库

在"对象资源管理器"中展开"数据库"，选择需要恢复的数据库（如"xscj"），单击鼠标右键，在弹出的快捷菜单中选择"任务"菜单项，在弹出的"任务"子菜单中选择"还原"菜单项，在弹出的"还原"子菜单中选择"数据库"菜单项，进入"还原数据库-xscj"窗口，如图 8.7 所示。

图 8.7　"还原数据库"窗口的"常规"选项页

采用默认设置，单击"确定"按钮，xscj 数据库即可恢复。

如果需要还原的数据库在当前数据库中不存在，则可以选中"对象资源管理器"的"数据库"，单击鼠标右键，选择"还原数据库"菜单项，在弹出的"还原数据库"窗口中进行相应的还原操作。

如果要还原特定的文件或文件组，则可以选择"文件或文件组"菜单项，之后的操作与还原数据库类似，这里不再重复。

8.4　附加数据库和数据库复制

本节先介绍附加数据库，然后简单介绍数据库复制。

8.4.1　附加数据库

当数据库发生异常、数据库中的数据丢失时，就可以使用已经备份的数据库文件来恢复数据库，这种方法叫作附加数据库。

SQL Server 附加数据库通过直接复制数据库的逻辑文件和日志文件来进行。这些文件在创建数据库时建立，例如，数据库 test1 创建完成，在 "E:\DATA" 目录下找到对应的文件。

在 "对象资源管理器" 中右键单击 "数据库"，选择 "附加" 选项，进入 "附加数据库" 窗口，单击 "添加" 按钮，选择要导入的数据库文件，单击 "确定" 按钮，返回 "附加数据库" 窗口。此时 "附加数据库" 窗口中列出了要附加的数据库的原始文件和日志文件的信息，单击 "确定" 按钮开始附加数据库。成功后将会在 "数据库" 列表中找到附加成功的数据库。

另外，通过附加数据库的方法还可以将一个服务器的数据库转移到另一个服务器中。

8.4.2　数据库复制

在 SQL Server 中，可以使用 "复制数据库向导" 将数据库复制或转移到另一个服务器中。使用 "复制数据库向导" 前需要启动 SQL Server 代理服务，可以使用 SQL Server 配置管理器来完成。进入 SQL Server 配置管理器后，双击 SQL Server 代理服务，弹出 "SQL Server 代理属性" 对话框，单击 "启动" 按钮，启动该服务后就可以使用 "复制数据库向导" 了。

也可以直接在 "对象资源管理器" 中启动 SQL Server 代理服务：在 "对象资源管理器" 中右键单击 "SQL Server 代理"，选择 "启动" 选项，在弹出的 "确认" 对话框中单击 "是" 按钮即可。

在复制数据库文件时，一定要先通过 SQL Server 配置管理器停止 SQL Server 服务，然后才能复制数据文件，否则无法复制。

习　　题

一、选择题

1. 在完全备份数据库时不是必须要求的是（　　）。
   A. master　　　　　　B. 用户数据库　　　C. 数据库文件　　　D. model
2. 在差异备份数据库时不是必须要求的是（　　）。
   A. 数据库差异备份　　B. 事务日志备份　　C. 数据库文件　　　D. msdb
3. 创建备份设备（　　）。
   A. 可以使备份和恢复通过逻辑设备进行
   B. 临时备份设备只能用于临时备份
   C. 一个数据库可以同时备份到多个设备上，用每一个设备均可恢复
   D. 命令方式备份可以自动进行

4. 对于恢复数据库错误的是（ ）。

　　A. 可以用完全备份恢复数据库

　　B. 可以用差异备份和日志文件恢复数据库

　　C. 可以用数据库文件附加恢复数据库

　　D. 可以事务日志恢复，只能恢复数据库到固定的时间点

5. 对于恢复数据库正确的是（ ）。

　　A. 事务日志文件在完全备份数据库后可以删除

　　B. 事务日志文件损坏，不能差异恢复数据库

　　C. 可以恢复数据库文件或文件组

　　D. A、B 和 C

6. 关于备份和恢复说法不正确的是（ ）。

　　A. 完全备份数据文件可以恢复事务日志文件

　　B. 备份事务日志文件才能恢复事务日志文件

　　C. 完全备份数据文件一般不自动进行

　　D. 数据库复制是在远端数据库备份

二、说明题

1. 为什么在 SQL Server 2016 中需设置备份与恢复功能？

2. 设计备份策略的指导思想是什么？主要考虑哪些因素？

3. 创建 cpxs 数据库的备份到备份设备 cpxs. bak。

4. 数据库恢复要执行哪些操作？

5. T-SQL 中用于数据库备份和恢复的命令选项的含义分别是什么？

6. 使用备份设备 cpxs. bak 中的数据库的备份恢复数据库 cpxs。

第9章
系统安全管理

数据的安全性管理是数据库服务器应实现的重要功能之一。SQL Server 2016 数据库采用了非常复杂的安全保护措施，其安全管理体现在如下两个方面。

（1）对用户登录进行身份验证。当用户登录到数据库系统时，系统对该用户的账户和口令进行验证，包括确认用户账户是否有效及能否访问数据库系统。

（2）对用户进行的操作进行权限控制。当用户登录到数据库后，只能对数据库中的数据在允许的权限内进行操作。

9.1　SQL Server 的安全机制

SQL Server 2016 的安全机制包含通过 SQL Server 身份验证模式进入 SQL Server 实例，通过 SQL Server 安全性机制控制对 SQL Server 2016 数据库及其对象的操作。

9.1.1　SQL Server 身份验证模式

身份验证模式是指系统确认用户的方式。SQL Server 有两种身份验证模式：Windows 验证模式和 SQL Server 验证模式。这是在安装 SQL Server 过程中"数据库引擎配置"页中确定的。

1. Windows 验证模式

用户登录 Windows 时进行身份验证，登录 SQL Server 时就不再进行身份验证了。需注意以下几点。

（1）必须将 Windows 账户加入 SQL Server 中，才能采用 Windows 账户登录 SQL Server。

（2）如果使用 Windows 账户登录到另一个网络的 SQL Server，则必须在 Windows 中设置彼此的托管权限。

2. SQL Server 验证模式

在 SQL Server 验证模式下，SQL Server 服务器要对登录的用户进行身份验证。系统管理员必须设定登录验证模式的类型为混合验证模式。当采用混合模式时，SQL Server 系统既允许使用 Windows 登录名登录，也允许使用 SQL Server 登录名登录。

9.1.2　SQL Server 安全性机制

SQL Server 的安全性机制主要是通过 SQL Server 的安全性主体和安全对象来实现的。SQL Server 安全性主体主要有 3 个级别，即服务器级别、数据库级别、架构级别。

1. 服务器级别

服务器级别所包含的安全对象主要有登录名、固定服务器角色等。其中，登录名用于登录数据库服务器，而固定服务器角色用于给登录名赋予相应的服务器权限。

SQL Server 中的登录名主要有两种：第一种是 Windows 登录名，第二种是 SQL Server 登录名。

Windows 登录名对应 Windows 验证模式，该验证模式所涉及的账户类型主要有 Windows 本地用户账户、Windows 域用户账户、Windows 组。

SQL Server 登录名对应 SQL Server 验证模式,在该验证模式下,能够使用的账户类型主要是 SQL Server 账户。

2. 数据库级别

数据库级别所包含的安全对象主要有用户、角色、应用程序角色、证书、对称密钥、非对称密钥、程序集、全文目录、DDL 事件、架构等。

用户安全对象是用来访问数据库的。如果某人只拥有登录名，而没有在相应的数据库中为其创建登录名所对应的用户，则该用户只能登录数据库服务器，而不能访问相应的数据库。

若此时为其创建登录名所对应的数据库用户，而没有赋予相应的角色，则系统默认为该用户自动具有 public 角色。因此，该用户登录数据库后对数据库中的资源只拥有一些公共的权限。如果要让该用户对数据库中的资源拥有一些特殊的权限，则应该将该用户添加到相应的角色中。

3. 架构级别

架构级别所包含的安全对象有表、视图、函数、存储过程、类型、同义词、聚合函数等。在创建这些对象时可设定架构，若不设定则系统默认架构为 dbo。

数据库用户只能对属于自己架构中的数据库对象执行相应的数据操作。至于操作的权限则由数据库角色决定。例如，若某数据库中的表 A 属于架构 S1，表 B 属于架构 S2，而某用户默认的架构为 S2，如果没有授予用户操作表 A 的权限，则该用户不能对表 A 执行相应的数据操作。但是，该用户可以对表 B 执行相应的操作。

9.1.3 SQL Server 数据库安全验证过程

一个用户如果要对某一数据库进行操作，必须满足以下 3 个条件：

（1）登录 SQL Server 服务器时必须通过身份验证；

（2）必须是该数据库的用户，或者是某一数据库角色的成员；

（3）必须有对数据库对象执行该操作的权限。

下面介绍 SQL Server 是如何在这 3 方面进行管理的。

不管使用哪种验证方式，用户都必须具备有效的 Windows 用户登录名。SQL Server 有两个常用的默认登录名:sa 和计算机名\Windows 管理员账户名。其中,sa 是系统管理员,在 SQL Server 中拥有系统和数据库的所有权限。同时，SQL Server 为每个 Windows 管理员提供了默认用户账户，在 SQL Server 中拥有系统和数据库的所有权限。所以在一开始为了熟悉 SQL Server 功能，可以以系统管理员登录 SQL Server 服务器和数据库，它可以对数据库各种对象进行任何操作。其后再创建用户账户，分配权限，然后再用指定账户登录 SQL Server 服务器和数据库，操作指定对象。

9.2 建立和管理用户账户

建立和管理用户账户可通过界面或者命令方式进行。

9.2.1　界面方式管理用户账户

1. 建立 Windows 验证模式的登录名

在安装本地 SQL Server 2016 的过程中，选择 Windows 身份验证方式，此时，如果要增加一个 Windows 的新用户 liu，那么如何授权该用户，使其能通过信任连接访问 SQL Server 呢，具体步骤如下。

（1）创建 Windows 的用户。以管理员身份登录到 Windows，打开控制面板，完成新用户"liu"的创建。

（2）将 Windows 账户加入 SQL Server。以管理员身份登录到"SSMS"，在"对象资源管理器"中，在"安全性"下选择"登录名"项。单击鼠标右键，在弹出的快捷菜单中选择"新建登录名"，打开"登录名-新建"窗口。单击"常规"选项页的"搜索"按钮，在弹出的"选择用户或组"对话框中"输入要选择的对象名称"框中输入"liu"，然后单击"检查名称"按钮，系统会自动生成"DELL\liu"，单击"确定"按钮，在"登录名"文本框中就会显示完整名称。选择默认数据库为"xscj"，如图 9.1 所示。

图 9.1　新建登录名

然后单击"确定"按钮，Windows 的新用户 liu 账户就加入到 SQL Server 中，即新建一个 Windows 验证方式的登录名。

2. 建立 SQL Server 验证模式的登录名

（1）将验证模式设为混合模式

如果用户在安装 SQL Server 时验证模式没有设置为混合模式，则先要将验证模式设为混合模式。步骤如下：

以系统管理员身份登录"SSMS"，在"对象资源管理器"中选择要登录的 SQL Server 服务器图标，单击鼠标右键，在弹出的快捷菜单中选择"属性"菜单项，打开"服务器属性"窗口。选择"安全性"选项页。选择服务器身份验证为"SQL Server 和 Windows 身份验证模式"，如图 9.2 所示。

单击"确定"按钮，保存新的配置，重启 SQL Server 服务即可。

（2）创建 SQL Server 验证模式的登录名

在"对象资源管理器"中"安全性"下的"登录名"上单击鼠标右键，选择"新建登录名"，系统显示"登录名-新建"对话框。选择"SQL Server 身份验证"，"登录名"输入"SQL_liu"，输入密码和确认密码"123"，并将"强制密码过期"复选框中的勾去掉，默认数据库为"xscj"，如图 9.3 所示。单击"确定"按钮即可。

图 9.2　服务器属性

图 9.3　新建登录名

3. 管理数据库用户

在实现了数据库的安全登录后，检验用户权限的下一个安全等级就是数据库的访问权。数据库的访问权是通过映射数据库的用户与登录账户之间的关系来实现的。

一个登录名连接上 SQL Server 2016 以后，就需要设置用户访问数据库的权限。为此，需要创建数据库用户账户，然后给这些用户账户授予权限。设置权限以后，用户就可以用这个账户连接 SQL Server 并访问能够访问的数据库了。

（1）登录名新建数据库用户

以系统管理员身份连接 SQL Server，展开"数据库"→"xscj"→"安全性"，选择"用户"，单击鼠标右键，选择"新建用户"菜单项，进入"数据库用户-新建"窗口。在"登录名"框中填写一个能够登录 SQL Server 的登录名，如"SQL_liu"，"用户名"框中填写一个数据库用户名"User_SQL_liu"。一个登录名在本数据库中只能创建一个数据库用户。这里可选择默认架构为 dbo，如图 9.4 所示。单击"确定"按钮完成创建。

采用上述方法在 xscj 数据库下新建 Windows 登录名"liu"对应的用户"User_liu"，如图 9.5 所示。

图 9.4　新建数据库用户

图 9.5　数据库用户

（2）数据库用户显示

数据库用户创建成功后，会在"xscj"→"安全性"，选择"用户"栏查看到该用户。在"用户"列表中，还可以修改现有数据库用户的属性，或者删除该用户。

（3）登录名对应数据库用户连接 SQL Server

重启 SQL Server，在图 9.6(a)对话框中，"身份验证"选择"SQL Server 身份验证"，"登录名"填写"SQL_liu"，输入密码"123"，单击"连接"按钮，即可连接 SQL Server。此时的"对象资源管理器"如图 9.6(b)所示。

　　前面我们一般采用 SQL Server 超级用户（sa）或者 Windows 超级用户（DELL/Adminstritor）登录，这样可以获得最大权限操作数据库。

(a) 登录　　　　　　　　　　　　　　　　　(b) 连接服务器

图 9.6　SQL_liu 登录

9.2.2　命令方式管理用户账户：CREATE LOGIN/USER

在 SQL Server 2016 中，还可以使用命令方式操作用户账户，如创建登录名、创建数据库用户等。

1. 登录名创建

（1）创建登录名

在 SQL Server 2016 中，创建登录名可以使用 CREATE LOGIN 命令。语法格式为：

```
CREATE LOGIN 登录名
{
    WITH PASSWORD = '密码' [ HASHED ] [ MUST_CHANGE ]
        [ , <选项列表> [ , ... ] ]              /*WITH 子句用于创建 SQL Server 登录名*/
    | FROM                                       /*FROM 子句用于创建其他登录名*/
    {
        WINDOWS [ WITH <Windows 选项> [ , ... ] ]
        | CERTIFICATE 证书名
        | ASYMMETRIC KEY 非对称密钥名
    }
}
```

其中：

```
<选项列表> ::=
    SID = 登录 GUID
    | DEFAULT_DATABASE = 数据库
    | DEFAULT_LANGUAGE = 语言
    | CHECK_EXPIRATION = { ON | OFF}
    | CHECK_POLICY = { ON | OFF}
    [ CREDENTIAL = 凭据名 ]
<Windows 选项> ::=
    DEFAULT_DATABASE = 数据库
    | DEFAULT_LANGUAGE = 语言
```

有 4 种类型的登录名：SQL Server 登录名、Windows 登录名、证书映射登录名和非对称密钥映射登录名，这里只具体介绍前两种。

① 创建 Windows 验证模式登录名。创建 Windows 登录名使用 FROM 子句，在 FROM 子句的语法格式中，WINDOWS 关键字指定将登录名映射到 Windows 登录名，其中，<Windows 选项>为创建 Windows 登录名的选项，DEFAULT_DATABASE 指定默认数据库，DEFAULT_LANGUAGE 指定默认语言。

 创建 Windows 登录名时首先要确认该 Windows 用户是否已经创建，在指定登录名时要符合"[域\用户名]"的格式，"域"为本地计算机名。

【例 9.1】 使用命令方式创建 Windows 登录名 tao（假设 Windows 用户 tao 已经创建，本地计算机名为 DELL），默认数据库设为 xscj。

```
USE xscj
GO
CREATE LOGIN [DELL\tao]
    FROM WINDOWS
        WITH DEFAULT_DATABASE= xscj
```

命令执行成功后在"登录名"→"安全性"列表上就可以查看到该登录名。

FROM 子句中还有另外两个选项：CERTIFICATE 选项用于指定将与登录名关联的证书名称；ASYMMETRIC KEY 选项用于指定将与此登录名关联的非对称密钥的名称。

② 创建 SQL Server 验证模式登录名。创建 SQL Server 登录名使用 WITH 子句，参数说明如下。

a. PASSWORD：用于指定正在创建的登录名的密码，"密码"为密码字符串。HASHED 选项指定在 PASSWORD 参数后输入的密码已经过哈希运算，如果未选择此选项，则在将作为密码输入的字符串存储到数据库之前，对其进行哈希运算。如果指定 MUST_CHANGE 选项，则 SQL Server 会在首次使用新登录名时提示用户输入新密码。

b. <选项列表>：用于指定在创建 SQL Server 登录名时的一些选项，选项如下。

● SID：指定新 SQL Server 登录名的全局唯一标识符，如果未选择此选项，则自动指派。

● DEFAULT_DATABASE：指定默认数据库，如果未指定此选项，则默认数据库将设置为master。

● DEFAULT_LANGUAGE：指定默认语言，如果未指定此选项，则默认语言将设置为服务器的当前默认语言。

● CHECK_EXPIRATION：指定是否对此登录名强制实施密码过期策略，默认值为 OFF。

● CHECK_POLICY：指定应对此登录名强制实施运行 SQL Server 的计算机的 Windows 密码策略，默认值为 ON。

只有在 Windows Server 2003 及更高版本上才会强制执行 CHECK_EXPIRATION 和 CHECK_POLICY。

【例 9.2】 创建 SQL Server 登录名 sql_tao，密码为 123456，默认数据库设为 xscj。

```
CREATE LOGIN sql_tao
    WITH PASSWORD='123456',
        DEFAULT_DATABASE=xscj
```

（2）删除登录名

删除登录名使用 DROP LOGIN 命令。语法格式：

```
DROP LOGIN 登录名
```

例如，删除 Windows 登录名 tao 和 SQL Server 登录名 sql_tao（实际不删除）。

```
DROP LOGIN [DELL\tao]
DROP LOGIN sql_tao
```

2. 数据库用户创建

（1）创建数据库用户

创建数据库用户使用 CREATE USER 命令。语法格式：

```
CREATE USER 用户名
[{ FOR | FROM }
{
    LOGIN 登录名
    | CERTIFICATE 证书名
    | ASYMMETRIC KEY 非对称密钥名
}
| WITHOUT LOGIN
]
[ WITH DEFAULT_SCHEMA = 架构名 ]
```

① 用户名：用于指定数据库用户名。FOR 或 FROM 子句用于指定相关联的登录名。

② LOGIN 登录名：指定要创建数据库用户的 SQL Server 登录名。"登录名"必须是服务器中有效的登录名。当此登录名进入数据库时，它将获取正在创建的数据库用户的名称和 ID。

③ WITHOUT LOGIN：指定不将用户映射到现有登录名。

④ WITH DEFAULT_SCHEMA：指定服务器为此数据库用户解析对象名称时将搜索的第一个架构，默认为 dbo。

【例 9.3】　使用 SQL Server 登录名 sql_tao（假设已经创建）在 xscj 数据库中创建数据库用户 User_sql_tao，默认架构名使用 dbo。

```
USE xscj
GO
CREATE USER User_sql_tao
    FOR LOGIN sql_tao
    WITH DEFAULT_SCHEMA=dbo
```

命令执行成功后，可以在数据库 xscj "安全性"下的"用户"列表中查看到该数据库用户。

（2）删除数据库用户

删除数据库用户使用 DROP USER 语句。语法格式：

```
DROP USER 用户名
```

"用户名"为要删除的数据库用户名，在删除之前要使用 USE 语句指定数据库。

例如，删除 xscj 数据库的数据库用户 User_sql_tao。

```
USE xscj
GO
DROP USER User_sql_tao
```

9.3　角　色　管　理

在 SQL Server 中，通过角色可将用户分为不同的类，相同类用户（相同角色的成员）进行统一管理，赋予相同的操作权限。一个角色就相当于 Windows 账户管理中的一个用户组，可以包含多个用户。

SQL Server 给用户提供了预定义的服务器角色（固定服务器角色）和数据库角色（固定数据库角色），还有一种应用程序角色。固定服务器角色和固定数据库角色都是 SQL Server 内置的，不能进行添加、修改和删除。用户也可根据需要，创建自己的数据库角色，以便对具有同样操作的用户进行统一管理。

9.3.1　固定服务器角色

服务器角色独立于各个数据库。如果在 SQL Server 中创建一个登录名后，要赋予该登录者管理服务器的权限，此时可设置该登录名为服务器角色的成员。SQL Server 提供了以下固定服务器角色。

（1）sysadmin：系统管理员，角色成员可对 SQL Server 服务器进行所有的管理工作，为最高管理角色。这个角色一般适合于数据库管理员（DBA）。

（2）securityadmin：安全管理员，角色成员可以管理登录名及其属性，可以授予、拒绝、撤销服务器级和数据库级的权限，还可以重置 SQL Server 登录名的密码。

（3）serveradmin：服务器管理员，角色成员具有对服务器进行设置及关闭服务器的权限。

（4）setupadmin：设置管理员，角色成员可以添加和删除链接服务器，并执行某些系统存储过程。

（5）processadmin：进程管理员，角色成员可以终止 SQL Server 实例中运行的进程。

（6）diskadmin：用于管理磁盘文件。

（7）dbcreator：数据库创建者，角色成员可以创建、更改、删除或还原任何数据库。

（8）bulkadmin：可执行 BULK INSERT 语句，但是这些成员对要插入数据的表必须有 INSERT 权限。BULK INSERT 语句的功能是以用户指定的格式复制一个数据文件至数据库表或视图。

（9）public：其角色成员可以查看任何数据库。

用户只能将一个用户登录名添加为上述某个固定服务器角色的成员，不能自行定义服务器角色。

例如，对于前面已建立的登录名"DELL\tao"，如果要给其赋予系统管理员权限，可通过"对象资源管理器"或"系统存储过程"将该登录名加入 sysadmin 角色。

1. 界面方式添加服务器角色成员

（1）以系统管理员身份登录到 SQL Server 服务器，在"对象资源管理器"中展开"安全性"→"登录名"，选择登录名，如"DELL\tao"，双击或右击选择"属性"菜单项，打开"登录属性"窗口。

（2）在打开的"登录属性"窗口中选择"服务器角色"选项页，在"登录属性"窗口右边列出了所有的固定服务器角色，用户可以根据需要，在服务器角色前的复选框中打钩，为登录名添加相应的服务器角色，此处默认已经选择了"public"服务器角色。单击"确定"按钮完成添加。

2. 利用"系统存储过程"添加固定服务器角色成员

利用系统存储过程 sp_addsrvrolemember 可将一登录名添加到某一固定服务器角色中，使其成为固定服务器角色的成员。语法格式：

```
sp_addsrvrolemember [ @登录名 = ] 'login', [@角色名 =] 'role'
```

参数含义：'login'指定添加到固定服务器角色'role'的登录名，'login'可以是 SQL Server 登录名或 Windows 登录名；对于 Windows 登录名，如果还没有授予 SQL Server 访问权限，将自动对其授予访问权限。固定服务器角色名'role'必须为 sysadmin、securityadmin、serveradmin、setupadmin、processadmin、diskadmin、dbcreator、bulkadmin 和 public 之一。

（1）将登录名添加为固定服务器角色的成员后，该登录名就会得到与此固定服务器角色相关的权限。

（2）不能更改 sa 角色成员资格。

（3）不能在用户定义的事务内执行 sp_addsrvrolemember 存储过程。

（4）sysadmin 固定服务器的成员可以将任何固定服务器角色添加到某个登录名，其他固定服务器角色的成员可以执行 sp_addsrvrolemember，为某个登录名添加同一个固定服务器角色。

（5）如果不想让用户有任何管理权限，就不要将其指派给服务器角色，这样就可以将用户限定为普通用户。

【**例 9.4**】　将 Windows 登录名 DELL\tao 添加到 sysadmin 固定服务器角色中。

```
EXEC sp_addsrvrolemember ' DELL\tao', 'sysadmin'
```

3. 利用"系统存储过程"删除固定服务器角色成员

利用 sp_dropsrvrolemember 系统存储过程可从固定服务器角色中删除 SQL Server 登录名或 Windows 登录名。语法格式：

```
sp_dropsrvrolemember [ @登录名 = ] 'login' , [ @角色名 = ] 'role'
```

参数含义：'login'为将要从固定服务器角色删除的登录名。'role'为服务器角色名，默认值为 NULL，必须是有效的固定服务器角色名。

【**例 9.5**】　从 sysadmin 固定服务器角色中删除 SQL Server 登录名 sql_tao。

```
EXEC sp_dropsrvrolemember 'sql_tao', 'sysadmin'
```

也可在"对象资源管理器"中删除固定服务器角色中的登录名，请读者试一试。

9.3.2　固定数据库角色

固定数据库角色定义在数据库级别上，并且有权进行特定数据库的管理及操作。SQL Server 提供了以下固定数据库角色。

（1）db_owner：数据库所有者，这个数据库角色的成员可执行数据库的所有管理操作。

用户发出的所有 SQL 语句均受限于该用户具有的权限。例如，CREATE DATABASE 仅限于 sysadmin 和 dbcreator 固定服务器角色的成员使用。

sysadmin 固定服务器角色的成员、db_owner 固定数据库角色的成员，以及数据库对象的所有者都可授予、拒绝或废除某个用户或某个角色的权限。使用 GRANT 赋予执行 T-SQL 语句或对数据进行操作的权限；使用 DENY 拒绝权限，并防止指定的用户、组或角色从组和角色成员的关系中继承权限；使用 REVOKE 取消以前授予或拒绝的权限。

（2）db_accessadmin：数据库访问权限管理者，角色成员具有添加、删除数据库使用者、数据库角色和组的权限。

（3）db_securityadmin：数据库安全管理员，角色成员可管理数据库中的权限，如设置数据库表的增加、删除、修改和查询等存取权限。

（4）db_ddladmin：数据库 DDL 管理员，角色成员可增加、修改或删除数据库中的对象。

（5）db_backupoperator：数据库备份操作员，角色成员具有执行数据库备份的权限。

（6）db_datareader：数据库数据读取者，角色成员可以从所有用户表中读取数据。

（7）db_datawriter：数据库数据写入者，角色成员具有对所有用户表进行增加、删除、修改的权限。

（8）db_denydatareader：数据库拒绝数据读取者，角色成员不能读取数据库中任何表的内容。

（9）db_denydatawriter：数据库拒绝数据写入者，角色成员不能对任何表进行增加、删除、修改操作。

（10）public：一个特殊的数据库角色，每个数据库用户都是 public 角色的成员，因此不能将用户、组或角色指派为 public 角色的成员，也不能删除 public 角色的成员。通常将一些公共的权限赋给 public 角色。

在创建一个数据库用户之后，可以将该数据库用户加入到数据库角色中从而授予其管理数据库的权限。

例如，对于前面已建立的 xscj 数据库中的数据库用户 "david"，如果要给其赋予数据库管理员权限，可通过"对象资源管理器"或"系统存储过程"将该用户加入 db_owner 角色。

1. 界面方式添加固定数据库角色成员

（1）以系统管理员身份登录到 SQL Server 服务器，在"对象资源管理器"中展开"数据库"→"xscj"→"安全性"→"用户"，选择一个数据库用户，如"User_tao"，双击或单击鼠标右键选择"属性"菜单项，打开"数据库用户"窗口。

（2）在打开的窗口中，在"常规"选项页中的"数据库角色成员身份"栏，用户可以根据需要，在数据库角色前的复选框中打钩，为数据库用户添加相应的数据库角色，单击"确定"按钮完成添加。

（3）查看固定数据库角色的成员。在"对象资源管理器"中，在 xscj 数据库下的"安全性"→"角色"→"数据库角色"目录下，选择"数据库角色"，如"db_owner"，单击鼠标右键，选择"属性"菜单项，在"属性"窗口中的"角色成员"栏下可以看到该数据库角色的成员列表。

2. 利用"系统存储过程"添加固定数据库角色成员

利用系统存储过程 sp_addrolemember 可以将一个数据库用户添加到某一固定数据库角色中，使其成为该固定数据库角色的成员。语法格式：

```
sp_addrolemember [ @角色名 = ] 'role', [ @成员名 = ] 'security_account'
```

参数含义：'role'为当前数据库中的数据库角色的名称。'security_account'为添加到该角色的安全账户，可以是数据库用户或当前数据库角色。

（1）当使用 sp_addrolemember 将用户添加到角色时，新成员将继承所有应用到角色的权限。

（2）不能将固定数据库或固定服务器角色或者 dbo 添加到其他角色。例如，不能将 db_owner 固定数据库角色添加成为用户定义的数据库角色的成员。

（3）在用户定义的事务中不能使用 sp_addrolemember。

（4）只有 sysadmin 固定服务器角色和 db_owner 固定数据库角色中的成员可以执行 sp_addrolemember，以将成员添加到数据库角色。

（5）db_securityadmin 固定数据库角色的成员可以将用户添加到任何用户定义的角色。

【例 9.6】将 xscj 数据库上的数据库用户 User_sql_tao 添加为固定数据库角色 db_owner 的成员。

```
USE xscj
GO
EXEC sp_addrolemember 'db_owner', 'User_sql_tao'
```

3. 利用"系统存储过程"删除固定数据库角色成员

利用系统存储过程 sp_droprolemember 可以将某一成员从固定数据库角色中去除。

语法格式：

```
sp_droprolemember [ @角色名 = ] 'role' , [ @成员名 = ] 'security_account'
```

删除某一角色的成员后，该成员将失去作为该角色的成员身份所拥有的任何权限；不能删除 public 角色的用户，也不能从任何角色中删除 dbo。

【例 9.7】将数据库用户 User_sql_tao 从 db_owner 中去除。

```
USE xscj
GO
EXEC sp_droprolemember 'db_owner', 'User_sql_tao'
```

9.3.3 自定义数据库角色：CREATE/DROP ROLE

固定数据库角色的权限是固定的，有时有些用户需要一些特定的权限，如数据库的删除、修改和执行权限。固定数据库角色无法满足这种要求，这时就需要创建一个自定义数据库角色。

在创建数据库角色时将某些权限授予该角色，然后将数据库用户指定为该角色的成员，这样用户将继承这个角色的所有权限。

例如，要在数据库 xscj 上定义一个数据库角色 ROLE1，该角色中增加成员"tao"，对 xscj 可进行的操作有查询、插入、删除、修改。下面将介绍如何实现这些功能。

1. 界面方式创建数据库角色

（1）创建数据库角色

以 Windows 系统管理员身份连接 SQL Server，在"对象资源管理器"中展开"数据库"（如 xscj），展开其中的"安全性"→"角色→数据库角色"，单击鼠标右键，在弹出的快捷菜单中选择"新建数据库角色"菜单项，进入"数据库角色-新建"窗口。

在"数据库角色-新建"窗口中，选择"常规"选项页，输入要定义的角色名称（如 ROLE1），所有者默认为 dbo。直接单击"确定"按钮，完成数据库角色的创建，如图 9.7 所示。

图 9.7　新建数据库角色

（2）将数据库用户加入数据库角色

将用户加入自定义数据库角色的方法与将用户加入固定数据库角色的方法类似。例如，将 xscj 数据库的用户 User_tao 加入 ROLE1 角色。此时数据库角色 ROLE1 的成员还没有任何的权限，当授予数据库角色权限时，这个角色的成员也将获得相同的权限。当数据库用户成为某一数据库角色的成员之后，该数据库用户就获得该数据库角色所拥有的对数据库操作的权限。

2. 命令创建数据库角色

（1）定义数据库角色。创建用户自定义数据库角色可以使用 CREATE ROLE 语句。

语法格式：

```
CREATE ROLE 角色名 [ AUTHORIZATION 所有者名 ]
```

説明　　　"角色名"为要创建的数据库角色的名称。"AUTHORIZATION 所有者名"用于指定新的数据库角色的所有者，如果未指定，则执行 CREATE ROLE 的用户将拥有该角色。

【例 9.8】　在当前数据库中创建名为 ROLE2 的新角色，并指定 dbo 为该角色的所有者。

```
USE xscj
GO
CREATE ROLE ROLE2
    AUTHORIZATION dbo
```

（2）给数据库角色添加成员。向用户定义数据库角色添加成员也使用存储过程 sp_addrolemember，用法与之前介绍的基本相同。

【例 9.9】　使用 Windows 身份验证模式的登录名（如 DELL\tao）创建 xscj 数据库的用户（如 User_tao），并将该数据库用户添加到 ROLE1 数据库角色中。

```
USE xscj
GO
CREATE USER  [User_tao]
    FROM LOGIN [DELL\tao]
GO
EXEC sp_addrolemember 'ROLE1', 'DELL\tao'
```

【例 9.10】 将 SQL Server 登录名创建的 xscj 的数据库用户 User_sql_tao 添加到数据库角色 ROLE1 中。

```
USE xscj
GO
EXEC sp_addrolemember 'ROLE1','User_sql_tao'
```

【例 9.11】 将数据库角色 ROLE2（假设已经创建）添加到 ROLE1 中。

```
EXEC sp_addrolemember 'ROLE1','ROLE2'
```

将一个成员从数据库角色中去除也使用系统存储过程 sp_droprolemember，之前已经介绍过。

3. 命令删除数据库角色

要删除数据库角色可以使用 DROP ROLE 语句。语法格式：

```
DROP ROLE 角色名
```

其中，"角色名" 为要删除的数据库角色的名称。

（1）无法从数据库删除拥有安全对象的角色。若要删除拥有安全对象的数据库角色，必须首先转移这些安全对象的所有权，或从数据库删除它们。

（2）无法从数据库删除拥有成员的角色。若要删除拥有成员的数据库角色，必须首先删除角色的所有成员。

（3）不能使用 DROP ROLE 删除固定数据库角色。

【例 9.12】 删除数据库角色 ROLE2。

在删除 ROLE2 之前首先需要将 ROLE2 中的成员删除，可以使用界面方式，也可以使用命令方式。若使用界面方式，只需在 ROLE2 的属性页中操作即可。命令方式在删除固定数据库成员时已经介绍，请参见前面内容。确认 ROLE2 可以删除后，使用以下命令删除 ROLE2：

```
DROP ROLE ROLE2
```

9.3.4　应用程序角色

应用程序角色相对于服务器角色和数据库角色来说比较特殊，它没有默认的角色成员。应用程序角色能够使应用程序用其自身的、类似用户的特权来运行。使用应用程序角色可以只允许通过特定应用程序连接的用户访问特定数据，用户仅用他们的 SQL Server 登录名和数据库账户将无法访问数据。

使用应用程序角色的一般过程如下：创建一个应用程序角色，并给它指派权限；用户打开批准的应用程序，并登录 SQL Server；激活应用程序角色，为此需要使用系统存储过程 sp_setapprole。

应用程序角色一旦被激活，SQL Server 就将用户作为应用程序来看待，并给用户指派应用程序角色所拥有的权限。

创建应用程序角色步骤如下。

（1）以系统管理员身份连接 SQL Server，在 "对象资源管理器" 窗口中展开 "数据库" → "xscj" → "安全性" → "角色" →应用程序角色"，单击鼠标右键，在弹出的快捷菜单中选择 "新建应用程序" 菜单项，进入 "应用程序角色-新建" 窗口。

（2）在 "应用程序角色-新建" 窗口中输入应用程序角色名称 "APPROLE"，默认架构 "dbo"，设置密码为 "123"，如图 9.8 所示。

在 "安全对象" 选项页中，可以单击 "搜索" 按钮，添加 "特定对象"，选择对象为表 xsb。单击 "确定" 按钮回到 "安全对象" 选项页中，授予表 xsb 的 "选择" 权限，如图 9.9 所示，完成后单击 "确认" 按钮。

图 9.8　新建应用程序角色（常规）　　　　　图 9.9　新建应用程序角色（安全对象）

（3）添加 User_sql_tao 用户为 db_denydatareader 数据库角色的成员，使用 "sql_tao" 登录名连接 SQL Server。

此后，在查询窗口中输入如下语句：

```
USE xscj
GO
SELECT * FROM xsb
```

运行结果显示出错信息。

（4）使用系统存储过程 sp_setapprole 激活应用程序角色，语句如下：

```
EXEC sp_setapprole 'APPROLE', '123'
```

（5）在查询窗口中重新输入（3）中的查询语句，成功地执行了查询。

　　在此过程中，SQL Server 将用户 User_sql_tao 看成了角色 APPROLE，而角色 APPROLE 拥有表 xsb 的查询权限，所以能够查询 xsb 表。

9.4　数据库权限的管理

数据库的权限指明了用户能够获得哪些数据库对象的使用权，以及用户能够对哪些对象执行何种操作。用户在数据库中拥有的权限取决于用户账户的数据库权限和用户所在数据库角色的类型。数据库角色的内容在之前已经介绍过，本节主要介绍数据库权限的内容。

9.4.1　授予权限：GRANT

权限的授予可以使用命令方式或界面方式完成。

1. 命令方式授予权限

利用 GRANT 语句可以给数据库用户或数据库角色授予数据库级别或对象级别的权限。

语法格式：

```
GRANT { ALL [ PRIVILEGES ] } | 权限 [ ( 列 [ , ... ] ) ] [ , ... ]
    [ ON 安全对象 ] TO 主体 [ , ... ]
    [ WITH GRANT OPTION ] [ AS 主体 ]
```

（1）ALL：表示授予所有可用的权限。ALL PRIVILEGES 是 SQL-92 标准的用法。对于语句权限，只有 sysadmin 角色成员可以使用 ALL；对于对象权限，sysadmin 角色成员和数据库对象所有者都可以使用 ALL。SQL Server 2016 不推荐使用此选项，保留此选项仅用于向后兼容，它不会授予所有可能的权限。

（2）权限：权限的名称。根据安全对象的不同，权限的取值也不同。对于数据库，权限取值可为 BACKUP DATABASE、BACKUP LOG、CREATE DATABASE、CREATE DEFAULT、CREATE FUNCTION、CREATE PROCEDURE、CREATE RULE、CREATE TABLE 或 CREATE VIEW；对于表、表值函数或视图，权限的取值可为 SELECT、INSERT、DELETE、UPDATE 或 REFERENCES；对于存储过程，权限的取值为 EXECUTE；对于用户函数，权限可为 EXECUTE 和 REFERENCES。

（3）列：指定表、视图或表值函数中要授予其权限的列的名称。只能授予对列的 SELECT、REFERENCES 及 UPDATE 权限。列可以在权限子句中指定，也可以在安全对象名称之后指定。

（4）ON 安全对象：指定将授予其权限的安全对象。例如，要授予表 xsb 上的权限时 ON 子句为 ON xsb。对于数据库级的权限不需要指定 ON 子句。

（5）主体：主体的名称，指被授予权限的对象，可为当前数据库的用户、数据库角色，指定的数据库用户、角色必须在当前数据库中存在，不可将权限授予其他数据库中的用户、角色。

（6）WITH GRANT OPTION：表示允许被授权者在获得指定权限的同时还可以将指定权限授予其他用户、角色或 Windows 组，WITH GRANT OPTION 子句仅对对象权限有效。

（7）AS 主体：指定当前数据库中执行 GRANT 语句的用户所属的角色名或组名。当对象的权限被授予一个组或角色时，用 AS 将对象权限进一步授予不是组或角色成员的用户。

GRANT 语句可使用两个特殊的用户账户：public 角色和 guest 用户。授予 public 角色的权限可应用于数据库中的所有用户；授予 guest 用户的权限可为所有在数据库中没有数据库用户账户的用户使用。

【例 9.13】 给 xscj 数据库上的用户 User_wang 和 User_sql_wang 授予创建表的权限。

用上述方法创建 Windows 登录名 "wang"，xscj 数据库用户 "User_wang"。 创建 SQL Server 登录名 "sql_wang"，xscj 数据库用户 "User_sql_wang"。

以系统管理员身份登录 SQL Server，新建一个查询，输入以下语句：

```
USE xscj
GO
GRANT CREATE TABLE
    TO User_wang, User_sql_wang
GO
```

授予数据库级权限时，CREATE DATABASE 权限只能在 master 数据库中被授予。如果用户账户含有空格、反斜杠（\），则要用引号或中括号将安全账户括起来。

【例 9.14】 首先在数据库 xscj 中给 public 角色授予表 xsb 的 SELECT 权限。然后，将其他一些权限授予用户 User_wang 和 User_sql_wang，使用户有对 xsb 表的所有操作权限。

以系统管理员身份登录 SQL Server，新建一个查询，输入以下语句：

```
USE xscj
GO
GRANT SELECT
```

```
    ON xsb
    TO public
GO
GRANT INSERT, UPDATE, DELETE, REFERENCES
    ON xsb
    TO User_wang, User_sql_wang
GO
```

【例 9.15】　将 CREATE TABLE 权限授予数据库角色 ROLE1 的所有成员。

以系统管理员身份登录 SQL Server，新建一个查询，输入以下语句：

```
GRANT CREATE TABLE
    TO ROLE1
```

【例 9.16】　以系统管理员身份登录 SQL Server，将表 xsb 的 SELECT 权限授予 ROLE2 角色（指定 WITH GRANT OPTION 子句）。用户 User_li 是 ROLE2 的成员（创建过程略），在 User_li 用户上将表 xsb 上的 SELECT 权限授予用户 User_huang（创建过程略），User_huang 不是 ROLE2 的成员。

（1）以 Windows 系统管理员身份连接 SQL Server，授予角色 ROLE2 在 xsb 表上的 SELECT 权限：

```
USE xscj
GO
GRANT SELECT
    ON xsb
    TO ROLE2
    WITH GRANT OPTION
```

在 "SSMS" 窗口上单击 "新建查询" 按钮旁边的数据库引擎查询按钮 ，在弹出的连接窗口中以 User_li 用户的登录名 li 登录。单击 "连接" 按钮连接到 SQL Server 服务器。

（2）在 "查询分析器" 窗口中使用如下语句将用户 User_li 在 xsb 表上的 SELECT 权限授予 Useir_huang：

```
USE xscj
GO
GRANT SELECT
    ON xsb TO User_huang
    AS ROLE2
```

说明　　由于 User_li 是 ROLE2 角色的成员，因此必须用 AS 子句对 User_huang 授予权限。

【例 9.17】　在当前数据库 xscj 中给 public 角色赋予对表 xsb 中 "学号" "姓名" 字段的 SELECT 权限。

以系统管理员身份登录 SQL Server，新建一个查询，输入以下语句：

```
USE xscj
GO
GRANT SELECT
    (学号,姓名) ON xsb
    TO public
GO
```

2. 界面方式授予语句权限

（1）授予数据库的权限

例如，数据库用户 User_wang 授予 xscj 数据库的 CREATE TABLE 语句的权限（即创建表的权限）。

① 选择 "xscj"数据库，单击鼠标右键，选择"属性"菜单项进入 xscj 数据库的属性窗口，选择"权限"页。在用户或角色栏中选择需要授予权限的用户或角色（如 User_wang），在窗口下方列出的权限列表中找到相应的权限（如"创建表"），在复选框中打钩，单击"确定"按钮即可完成。

② 如果需要授予权限的用户在列出的用户列表中不存在，可以单击"搜索"按钮将该用户添加到列表中再选择。单击"有效"选项卡可以查看该用户在当前数据库中有哪些权限。

（2）授予数据库对象上的权限

例如，给数据库用户 User_wang 授予 kcb 表上的 SELECT、INSERT 的权限。

① 选择"xscj"数据库→"表"→"kcb"，单击鼠标右键，选择"属性"菜单项进入 kcb 表的属性窗口，选择"权限"选项页。

② 单击"搜索"按钮，在弹出的"选择用户或角色"窗口中单击"浏览"按钮，选择需要授权的用户或角色（如 User_wang），选择后单击"确定"按钮回到 kcb 表的属性窗口。

③ 选择用户（如 User_huang），在权限列表中选择需要授予的权限，如"插入""选择"，单击"确定"按钮完成授权。

④ 如果要授予用户在表的列上的 SELECT 权限，可以选择"选择"权限后单击"列权限"按钮，在弹出的"列权限"对话框中选择要授予权限的列即可。

对用户授予权限后，读者可以以该用户身份登录 SQL Server，然后对数据库执行相关的操作，以测试是否得到已授予的权限。

9.4.2 拒绝权限

使用 DENY 命令可以拒绝给当前数据库内的用户授予的权限，并防止数据库用户通过其组或角色成员资格继承权限。

语法格式：

```
DENY { ALL [ PRIVILEGES ] }
    | 权限 [ ( 列 [ , ... ] ) ] [ , ... ]
    [ ON 安全对象 ] TO 主体 [ , ... ]
    [ CASCADE] [ AS 主体 ]
```

CASCADE 表示拒绝授予指定用户或角色该权限，同时对该用户或角色授予该权限的所有其他用户和角色也拒绝授予该权限。当主体具有带 WITH GRANT OPTION 的权限时，为必选项。DENY 命令语法格式其他各项的含义与 GRANT 命名中的相同。

（1）如果使用 DENY 语句禁止用户获得某个权限，那么以后将该用户添加到已得到该权限的组或角色时，该用户不能访问这个权限。

（2）默认情况下，sysadmin、db_securityadmin 角色成员和数据库对象所有者具有执行 DENY 的权限。

【例 9.18】 对多个用户不允许使用 CREATE VIEW 和 CREATE TABLE 语句。

```
DENY CREATE VIEW, CREATE TABLE
    TO li, huang
GO
```

【例 9.19】 拒绝用户 li、huang、[WINT_20141023IG\Liu]对表 xsb 的一些权限，这样，这些用户就没有对 xsb 表的操作权限了。

```
USE xscj
GO
DENY SELECT, INSERT, UPDATE, DELETE
    ON xsb TO li, huang, [WINT_20141023IG\Liu]
GO
```

【例 9.20】　对所有 ROLE2 角色成员拒绝 CREATE TABLE 权限。

```
DENY CREATE TABLE
    TO ROLE2
GO
```

假设用户 wang 是 ROLE2 的成员，并显式授予了 CREATE TABLE 权限，但仍拒绝 wang 的 CREATE TABLE 权限。

界面方式拒绝权限也是在相关的数据库或对象的属性窗口中操作的，在相应的"拒绝"复选框中选择即可。

9.4.3　撤销权限

利用 REVOKE 命令可撤销以前给当前数据库用户授予或拒绝的权限。

语法格式：

```
REVOKE [ GRANT OPTION FOR ]
{
    [ ALL [ PRIVILEGES ] ]
        | 权限 [ ( 列 [ , ... ] ) ] [ , ... ]
}
[ ON 安全对象 ]
{ TO | FROM } 主体 [ , ... ]
[ CASCADE] [ AS 主体 ]
```

① REVOKE 只适用于当前数据库内的权限。GRANT OPTION FOR 表示将撤销授予指定权限的能力。

② REVOKE 只在指定的用户、组或角色上取消授予或拒绝的权限。例如，给 wang 用户账户授予了查询 xsb 表的权限，该用户账户是 ROLE1 角色的成员。如果取消了 ROLE1 角色查询 xsb 表的访问权，并且已显式授予 wang 查询表的权限，则 wang 仍能查询该表；若未显式授予 wang 查询 xsb 的权限，那么取消 ROLE1 角色的权限也将禁止 wang 查询该表。

③ REVOKE 权限默认授予 sysadmin 固定服务器角色成员、db_owner 和 db_securityadmin 固定数据库角色成员。

【例 9.21】　取消已授予用户 User_wang 的 CREATE TABLE 权限。

```
REVOKE CREATE TABLE
    FROM User_wang
```

【例 9.22】　取消授予多个用户的多个语句权限。

```
REVOKE CREATE TABLE, CREATE DEFAULT
    FROM User_wang, User_li
GO
```

【例 9.23】　取消以前对 User_wang 授予或拒绝的在 xsb 表上的 SELECT 权限。

```
REVOKE SELECT
    ON xsb
    FROM User_wang
```

【例 9.24】角色 ROLE2 在 xsb 表上拥有 SELECT 权限，用户 User_li 是 ROLE2 的成员，User_li 使用 WITH GRANT OPTION 子句将 SELECT 权限转移给了用户 User_huang，用户 User_huang 不是 ROLE2 的成员。现要以用户 User_li 的身份撤销用户 User_huang 的 SELECT 权限。

以登录名"li"的身份登录 SQL Server 服务器，新建一个查询，使用如下语句撤销 User_huang 的 SELECT 权限：

```
USE xscj
GO
REVOKE SELECT
    ON xsb
    TO User_huang
    AS ROLE2
```

9.5 数据库架构的定义和使用

在 SQL Server 2016 中，数据库架构是一个独立于数据库用户的非重复命名空间，数据库中的对象都属于某一个架构。一个架构只能有一个所有者，所有者可以是用户、数据库角色等。架构的所有者可以访问架构中的对象，并且还可以授予其他用户访问该架构的权限。

可以使用"对象资源管理器"和 T-SQL 语句两种方式来创建架构，但必须具有 CREATE SCHEMA 权限。

9.5.1 界面方式创建架构

1. 创建架构

以在 xscj 数据库中创建架构为例，具体步骤如下。

（1）以系统管理员身份登录 SQL Server，在"对象资源管理器"中展开"数据库"→"xscj"→"安全性"，选择"架构"，单击鼠标右键，在弹出的快捷菜单中选择"新建架构"菜单项。

（2）在打开的"架构-新建"窗口中选择"常规"选项页，在窗口右边"架构名称"下面的文本框中输入架构名称（如 Sch_test）。单击"搜索"按钮，在打开的"搜索角色和用户"对话框中单击"浏览"按钮，在打开的"查找对象"对话框中，在用户"User_SQL_liu"前面的复选框中打钩，单击"确定"按钮，返回"搜索角色和用户"对话框，如图 9.10 所示。

单击"确定"按钮，返回"架构-新建"窗口，如图 9.11 所示。

图 9.10 查找对象

图 9.11 新建架构

单击"确定"按钮，完成架构的创建。这样就将用户 User_SQL_liu 设为架构 Sch_test 的所有者。

（3）创建完成后在"数据库"→"xscj"→"安全性"→"架构"中，可以找到该创建后的新架构，打开该架构的属性窗口可以更改架构的所有者。

2. 架构应用

（1）架构创建完后可以新建一个测试表来测试如何访问架构中的对象。在 xscj 数据库中新建一个名为 table_1 的表。在创建表时，表的默认架构为 dbo，要在表的属性窗口中将其架构修改为 Sch_test。设置完成后保存该表，保存后的表可以在"对象资源管理器"中找到，此时表名就已经变成 Sch_test. table_1。

（2）打开表 Sch_test. table_1，在表中输入一行数据"测试架构的使用"。

（3）在"对象资源管理器"中展开数据库"xscj"→"安全性"→"架构"，选择新创建的架构 Sch_test，单击鼠标右键，在弹出的快捷菜单中选择"属性"菜单项，打开"架构属性"窗口，在该架构属性的"权限"选项页中，单击"搜索"按钮，选择用户 User_sql_owner（假设已经创建），为用户 User_sql_owner 分配权限，如"选择"权限。单击"确定"按钮，保存上述设置。用同样的方法，还可以授予其他用户访问该架构的权限。

（4）重新启动"SSMS"，使用 SQL Server 身份验证方式，以 sql_owner 的登录名连接 SQL Server。在连接成功后，创建一个新的查询，在"查询分析器"窗口中输入查询表 Sch_test. table_1 中数据的 T-SQL 语句。

```
USE xscj
GO
SELECT * FROM Sch_test.table_1
```

查询成功，结果正确。

再新建一个 SQL 查询，在查询编辑器中输入删除表 Sch_test. table_1 的 T-SQL 语句：

```
DELETE FROM Sch_test.table_1
```

很明显，由于用户 User_sql_owner 所属的架构没有相应的 DELETE 权限，因此无法对表 Sch_test. table_1 执行删除操作。

> 在创建完架构后，再创建用户时可以为用户指定新创建的架构为默认架构，或者将架构指定为用户拥有的架构。

9.5.2　命令方式创建架构：CREATE SCHEMA

可以使用 CREATE SCHEMA 语句创建数据库架构。

语法格式：

```
CREATE SCHEMA <架构名子句> [ <架构元素> [ , ... ] ]
```

其中：

```
<架构名子句> ::=
{
    架构名
    | AUTHORIZATION 所有者名
    | 架构名 AUTHORIZATION 所有者名
}
<架构元素> ::=
{
    表定义 | 视图定义 | grant 语句
    revoke 语句 | deny 语句
}
```

① 架构名：在数据库内标识架构的名称，架构名称在数据库中要唯一。

② AUTHORIZATION 所有者名：指定将拥有架构的数据库级主体（如用户、角色等）的名称。此主体还可以拥有其他架构，并且可以不使用当前架构作为其默认架构。

③ 表定义：指定在架构内创建表的 CREATE TABLE 语句。执行此语句的主体必须对当前数据库具有 CREATE TABLE 权限。

④ 视图定义：指定在架构内创建视图的 CREATE VIEW 语句。执行此语句的主体必须对当前数据库具有 CREATE VIEW 权限。

⑤ grant 语句：指定可对除新架构外的任何安全对象授予权限的 GRANT 语句。

⑥ revoke 语句：指定可对除新架构外的任何安全对象撤销权限的 REVOKE 语句。

⑦ deny 语句：指定可对除新架构外的任何安全对象拒绝授予权限的 DENY 语句。

【例 9.25】 创建架构 sch1，其所有者为用户 User_david。

以系统管理员身份登录 SQL Server，新建一个查询，输入以下语句：

```
USE xscj
GO
CREATE SCHEMA  sch1
   AUTHORIZATION User_david
```

另外，要删除可以使用 DROP SCHEMA 语句，例如：

```
DROP SCHEMA  sch1
```

删除架构时必须保证架构中没有对象。例如，无法删除架构 Sch_test，是因为表 table_1 属于架构 Sch_test，必须先删除表 table_1 才能删除架构 Sch_test。

习 题

一、选择题

1. 操作数据库对象需要（   ）。
   A. 登录 SQL Server 实例
   B. 登录数据库
   C. 对指定对象具有操作权限
   D. A、B 和 C

2. 采用混合模式登录 SQL Server，（   ）说法不正确。
   A. 该模式是在 SQL Server 实例安装时指定的
   B. 该模式可以 Windows 登录名登录
   C. 该模式允许使用 SQL Server 登录名登录
   D. sa 是 SQL Server 实例的系统管理员

3. 用户对服务器的权限不能通过（   ）得到。
   A. 通过加入固定服务器角色中
   B. 应用程序角色
   C. 本地 Windows 用户
   D. 其他特殊权限

4. 用户对数据库的权限可通过（   ）得到。
   A. 通过加入固定数据库角色中
   B. 通过加入自定义数据库角色中
   C. Windows 用户加固定数据库角色中
   D. A、B、C 和其他

5. 通过架构级别不能实现（   ）。
   A. 用户操作数据库对象的权限
   B. 系统默认架构为 dbo

    C. 可以操作不同数据库   D. 用户可以加入多个架构

6. 权限不可以（　　　）。

    A. 通过界面方式创建   B. 通过方式命令方式删除

    C. 对象的权限包含执行何种操作   D. 只要能够进入数据库即可授权

二、说明题

1. SQL Server 采用哪些措施实现数据库的安全管理？

2. 如何创建 Windows 身份验证模式的登录名？

3. 如何创建 SQL Server 身份验证模式的登录名？

4. 服务器角色分为哪几类？每一类有哪些权限？

5. 固定数据库角色分为哪几类？每一类有哪些操作权限？

6. 自定义一个数据库角色，并授予其数据库 xscj 上的权限。

7. 如何给一个数据库角色和用户赋予操作权限？

8. 数据库中架构的作用是什么？使用界面方式创建数据库架构，并将架构的某些权限授予某个用户。

第**10**章
其他概念

本章主要讨论 SQL Server 中的一些其他概念，包括事务、锁定、SQL Server 自动化管理和 SQL Server 服务等。

10.1 事 务

到目前为止，数据库都是假设只有一个用户在使用，但是实际情况往往是多个用户共享数据库。多个用户可能在同一时刻去访问或修改同一部分数据，这样可能导致数据库中的数据不一致，这时就需要用到事务。

10.1.1 事务与 ACID 属性

事务在 SQL Server 中相当于一个执行单元，它由一系列 T-SQL 语句组成。这个单元中的每个 SQL 语句是互相依赖的，并且单元作为一个整体是不可分割的。如果单元中的一个语句不能完成，整个单元就会回滚（撤销），所有影响到的数据将返回到事务开始以前的状态。因此，只有事务中的所有语句都成功地执行，才能说这个事务被成功地执行。

图 10.1 添加雇员事务

用一个简单的例子来帮助理解事务：向公司添加一名新的雇员，如图 10.1 所示。这里的过程由 3 个基本步骤组成：在雇员数据库中为雇员创建一条记录；为雇员分配部门；建立雇员的工资记录。这 3 项任务构成了一个事务，任何一个任务的失败都会导致整个事务被撤销，而使系统返回到以前的状态。

在形式上，每个事务的处理必须满足 ACID 原则，即原子性（Atomicity）、一致性（Consistency）、隔离性（Isolation）和持久性（Durability）。

（1）原子性。原子性意味着每个事务都必须被认为是一个不可分割的单元。假设一个事务由两个或者多个任务组成，其中的语句必须同时成功，才能认为事务是成功的。如果事务失败，系统将会返回到事务以前的状态。

在添加雇员这个例子中，原子性是指如果没有创建雇员相应的工资表和部门记录，就不可能向雇员数据库添加雇员。

原子的执行是一个或者全部发生或者什么也没有发生的命题。在一个原子操作中，如果事务中的任何一个语句失败，前面执行的语句都将返回，以保证数据的整体性没有受到影响。这在一些关键系统中尤其重要，现实世界的应用程序（如金融系统）执行数据输入或更新，必须保证不出现数

186

据丢失或数据错误，以保证数据安全性。

（2）一致性。不管事务是完全成功完成还是中途失败，当事务使系统中的所有数据处于一致的状态时存在一致性。参照前面的例子，一致性是指如果从系统中删除了一个雇员，则所有和该雇员相关的数据，包括工资数据和组的成员资格也要被删除。

（3）隔离性。隔离性是指每个事务在它自己的空间发生，和其他发生在系统中的事务隔离，而且事务的结果只有在它完全被执行时才能看到。即使在这样的一个系统中同时发生了多个事务，隔离性原则也会保证某个特定事务在完全完成之前，其结果是看不见的。

当系统支持多个同时存在的用户和连接时（如 SQL Server），隔离性就尤其重要。如果系统不遵循这个基本规则，就可能导致大量数据的破坏，如每个事务各自空间的完整性很快地被其他冲突事务所侵犯。

（4）持久性。持久性意味着一旦事务执行成功，在系统中产生的所有变化将是永久的。即使系统崩溃，一个提交的事务仍然存在。当一个事务完成，数据库的日志已经被更新时，持久性就开始发生作用了。大多数 RDBMS 产品通过保存所有行为的日志来保证数据的持久性，这些行为是指在数据库中以任何方法更改数据。数据库日志记录了所有对于表的更新、查询、报表等。

10.1.2　多用户使用问题

当多个用户对数据库并发访问时，可能会导致丢失更新、脏读、不可重复读和幻读等问题。

- 丢失更新（lost update）：指当两个或多个事务选择同一行，然后基于最初选定的值更新该行时，由于每个事务都不知道其他事务的存在，因此最后的更新将重写由其他事务所做的更新，这将导致数据丢失。
- 脏读（dirty read）：指一个事务正在访问数据，而其他事务正在更新该数据，但尚未提交，此时就会发生脏读问题，即第一个事务所读取的数据是"脏"（不正确）数据，它可能会引起错误。
- 不可重复读（unrepeatable read）：当一个事务多次访问同一行且每次读取不同的数据时，会发生此问题。不可重复读与脏读有相似之处，因为该事务也是正在读取其他事务正在更改的数据。当一个事务访问数据时，另外的事务也访问该数据并对其进行修改，因此就发生了由于第二个事务对数据的修改而导致第一个事务两次读到的数据不一样的情况，这就是不可重复读。
- 幻读（phantom read）：当一个事务对某行执行插入或删除操作，而该行属于某个事务正在读取的行的范围时，会发生幻读问题。事务第一次读的行范围显示出其中一行已不复存在于第二次读或后续读中，因为该行已被其他事务删除。同样，由于其他事务的插入操作，事务的第二次读或后续读显示有一行已不存在于原始读中。

10.1.3　事务处理：BEGIN/COMMIT/ROLLBACK/SAVE /ROLLBACK TRANSACTION

SQL Server 中的事务可以分为两类：系统提供的事务和用户定义的事务。

系统提供的事务是在执行某些 T-SQL 语句时，一条语句就构成了一个事务，这些语句包括 ALTER TABLE、CREATE、DELETE、DROP、FETCH、GRANT、INSERT、OPEN、REVOKE、SELECT、UPDATE、TRUNCATE TABLE。

例如，执行如下创建表的语句：

```
CREATE TABLE xxx
(
    f1 int        NOT NULL,
    f2 char(10)   NOT NULL,
```

```
        f3 varchar(30) NULL
)
```

以上语句本身构成一个事务，它要么建立包含 3 列的表结构，要么对数据库没有任何影响，而不会建立包含 1 列或 2 列的表结构。

在实际应用中，大量使用的是用户自定义的事务。用户自定义事务的定义方法如下。

1. 开始事务

在 SQL Server 中，显式地开始一个事务可以使用 BEGIN TRANSACTION 语句。

语法格式：

```
BEGIN { TRAN | TRANSACTION }
[
    { 事务名 | @事务名变量 }
    [ WITH MARK [ 'dEscription' ] ]
]
```

（1）TRAN：是 TRANSACTION 的同义词。

（2）事务名：分配给事务的名称，必须遵循标识符规则，但字符数不能大于 32。

（3）@事务名变量：用户定义的、含有有效事务名称的变量名称。

（4）WITH MARK['dEscription']：指定在日志中标记事务。dEscription 是描述该标记的字符串。如果使用了 WITH MARK，则必须指定事务名。

2. 结束事务

COMMIT TRANSCATION 语句是提交语句，它将事务开始以来所执行的所有数据都修改为数据库的永久部分，也标志一个事务的结束，其语法格式为：

```
COMMIT { TRAN | TRANSACTION }
    [ 事务名 | @事务名变量 ] ]
```

标志一个事务的结束也可以使用 COMMIT WORK 语句。语法格式为：

COMMIT [WORK]

此语句的功能与 COMMIT TRANSACTION 相同，但 COMMIT TRANSACTION 接受用户定义的事务名称，而 COMMIT WORK 不带参数。

3. 撤销事务

若要结束一个事务，可以使用 ROLLBACK TRANSACTION 语句。它使得事务回滚到起点，撤销自最近一条 BEGIN TRANSACTION 语句以后对数据库的所有更改，同时也标志了一个事务的结束。

语法格式：

```
ROLLBACK { TRAN | TRANSACTION }
    [ 事务名 | @事务名变量 ]
```

"事务名"是为 BEGIN TRANSACTION 语句上的事务分配的名称；"@事务名变量"为用户定义的、含有有效事务名称的变量名称。

ROLLBACK TRANSACTION 语句不能在 COMMIT 语句之后。

另外，一条 ROLLBACK WORK 语句也能撤销一个事务，功能与 ROLLBACK TRANSACTION 语句一样，但 ROLLBACK TRANSACTION 语句接受用户定义的事务名称。

语法格式：

```
ROLLBACK [ WORK ] [ ; ]
```

4. 回滚事务

ROLLBACK TRANSACTION 语句除了能够撤销整个事务外，还可以使事务回滚到某个点，不过在这之前需要使用 SAVE TRANSACTION 语句来设置一个保存点。

SAVE TRANSACTION 的语法格式：

```
SAVE { TRAN | TRANSACTION }
    { 保存点名 | @保存点变量 }
```

　　　"保存点名"是分配给保存点的名称；"@保存点变量"为包含有效保存点名称的用户定义变量的名称。

SAVE TRANSACTION 语句会向已命名的保存点回滚一个事务。如果在保存点被设置后，当前事务对数据进行了更改，则这些更改会在回滚中被撤销。语法格式：

```
ROLLBACK { TRAN | TRANSACTION }
    [ 保存点名 | @保存点变量 ]
```

其中，"保存点名"是 SAVE TRANSACTION 语句中的保存点名。在事务中允许有重复的保存点名称，但指定保存点名称的 ROLLBACK TRANSACTION 语句只将事务回滚到使用该名称的最近的 SAVE TRANSACTION。

下面几个语句说明了有关事务的处理过程：

（1）BEGIN TRANSACTION mytran1

（2）UPDATE …

（3）DELETE…

（4）SAVE TRANSACTION S1

（5）DELETE…

（6）ROLLBACK TRANSACTION S1;

（7）INSERT…

（8）COMMIT TRANSACTION

（1）开始了一个事务 mytran1。

（2）（3）对数据进行了修改，但没有提交。

（4）设置了一个保存点 S1。

（5）删除了数据，但没有提交。

（6）事务回滚到保存点 S1，这时语句⑤所做修改被撤销了。

（7）加了数据。

（8）结束了这个事务 mytran1，这时只有语句（2）、（3）、（7）对数据库做的修改被持久化。

【例 10.1】 定义一个事务，向 xscj 数据库的 xsb 表添加一行数据，然后删除该行数据。但执行后，新插入的数据行并没有删除，因为事务中使用了 ROLLBACK 语句将操作回滚到保存点 My_sav，即删除前的状态。

```
BEGIN TRANSACTION My_tran
USE xscj
INSERT INTO xsb
    VALUES('191315', '胡新华', 1, '1996-06-27', '计算机', 50, NULL)
SAVE TRANSACTION My_sav
DELETE FROM xsb WHERE 学号='191315'
ROLLBACK TRAN My_sav
COMMIT WORK
GO
```

执行完上述语句后使用 SELECT 语句查询 xsb 表中的记录：

```
SELECT *
    FROM xsb
    WHERE 学号='191315'
```

执行结果仍然是"胡新华"记录信息。

在 SQL Server 中，事务是可以嵌套的。例如，在 BEGIN TRANSACTION 语句之后还可以再使用 BEGIN TRANSACTION 语句在本事务中开始另外一个事务。在 SQL Server 中有一个系统全局变量@@TRANCOUNT，这个全局变量用于报告当前等待处理的嵌套事务的数量。如果没有等待处理的事务，则这个变量值为 0。BEGIN TRANSACTION 语句将使@@TRANCOUNT 的值加 1。ROLLBACK TRANSACTION 语句将使 @@TRANCOUNT 的值递减到 0，但 ROLLBACK TRANSACTION savepoint_name 语句不影响@@TRANCOUNT 的值。COMMIT TRANSACTION 和 COMMIT WORK 语句将使@@TRANCOUNT 的值减 1。

前面所提及的事务都是在一个服务器上的操作，还有一种称为分布式事务的用户定义事务。分布式事务跨越两个或多个服务器，通过建立分布式事务并执行它，通过事务管理器负责协调事务管理，保证数据的完整性。SQL Server 中主要的事务管理器是 Microsoft 分布式事务处理协调器（MS DTC）。对于应用程序，管理分布式事务很像管理本地事务。事务结束时，应用程序请求提交或回滚事务。不同的是，分布式事务提交必须由事务管理器管理，以避免出现因网络故障而导致一个事务由某些资源管理器成功提交，但由另一些资源管理器回滚的情况。由于本书篇幅有限，有关分布式事务的具体内容这里不详细讨论。

10.1.4　事务隔离级：SET TRANSACTION ISOLATION LEVEL

每一个事务都有一个所谓的隔离级，它定义了用户彼此之间隔离和交互的程度。前面曾提到，事务型关系型数据库管理系统的一个最重要的属性就是：它可以"隔离"在服务器上正在处理的不同的会话。在单用户的环境中，这个属性无关紧要，因为在任意时刻只有一个会话处于活动状态。但是在多用户环境中，许多关系型数据库管理系统会话在任一给定时刻都是活动的。在这种情况下，能够隔离事务是很重要的，这样它们不互相影响，同时保证数据库性能不受到影响。

为了了解隔离的重要性，有必要花些时间来考虑如果不强加隔离会发生什么。如果没有事务的隔离性，不同的 SELECT 语句将会在同一个事务的环境中检索到不同的结果，因为在这期间，数据已经基本上被其他事务所修改。这将导致不一致性，同时很难相信结果集，从而不能利用查询结果作为计算的基础。因而隔离性强制对事务进行某种程度的隔离，保证应用程序在事务中看到一致的数据。

较低的隔离级别可以增加并发，但代价是降低数据的正确性。相反，较高的隔离级别可以确保数据的正确性，但可能对并发产生负面影响。

在 SQL Server 中，可以使用 SET TRANSACTION ISOLATION LEVEL 语句来设置事务的隔离级别。语法格式：

```
SET TRANSACTION ISOLATION LEVEL
{
    READ UNCOMMITTED
    | READ COMMITTED
    | REPEATABLE READ
    | SNAPSHOT
    | SERIALIZABLE
}
```

　　SQL Server 提供了 5 种隔离级：未提交读（READ UNCOMMITTED）、提交读（READ COMMITTED）、可重复读（REPEATABLE READ）、快照（SNAPSHOT）和序列化（SERIALIZABLE）。

（1）未提交读。未提交读提供了事务之间最小限度的隔离，允许脏读，但不允许丢失更新。如果一个事务已经开始写数据，则另外一个事务不允许同时进行写操作，但允许其他事务读取此行数据。该隔离级别可以通过"排他锁"实现。

（2）提交读。提交读是 SQL Server 默认的隔离级别，处于这一级的事务可以看到其他事务添加的新记录，而且其他事务对现存记录做出的修改一旦被提交，也可以看到。也就是说，这意味着在事务处理期间，如果其他事务修改了相应的表，那么同一个事务的多个 SELECT 语句可能返回不同的结果。提交读允许不可重复读取，但不允许脏读。该隔离级别可以通过"共享锁"和"排他锁"实现。

（3）可重复读。处于这一级的事务禁止不可重复读取和脏读取，但是有时可能出现幻读。读取数据的事务将会禁止写事务（但允许读事务），写事务则禁止任何其他事务。

（4）快照。处于这一级别的事务只能识别在其开始之前提交的数据修改。在当前事务中执行的语句将看不到在当前事务开始以后由其他事务所做的数据修改。其效果就好像事务中的语句获得了已提交数据的快照，因为该数据在事务开始时就存在。必须在每个数据库中将 ALLOW_SNAPSHOT_ISOLATION 数据库选项设置为 ON，才能开始一个使用 SNAPSHOT 隔离级别的事务。设置的方法如下：

```
ALTER DATABASE 数据库名
    SET ALLOW_SNAPSHOT_ISOLATION ON
```

（5）序列化。序列化是隔离事务的最高级别，提供严格的事务隔离。它要求事务序列化执行，事务只能一个接着一个地执行，不能并发执行。

隔离级别越高，越能保证数据的完整性和一致性，但是对并发性能的影响也越大。对于大多数应用程序，可以优先考虑把数据库的隔离级别设为提交读，它能够避免脏读取，而且具有较好的并发性能。

下面就 xscj 数据库的隔离级别设置做一个简单示范，在 SSMS 中打开两个"查询分析器"窗口，在第一个窗口中执行如下语句，更新课程表 kcb 中的信息：

```
USE xscj
GO
BEGIN TRANSACTION
UPDATE kcb SET 课程名='计算机导论' WHERE 课程号='101'
```

由于代码中并没有执行 COMMIT 语句，所以数据变动操作实际上还没有最终完成。接下来，在另一个窗口中执行下列语句查询 kcb 表中的数据：

```
SELECT * FROM kcb
```

"结果"窗口中将不显示任何查询结果，窗口底部提示"正在执行查询…"。出现这种情况的原因是，xscj 数据库的默认隔离级别是提交读，若一个事务更新了数据，但事务尚未结束，这时就发生了脏读的情况。

在第一个窗口中使用 ROLLBACK 语句回滚以上操作。这时使用 SET 语句设置事务的隔离级别为未提交读，执行如下语句：

```
SET TRANSACTION ISOLATION LEVEL READ UNCOMMITTED
```

这时再重新执行修改和查询的操作就能够查询到事务正在修改的数据行，因为未提交读隔离级别允许脏读。

10.2　锁　　定

当用户对数据库并发访问时，为了确保事务完整性和数据库的一致性，需要使用锁定，它是实现数据库并发控制的主要手段。锁定可以防止用户读取正在由其他用户更改的数据，并可以防止多个用户同时更改相同数据。如果不使用锁定，则数据库中的数据可能在逻辑上不正确，并且对数据的查询可能会产生意想不到的结果。具体地说，锁可以防止丢失更新、脏读、不可重复读和幻读。

当两个事务分别锁定某个资源，而又分别等待对方释放其锁定的资源时，就会发生死锁。

10.2.1 锁定粒度

在 SQL Server 中，可被锁定的资源从小到大分别是行、页、扩展盘区、表和数据库，被锁定的资源单位称为锁定粒度。可见，上述 5 种资源单位其锁定粒度是由小到大排列的。锁定粒度不同，系统的开销将不同，并且锁定粒度与数据库访问并发度是一对矛盾，锁定粒度大，系统开销小，但并发度会降低；锁定粒度小，系统开销大，但并发度可提高。

10.2.2 锁定模式

SQL Server 使用不同的锁模式锁定资源，这些锁模式确定了并发事务访问资源的方式。共有 7 种锁模式，分别是：排他（Exclusive, X）、共享（Shared, S）、更新（Update, U）、意向（Intent）、架构（Schema）、键范围（Key-range）和大容量更新（Bulk Update, BU）。

（1）排他锁。排他锁可以防止并发事务对资源进行访问。其他事务不能读取或修改排他锁锁定的数据。

（2）共享锁。共享锁允许并发事务读取一个资源。当一个资源上存在共享锁时，任何其他事务都不能修改数据。一旦读取数据完毕，资源上的共享锁便立即释放，除非将事务隔离级别设置为可重复读或更高级别，或者在事务生存周期内用锁定提示保留共享锁。

（3）更新锁。更新锁可以防止通常形式的死锁。一般更新模式由一个事务组成，此事务读取记录，获取资源（页或行）的共享锁，然后修改行，此操作要求锁转换为排他锁。如果两个事务获得了资源上的共享锁，然后试图同时更新数据，则其中的一个事务将尝试把锁转换为排他锁。共享模式到排他锁的转换必须等待一段时间，因为一个事务的排他锁与其他事务的共享锁不兼容，这就是锁等待。第二个事务试图获取排他锁以进行更新。由于两个事务都要转换为排他锁，并且每个事务都等待另一个事务释放共享锁，因此会发生死锁，这就是潜在的死锁问题。

为避免这种情况的发生，可使用更新锁。一次只允许有一个事务可获得资源的更新锁，如果该事务要修改锁定的资源，则更新锁将转换为排他锁；否则为共享锁。

（4）意向锁。意向锁表示 SQL Server 需要在层次结构中的某些底层资源（如表中的页或行）上获取共享锁或排他锁。例如，放置在表级的共享意向锁表示事务打算在表中的页或行上放置共享锁。在表级设置意向锁可防止另一个事务随后在包含那一页的表上获取排他锁。意向锁可以提高性能，因为 SQL Server 仅在表级检查意向锁来确定事务是否可以安全地获取该表上的锁，而无须检查表中的每行或每页上的锁以确定事务是否可以锁定整个表。

意向锁包括意向共享锁（IS）、意向排他锁（IX），以及与意向排他共享锁（ISX）。

● 意向共享锁：通过在各资源上放置共享锁，表明事务的意向是读取层次结构中的部分底层资源。

● 意向排他锁：通过在各资源上放置排他锁，表明事务的意向是修改层次结构中部分底层资源。

● 意向排他共享锁：通过在各资源上放置意向排他锁，表明事务的意向是读取层次结构中的全部底层资源并修改部分底层资源。

（5）键范围锁。键范围锁用于序列化的事务隔离级别，可以保护由 T-SQL 语句读取的记录集合中隐含的行范围。键范围锁可以防止幻读，还可以防止对事务访问的记录集进行幻想插入或删除。

（6）架构锁。执行表的数据定义语言操作（如增加列或删除表）时使用架构修改锁。

当编译查询时，使用架构稳定性锁。架构稳定性锁不阻塞任何事务锁，包括排他锁。因此在编译查询时，其他事务（包括在表上有排他锁的事务）都能继续运行，但不能在表上执行 DDL 操作。

（7）大容量更新锁。当将数据大容量复制到表，且指定了 TABLOCK 提示或者使用 sp_tableoption 设置了 table lock on bulk 表选项时，将使用大容量更新锁。大容量更新锁允许进程将数据并发地大容量复制到同一表，同时可防止其他不进行大容量复制数据的进程访问该表。

10.3　自动化管理

SQL Server 提供了使任务自动化的内部功能，本节主要介绍 SQL Server 中任务自动化的基础知识，如作业、警报、操作员等。

数据库的自动化管理实际上是指对预先能够预测到的服务器事件或必须按时执行的管理任务，根据已经制订好的计划做出必要的操作。通过数据库自动化管理，可以处理一些日常的事务和事件，减轻数据库管理员的负担；当服务器发生异常时通过自动化管理可以自动发出通知，以便让管理员及时获得信息，并做出处理。例如，如果希望在每个工作日下班后备份公司的所有服务器，就可以使该任务自动执行。将备份安排在星期一到星期五的 22:00 之后运行，如果备份出现问题将自动发出通知。

在 SQL Server 中要进行自动化管理，需要按以下步骤进行操作：

（1）确定哪些管理任务或服务器事件定期执行，以及这些任务或事件是否可以通过编程方式进行管理；

（2）使用自动化管理工具定义一组作业、计划、警报和操作员；

（3）运行已定义的 SQL Server 代理作业。

SQL Server 自动化管理能够实现以下几种管理任务：

（1）任何 T-SQL 语法中的语句；

（2）操作系统命令；

（3）VBScript 或 JavaScript 之类的脚本语言；

（4）复制任务；

（5）数据库创建和备份；

（6）索引重建；

（7）报表生成。

10.3.1　SQL Server 代理

要实现 SQL Server 数据库自动化管理，首先必须启动并正确配置 SQL Server 代理。SQL Server 代理是一种 Microsoft Windows 服务，它执行安排的管理任务，即"作业"。SQL Server 代理运行作业、监视 SQL Server 并处理警报。

在安装 SQL Server 时，SQL Server 代理服务默认是禁用的，要执行管理任务，首先必须启动 SQL Server 代理服务。可以在 SQL Server 配置管理器或 SSMS 的资源管理器中启动 SQL Server 代理服务。

SQL Server 代理服务启动以后需要正确配置 SQL Server 代理。SQL Server 代理的配置信息主要保存在系统数据库 msdb 的表中，使用 SQL Server 用户对象来存储代理的身份验证信息。在 SQL Server 中，必须将 SQL Server 代理配置为使用 sysadmin 固定服务器角色成员的账户，才能执行其功能。该账户必须拥有以下 Windows 权限：

- 调整进程的内存配额；
- 以操作系统方式操作；
- 跳过遍历检查；
- 作为批处理作业登录；
- 作为服务登录；
- 替换进程级记号。

如果需要验证账户是否已经设置了所需的 Windows 权限，请参考有关 Windows 文档。

通常情况下，为 SQL Server 代理选择的账户都是为此目的创建的域账户，并且有严格控制的访问权限。使用域账户不是必需的，但是如果使用本地计算机上的账户，那么 SQL Server 代理就没有权限访问其他计算机上的资源。SQL Server 需要访问其他计算机的情况很常见，例如，当它在另一台计算机上的某个位置创建数据库备份和存储文件时。

SQL Server 代理服务可以使用 Windows 身份验证或 SQL Server 身份验证连接到 SQL Server 本地实例，但是无论选择哪种身份验证，账户都必须是 sysadmin 固定服务器角色的成员。

10.3.2　操作员

SQL Server 代理服务支持通过操作员通知管理员的功能。操作员是在完成作业或出现警报时可以接收电子通知的人员或组的别名。操作员主要有两个属性：操作员名称和联系信息。

每一个操作员都必须具有一个唯一的名称，操作员的联系信息决定了通知操作员的方式。

10.3.3　作业

在 SQL Server 中，可以使用 SQL Server 代理作业来自动执行日常管理任务并反复运行它们，从而提高管理效率。作业是一系列由 SQL Server 代理按顺序执行的指定操作。作业可以执行一系列活动，包括运行 Transact-SQL 脚本、命令行应用程序、Microsoft ActiveX 脚本、Integration Services 包、Analysis Services 命令、查询或复制任务。作业可以运行重复任务或那些可计划的任务，它们可以通过生成警报来自动通知用户作业状态，从而极大地简化了 SQL Server 管理。作业可以手动运行，也可以配置为根据计划或响应警报来运行。

创建作业时，可以给作业添加成功、失败或完成时接收通知的操作员。那么当作业结束时，操作员可以收到作业的输出结果。

10.3.4　警报

对事件的自动响应称为"警报"。SQL Server 允许创建警报来解决潜在的错误问题。用户可以针对一个或多个事件定义警报，指定希望 SQL Server 代理如何响应发生的这些事件。

事件由 SQL Server 生成并输入到 Microsoft Windows 应用程序日志中。SQL Server 代理读取应用程序日志，并将写入的事件与定义的警报比较。当 SQL Server 代理找到匹配项时，它将发出自动响应事件的警报。除了监视 SQL Server 事件以外，SQL Server 代理还监视性能条件和 Windows Management Instrumentation（WMI）事件。

若要定义警报，需要指定警报的名称、触发警报的事件或性能条件、SQL Server 代理响应事件或性能条件所执行的操作。每个警报都响应一种特定的事件，事件类型可以是 SQL Server 事件、SQL

Server 性能条件或 WMI 事件。事件类型决定了用于指定具体事件的参数。所以根据事件类型，警报可以分为事件警报、性能警报和 WMI 警报。

10.3.5　数据库邮件

数据库邮件（Database Mail）是从 SQL Server 数据库引擎中发送电子邮件的企业解决方案。通过使用数据库邮件，数据库应用程序可以向用户发送电子邮件。邮件中可以包含查询结果，还可以包含来自网络中任何资源的文件。数据库邮件主要使用简单邮件传输协议（SMTP）服务器（而不是 SQL Mail 所要求的 MAPI 账号）来发送电子邮件。

在默认情况下，数据库邮件处于非活动状态。要使用数据库邮件，必须使用数据库邮件配置向导、sp_configure 存储过程或者基于策略的外围应用配置功能显式地启用数据库邮件。

可以在 SQL Server 代理中创建从 SQL Server 接收电子邮件的操作员，在要执行的作业或警报中指定以电子邮件形式通知该操作员。之后在作业执行完成或警报激活时，SQL Server 将发送电子邮件到操作员的邮箱中。

10.3.6　维护计划向导

对于企业级数据库的管理操作，如数据库的备份、优化等一些需要经常执行的操作，虽然可以使用作业来执行，但是必须为每个数据库都创建作业，这样会使工作变得很烦琐。SQL Server 提供了维护计划向导来解决这类问题。

维护计划向导用于创建 SQL Server 代理可定期运行的维护计划。维护计划向导有助于用户设置核心维护任务，从而确保数据库运行正常、定期进行备份并确保数据库一致。维护计划向导可创建一个或多个 SQL Server 代理作业，代理作业可对多服务器环境中的本地服务器或目标服务器执行这些任务。若要创建或管理维护计划，用户必须是 sysadmin 固定服务器角色的成员。

维护计划创建完成后，可以在"管理"的"维护计划"节点下看到新创建的维护计划"管理数据库"。右击该维护计划，选择"修改"菜单项可以在打开的"管理数据库（设计）"窗口下进行修改；选择"查看历史记录"可以查看维护计划最后执行的工作任务。选择"执行"菜单项可以执行该维护计划。

习　题

1. ACID 属性主要有哪几个？
2. 说明情况需要开始事务、结束事务、撤销事务和回滚事务？
3. 开始一个事务，将 xsb 表中的一行数据移动到 xsb1 表中。
4. SQL Server 中有哪几种锁定模式？
5. 创建一个作业，要求每周的星期五对 xscj 数据库做一次备份。
6. 创建一个事件警报，当错误级别为 16 时激活警报，通知操作员 wang。
7. 使用维护计划向导对数据库 xscj 定期执行数据库检查完整性、重新组织索引、备份数据库的任务。

SQL Server 2016 环境

目的与要求

（1）掌握 SQL Server Management Studio 对象资源管理器的使用方法；

（2）掌握 SQL Server Management Studio 查询分析器的使用方法；

（3）对数据库及其对象有一个基本了解。

实验准备

（1）了解 SQL Server 2016 安装的软、硬件要求；

（2）了解 SQL Server 2016 支持的身份验证模式；

（3）对数据库、表及其他数据库对象有一个基本了解。

实验内容

1. SQL Server 2016 的安装

检查软、硬件配置是否达到 SQL Server 2016 的安装要求，参照安装 SQL Server 2016 步骤，熟悉 SQL Server 2016 的安装方法。（选做）

2. 对象资源管理器的使用

单击"开始"，选择"所有程序"，选择"Microsoft SQL Server 2016"，单击"SQL Server Management Studio"，打开"连接到服务器"窗口。

（1）连接到服务器

在打开的"连接到服务器"窗口中，观察和操作。

① 对话框中显示的默认内容与安装 SQL Server 2016 的选项有什么关系？

② 界面中的服务器名称是什么，查看你的主机名。

③ 使用 SQL Server 的 sa 用户，单击"连接"按钮，系统显示"对象资源管理器"窗口。也可在启动 Windows 时采用 "Administritor"连接服务器。

（2）熟悉"SQL Server Management Studio"窗口

在"SQL Server Management Studio"窗口中，左边是对象资源管理器，它以目录树的形式组织对象。

在 SQL Server 2016 安装后，系统生成了 4 个数据库：master、model、msdb 和 tempdb。

在对象资源管理器中单击"系统数据库"，右边显示 4 个系统数据库。选择系统数据库 master，观察 SQL Server 2016 对象资源管理器中数据库对象的组织方式。其中，表、视图在"数据库"节点下，存储过程、触发器、函数、类型、默认值、规则等在"可编程性"中，用户、角色、架构等在"安全性"中。

3. 查询分析器的使用

在"SQL Server Management Studio"窗口中单击"新建查询"按钮。在对象资源管理器的右边就会出现"查询分析器"窗口，在该窗口中输入下列命令：

```
USE master
SELECT *
    FROM  dbo.spt_values
GO
```

单击"！执行"按钮，命令执行结果显示出来。

如果在 SQL Server Manage Studio 面板上的可用数据库下拉框中选择当前数据库为"master"，则"USE master"命令可以省略。

4. 模板资源管理器和帮助

（1）模板资源管理器

单击菜单栏"视图"，选择"模板资源管理器"菜单项，主界面右侧将出现"模板资源管理器"窗口。在该窗口中找到"Database"，双击"Create Database"，查看 CREATE DATABASE 语句的结构。

（2）帮助文档

在对象资源管理器菜单中单击"帮助"菜单，选择"资源中心"菜单项，系统显示"SQL Server 文档"页面。

実验2

创建数据库和表

目的与要求

（1）了解 SQL Server 数据库的逻辑结构和物理结构；

（2）了解表的结构特点；

（3）了解 SQL Server 的基本数据类型；

（4）了解空值概念；

（5）学会在对象资源管理器中创建数据库和表；

（6）学会使用 T-SQL 语句创建数据库和表。

实验准备

（1）能够创建数据库的用户必须是系统管理员，或是被授权使用 CREATE DATABASE 语句的用户。如果不是前者，就需要有关人员创建授权用户。

（2）创建数据库必须要确定数据库名、所有者（即创建数据库时使用的登录名）、数据库大小（最初大小、最大大小、是否允许增长及增长方式）和存储数据库的文件。

（3）确定数据库包含哪些表，以及所包含的各表的结构，还要了解 SQL Server 的常用数据类型，以创建数据库的表。

（4）了解两种常用的创建数据库、表的方法，即在对象资源管理器中创建和使用 T-SQL 的 CREATE 语句创建。

实验内容

（1）创建一个新的数据库

创建用于企业管理的员工管理数据库，数据库名为 YGGL。

数据库 YGGL 的逻辑文件初始大小为 10 MB，最大大小为 50 MB，数据库自动增长，增长方式是按 5%比例增长。日志文件初始为 2 MB，最大可增长到 5 MB，按 1 MB 增长。

数据库的逻辑文件名和物理文件名均采用默认值。事务日志的逻辑文件名和物理文件名也均采用默认值。要求分别使用对象资源管理器和 T-SQL 命令完成数据库的创建工作。

（2）在创建好的员工管理数据库（YGGL）中创建数据表

考虑到员工管理数据库 YGGL 要求包含员工的信息、部门信息，以及员工的薪水信息，所以数据库 YGGL 应包含下列 3 个表：Employees（员工自然信息）表、Departments（部门信息）表和 Salary（员工薪水情况）表。各表的结构分别如表 T2.1、表 T2.2 和表 T2.3 所示。

要求分别使用对象资源管理器和 T-SQL 语句完成数据表的创建工作。

1. 界面方式创建数据库

（1）创建数据库

使用系统管理员用户以 Windows 身份验证方式登录 SQL Server 服务器，在"对象资源管理器"

表 T2.1　　　　　　　　　　员工自然信息（Employees）表结构

列名	数据类型	长度	是否可空	说明
EmployeeID	定长字符串型（char）	6	×	员工编号，主键
Name	定长字符串型（char）	10	×	姓名
Education	定长字符串型（char）	4	×	学历
Birthday	日期型（date）	系统默认	×	出生日期
Sex	位型（bit）	系统默认	×	性别，默认值为 1
WorkYear	整数型（tinyint）	系统默认	√	工作时间
Address	不定长字符串型（varchar）	40	√	地址
PhoneNumber	定长字符串型（char）	12	√	电话号码
DepartmentID	定长字符串型（char）	3	×	员工部门号，外键

表 T2.2　　　　　　　　　　部门信息（Departments）表结构

列名	数据类型	长度	是否可空	说明
DepartmentID	定长字符串型（char）	3	×	部门编号，主键
DepartmentName	定长字符串型（char）	20	×	部门名
Note	不定长字符串（varchar）	100	√	备注

表 T2.3　　　　　　　　　　员工薪水情况（Salary）表结构

列名	数据类型	长度	是否可空	说明
EmployeeID	定长字符串型（char）	6	×	员工编号，主键
InCome	浮点型（float）	系统默认	×	收入
OutCome	浮点型（float）	系统默认	×	支出

窗口中选择其中的"数据库"节点，单击鼠标右键，在弹出的快捷菜单中选择"新建数据库（N）"菜单项，打开"新建数据库"窗口。

在"新建数据库"窗口的"常规"选项卡中输入数据库名"YGGL""所有者"为默认值。在"数据库文件"下方的列表栏中，分别设置"数据文件"和"日志文件"的增长方式和增长比例。设置完成后单击"确定"按钮完成数据库的创建。

（2）删除数据库

在对象资源管理器中选择数据库 YGGL，单击鼠标右键，在弹出的快捷菜单中选择"删除"菜单项。在打开的"删除对象"窗口中单击"确定"按钮，执行删除操作。

2. 使用 T-SQL 语句创建数据库

（1）创建数据库

在"查询分析器"窗口中输入如下语句：

```
CREATE DATABASE YGGL
ON
(
    NAME='YGGL_Data',
    FILENAME='d:\ SQLServer2016\DATA\YGGL.mdf',
    SIZE=10 MB,
    MAXSIZE=50 MB,
```

```
        FILEGROWTH=5%
)
LOG ON
(
        NAME='YGGL_Log',
        FILENAME= 'd:\ SQLServer2016\DATA\YGGL_Log.ldf',
        SIZE=2 MB,
        MAXSIZE=5 MB,
        FILEGROWTH=1 MB
)
GO
```

单击快捷工具栏的"！执行"按钮，执行上述语句，并在"对象资源管理器"窗口中查看执行结果。如果"数据库"列表中未列出 YGGL 数据库，则右键单击"数据库"，选择"刷新"选项。

（2）删除数据库

在 SQL Server Management Studio 界面的快捷工具栏中单击"新建查询"按钮，在"查询分析器"窗口中输入如下脚本后单击"!执行"按钮执行。（YGGL 数据库后面要用，实际不要删除）

```
DROP DATABASE YGGL
GO
```

3. 界面方式创建表

图 T2.1　Employees 表的结构

（1）创建表

以创建 Employees 表为例，在对象资源管理器中展开数据库"YGGL"；选择"表"，单击鼠标右键，在弹出的快捷菜单中选择"新建表"菜单项；在表设计窗口中输入 Employees 表的各字段信息；单击工具栏中的"保存"按钮；在弹出的"保存"对话框中输入表名"Employees"，单击"确定"按钮即创建了表 Employees。创建后的 Employees 表的结构如图 T2.1 所示。

按同样的操作过程，创建表 Departments 和表 Salary。

（2）删除表

在对象资源管理器中展开"数据库"，选择其中的"YGGL"。展开"YGGL"中的"表"节点，右键单击其中的"dbo.Employees"表，在弹出的快捷菜单中选择"删除"菜单项，打开"删除对象"窗口。

在"删除对象"窗口中单击"显示依赖关系"按钮，打开"Employees 依赖关系"窗口。在该窗口中确认表"Employees"确实可以删除之后，单击"确定"按钮，返回"删除对象"窗口。在"删除对象"窗口单击"确定"按钮，完成表 Employees 的删除。

按同样的操作过程也可以删除表 Departments 和 Salary。

4. 使用 T-SQL 语句创建表

在"查询分析器"窗口中输入以下 T-SQL 语句：

```
USE YGGL
GO
CREATE TABLE Employees
(    EmployeeID    char(6)       NOT NULL PRIMARY KEY,
     Name          char(10)      NOT NULL,
     Education     char(4)       NOT NULL,
     Birthday      date          NOT NULL,
     Sex           bit           NOT NULL DEFAULT 1,
```

```
WorkYear       tinyint       NULL,
Address        varchar(40)   NULL,
PhoneNumber    char(12)      NULL,
DepartmentID   char(3)       NOT NULL
)
GO
```

单击快捷工具栏的"！执行"图标，执行上述语句，即可创建表 Employees。

按同样的方法也可以创建表 Departments 和 Salary，并在对象资源管理器中查看结果。

【思考与练习】

（1）在 YGGL 数据库存在的情况下，使用 CREATE DATABASE 语句新建数据库 YGGL，查看错误信息。

（2）创建数据库 YGGL1，使用界面方式或 ALTER DATABASE 语句尝试修改 YGGL1 数据库的逻辑文件的初始大小。

（3）在 YGGL1 中创建表 Salary1（参照表 Salary 的结构），表 Salary1 比表 Salary 多一列计算列，列名为"ActIncome"，由 InCome-OutCome 得到。

（4）在 YGGL1 数据库中创建表 Employees1（结构与 Employees 相同），分别使用命令行方式和界面方式将表 Emplorees1 中的 Address 列删除，并将 Sex 列的默认值修改为 0。

（5）什么是临时表？怎样创建临时表？

表数据插入、修改和删除

目的与要求

（1）学会在对象资源管理器中对数据库表进行插入、修改和删除数据操作；

（2）学会使用 T-SQL 语句对数据库表进行插入、修改和删除数据操作；

（3）了解数据更新操作时要注意数据完整性。

实验准备

（1）对表数据的插入、删除、修改都属于表数据的更新操作。对表数据的操作可以在对象资源管理器中进行，也可以由 T-SQL 语句实现。

（2）T-SQL 中用于对表数据进行插入、修改和删除的命令分别是 INSERT、UPDATE 和 DELETE（或 TRANCATE TABLE）。

实验内容

分别使用对象资源管理器和 T-SQL 语句，向在实验 2 中建立的数据库 YGGL 的 3 个表 Employees、Departments 和 Salary 中插入多行数据记录，然后修改和删除一些记录。使用 T-SQL 语句进行有限制的修改和删除。

YGGL 数据库中的 3 个表样本数据如表 T3.1、表 T3.2 和表 T3.3 所示。

表 T3.1   Employees 表数据样本

编号	姓名	学历	出生日期	性别	工作时间	住址	电话	部门号
000001	王林	大专	1966-01-23	1	8	中山路 32-1-508	83355668	2
010008	伍容华	本科	1976-03-28	1	3	北京东路 100-2	83321321	1
020010	王向容	硕士	1982-12-09	1	2	四牌楼 10-0-108	83792361	1
020018	李丽	大专	1960-07-30	0	6	中山东路 102-2	83413301	1
102201	刘明	本科	1972-10-18	1	3	虎距路 100-2	83606608	5
102208	朱俊	硕士	1965-09-28	1	2	牌楼巷 5-3-106	84708817	5
108991	钟敏	硕士	1979-08-10	0	4	中山路 10-3-105	83346722	3
111006	张石兵	本科	1974-10-01	1	1	解放路 34-1-203	84563418	5
210678	林涛	大专	1977-04-02	1	2	中山北路 24-35	83467336	3
302566	李玉珉	本科	1968-09-20	1	3	热和路 209-3	58765991	4
308759	叶凡	本科	1978-11-18	1	2	北京西路 3-7-52	83308901	4
504209	陈林琳	大专	1969-09-03	0	5	汉中路 120-4-12	84468158	4

表 T3.2　　　　　　　　　　　　　　　Departments 表数据样本

部门号	部门名称	备注	部门号	部门名称	备注
1	财务部	NULL	4	研发部	NULL
2	人力资源部	NULL	5	市场部	NULL
3	经理办公室	NULL			

表 T3.3　　　　　　　　　　　　　　　Salary 表数据样本

编号	收入	支出	编号	收入	支出
000001	2100.8	123.09	108991	3259.98	281.52
010008	1582.62	88.03	020010	2860.0	198.0
102201	2569.88	185.65	020018	2347.68	180.0
111006	1987.01	79.58	308759	2531.98	199.08
504209	2066.15	108.0	210678	2240.0	121.0
302566	2980.7	210.2	102208	1980.0	100.0

1. 界面方式加入表数据

（1）在对象资源管理器中展开"数据库 YGGL"节点，选择要进行操作的表"Employees"，单击鼠标右键，在弹出的快捷菜单中选择"编辑前 200 行"菜单项，进入"表数据窗口"。在此窗口中，表中的记录按行显示，每个记录占一行。用户可通过"表数据窗口"向表中加入表 T3.1 中的记录，输完一行记录后将光标移到下一行即保存了上一行记录。

（2）用同样的方法向 Departments 表和 Salary 表中分别插入表 T3.2 和表 T3.3 中的记录。

注意

- 插入的数据要符合列的类型。试着在 tinyint 型的列中插入字符型数据（如字母），查看发生的情况。
- bit 类型的列在用界面方式插入数据时只能插入 True 或 False。True 表示 1，False 表示 0。
- 不能插入两行有相同主键的数据。例如，如果编号为 000001 的员工信息已经在 Employees 中存在，则不能向 Employees 表再插入编号为 000001 的数据行。

【思考与练习】 将 3 个样本数据表中的数据都存入到数据库 YGGL 的表中。

2. 界面修改表数据

（1）在对象资源管理器中删除表 Employees 的第 1 行和 Salary 的第 1 行。注意进行删除操作时作为两表主键的 EmployeeID 的值，以保持数据完整性。

方法：在对象资源管理器中选择表 Employees，单击鼠标右键，在弹出的快捷菜单中选择"编辑前 200 行"菜单项，在打开的"表数据"窗口中选中要删除的行，单击鼠标右键，在弹出的快捷菜单中选择"删除"菜单项。Salary 表中数据的删除方法相同。

（2）在对象资源管理器中将表 Employees 中编号为 020018 的记录的部门号改为 4。

方法：在对象资源管理器中右键单击表 Employees，选择"编辑前 200 行"菜单项，在"表数据"窗口中将光标定位至编号为 020018 的记录的 DepartmentID 字段，将值 1 改为 4。将光标移出本行即保存了修改。

3. 使用 T-SQL 命令插入表数据

（1）删除表 Employees 中已经插入的一行数据。

在"查询分析器"窗口中输入以下 T-SQL 语句：

```
USE YGGL
GO
```

```
INSERT INTO Employees VALUES('000001', '王林', '大专', '1966-01-23', 1 , 8,
                            '中山路 32-1-508', '83355668', '2')
```

单击快捷工具栏的"! 执行"按钮，执行上述语句，可以在对象资源管理器中打开 Employees 表观察数据的变化。

（2）向表 Salary 插入一行数据：

```
INSERT INTO Salary(EmployeeID, InCome, OutCome)
        values('000001', 2100.8, 123.09)
```

【思考与练习】 INSERT INTO 语句还可以通过 SELECT 子句来添加其他表中的数据，但是 SELECT 子句中的列要与添加表的列数目和数据类型都一一对应。假设有另一个空表 Employees2，结构和 Employees 表相同，使用 INSERT INTO 语句将 Employees 表中数据添加到 Employees2 中。语句如下：

```
INSERT INTO Employees2  SELECT * FROM Employees
```

查看 Employees2 表中的变化。

4. 使用 T-SQL 命令修改表数据

（1）使用 SQL 命令修改表 Salary 中某个记录的字段值：

```
UPDATE Salary
    SET InCome = 2890
    WHERE EmployeeID = '000001'
```

执行上述语句，将编号为 000001 的职工收入改为 2890。

（2）将所有职工收入增加 100：

```
UPDATE Salary
    SET InCome = InCome +100;
```

执行完上述语句，打开 Salary 表查看数据的变化。可见，使用 SQL 语句操作表数据比在界面管理工具中操作表数据更为灵活。

5. 使用 T-SQL 命令删除表数据

（1）使用 SQL 命令删除表 Employees 中编号为 000001 的职工信息：

```
DELETE FROM Employees
    WHERE EmployeeID= '000001'
```

（2）删除所有女性员工信息：

```
DELETE FROM Employees
    WHERE Sex=0
```

（3）使用 TRANCATE TABLE 语句删除表中所有行：

```
TRUNCATE TABLE Salary
```

执行上述语句，将删除 Salary 表中的所有行。

实验时一般不要轻易进行这个操作，因为后面的实验还要用到这些数据。如要查看该命令的效果，可建一个临时表，输入少量数据后进行。

6. 表中的数据同步

创建一个 Employees3 表，使用 MERGE 语句使 Employees3 表中的数据和 Employees 表中的数据同步。

```
MERGE INTO Employees3
    USING Employees ON Employees3.EmployeeID= Employees.EmployeeID
    WHEN MATCHED
        THEN UPDATE SET Employees3.Name= Employees.Name,
                        Employees3.Education=Employees.Education,
                        Employees3.Birthday= Employees.Birthday,
                        Employees3.Sex=Employees.Sex,
```

```
                         Employees3.WorkYear= Employees.WorkYear,
                         Employees3.Address=Employees.Address,
                         Employees3.PhoneNumber= Employees.PhoneNu MBer,
                         Employees3.DepartmentID= Employees. DepartmentID
       WHEN NOT MATCHED
           THEN INSERT VALUES(Employees.EmployeeID, Employees.Name, Employees.Education,
                         Employees.Birthday, Employees.Sex, Employees.WorkYear,
                         Employees.Address,Employees.PhoneNumber,
                         Employees. DepartmentID)
       WHEN NOT MATCHED BY SOURCE
           THEN DELETE;
```

【思考与练习】使用 INSERT、UPDATE 语句将实验 3 中所有对表的修改恢复到原来的状态，以方便在以后的实验中使用。

实验 4
数据库的查询和视图

实验 4.1　数据库的查询

目的与要求

（1）掌握 SELECT 语句的基本语法；

（2）掌握子查询的表示；

（3）掌握连接查询的表示；

（4）掌握 SELECT 语句的 GROUP BY 子句的作用和使用方法；

（5）掌握 SELECT 语句的 ORDER BY 子句的作用和使用方法。

实验准备

（1）了解 SELECT 语句的基本语法格式；

（2）了解 SELECT 语句的执行方法；

（3）了解子查询的表示方法；

（4）了解连接查询的表示；

（5）了解 SELECT 语句的 GROUP BY 子句的作用和使用方法；

（6）了解 SELECT 语句的 ORDER BY 子句的作用。

实验内容

1. 查询语句的基本使用

（1）查询每个雇员的所有数据。

新建一个查询，在"查询分析器"窗口中输入如下语句并执行：

```
USE YGGL
GO
SELECT *
    FROM Employees
```

【思考与练习】　查询 Departments 和 Salary 表中所有的数据信息。

（2）查询 Employees 表中每个雇员的地址和电话。

新建一个查询，在"查询分析器"窗口中输入如下语句并执行：

```
USE YGGL
GO
SELECT Address, PhoneNumber
    FROM Employees
```

【思考与练习】

① 用 SELECT 语句查询 Departments 和 Salary 表的一列或若干列。

② 查询 Employees 表中的部门号和性别，要求使用 DISTINCT 消除重复行。

（3）查询 EmployeeID 为 000001 的雇员的地址和电话。

```
USE YGGL
GO
SELECT  Address, PhoneNumber
    FROM   Employees
    WHERE  EmployeeID = '000001'
GO
```

【思考与练习】

① 查询月收入高于 2000 元的员工号码。

② 查询 1970 年以后出生的员工的姓名和住址。

③ 查询所有财务部的员工的号码和姓名。

（4）查询 Employees 表中女雇员的地址和电话，使用 AS 子句将结果中各列的标题分别指定为地址、电话。

```
USE YGGL
GO
SELECT  Address AS 地址,  PhoneNumber AS 电话
    FROM   Employees
    WHERE  Sex = 0
```

【思考与练习】 查询 Employees 表中男员工的姓名和出生日期，要求将各列标题用中文表示。

（5）查询 Employees 表中员工的姓名和性别，要求 Sex 值为 1 时显示为"男"，为 0 时显示为"女"。

```
SELECT Name AS 姓名,
    CASE
       WHEN Sex= 1 THEN '男'
       WHEN Sex= 0 THEN '女'
       END AS 性别
  FROM Employees
```

【思考与练习】查询 Employees 员工的姓名、住址和收入水平，2000 元以下显示为低收入，2000 ~ 3000 元显示为中等收入，3000 元以上显示为高收入。

（6）计算每个雇员的实际收入。

```
USE YGGL
GO
SELECT  EmployeeID , 实际收入= InCome - OutCome
    FROM Salary
```

【思考与练习】 使用 SELECT 语句进行简单的计算。

（7）获得员工总数。

```
SELECT COUNT(*)
    FROM Employees
```

【思考与练习】

① 计算 Salary 表中员工月收入的平均数。

② 获得 Employees 表中最大的员工号码。

③ 计算 Salary 表中所有员工的总支出。

④ 查询财务部雇员的最高和最低实际收入。

（8）找出所有姓王的雇员的部门号。

```
USE YGGL
GO
```

```
SELECT  DepartmentID
    FROM   Employees
    WHERE  Name LIKE '王%'
```

【思考与练习】

① 找出所有其地址中含有"中山"的雇员的号码及部门号。

② 查找员工号码中倒数第二个数字为 0 的员工的姓名、地址和学历。

（9）找出所有收入在 2000～3000 元的员工号码。

```
SELECT EmployeeID
    FROM Salary
    WHERE InCome BETWEEN 2000 AND 3000
```

【思考与练习】 找出所有在部门"1"或"2"工作的雇员的号码。

了解在 SELECT 语句中 LIKE、BETWEEN…AND、IN、NOT 及 CONTAIN 谓词的作用。

（10）使用 INTO 子句，由表 Salary 创建"收入在 1500 元以上的员工"表，包括编号和收入。

```
USE YGGL
GO
SELECT EmployeeID as 编号, InCome as 收入
    INTO  收入在 1500 元以上的员工
    FROM  Salary
    WHERE  InCome > 1500
```

【思考与练习】 使用 INTO 子句，由表 Employees 创建"男员工"表，包括编号和姓名。

2. 子查询

（1）查找在财务部工作的雇员的情况

```
USE YGGL
GO
SELECT  *
    FROM   Employees
    WHERE  DepartmentID =
            (
                SELECT DepartmentID
                    FROM   Departments
                    WHERE  DepartmentName = '财务部'
            )
```

【思考与练习】 用子查询的方法查找所有收入在 2500 元以下的雇员的情况。

（2）查找财务部年龄不低于研发部雇员年龄的雇员的姓名

```
USE YGGL
GO
SELECT  Name
    FROM   Employees
    WHERE  DepartmentID  IN
    (
        SELECT  DepartmentID
            FROM Departments
            WHERE DepartmentName = '财务部'
    )
    AND
    Birthday !> ALL
    (
        SELECT Birthday
            FROM Employees
```

```
WHERE DepartmentID IN
(
        SELECT  DepartmentID
            FROM   Departments
            WHERE  DepartmentName = '研发部'
)
)
```

【思考与练习】 用子查询的方法查找研发部比所有财务部雇员收入都高的雇员的姓名。

（3）查找比所有财务部的雇员收入都高的雇员的姓名

```
USE YGGL
GO
SELECT Name
    FROM   Employees
    WHERE  EmployeeID  IN
    (
        SELECT EmployeeID
            FROM   Salary
            WHERE  InCome >ALL
            (
                SELECT InCome
                    FROM   Salary
                    WHERE  EmployeeID  IN
                    (
                        SELECT  EmployeeID
                            FROM   Employees
                            WHERE  DepartmentID =
                            (
                                SELECT  DepartmentID
                                    FROM   Departments
                                    WHERE  DepartmentName = '财务部'
                            )
                    )
            )
    )
)
```

【思考与练习】 用子查询的方法查找所有年龄比研发部雇员年龄都大的雇员的姓名。

3. 连接查询

（1）查询每个雇员的情况及其薪水的情况

```
USE YGGL
GO
SELECT  Employees . * , Salary . *
    FROM   Employees , Salary
    WHERE  Employees.EmployeeID = Salary.EmployeeID
```

【思考与练习】 查询每个雇员的情况及其工作部门的情况。

（2）使用内连接的方法查询名字为"王林"的员工所在的部门

```
SELECT DepartmentName
    FROM Departments JOIN Employees
            ON Departments. DepartmentID=Employees. DepartmentID
    WHERE Employees.Name='王林'
```

【思考与练习】

① 使用内连接方法查找出不在财务部工作的所有员工信息。

② 使用外连接方法查找出所有员工的月收入。

（3）查找财务部收入在 2000 元以上的雇员姓名及其薪水详情

新建一个查询，在"查询分析器"窗口中输入如下语句并执行。

```
USE YGGL
GO
SELECT Name, InCome, OutCome
    FROM  Employees , Salary , Departments
    WHERE  Employees.EmployeeID = Salary.EmployeeID
        AND  Employees.DepartmentID = Departments.DepartmentID
        AND  DepartmentName = '财务部'
        AND  InCome > 2000
```

【思考与练习】 查询研发部在 1976 年以前出生的雇员姓名及其薪水详情。

4. 聚合函数

（1）求财务部雇员的平均收入

新建一个查询，在"查询分析器"窗口中输入如下语句并执行。

```
USE YGGL
GO
SELECT  AVG(InCome) AS '财务部平均收入'
    FROM  Salary
    WHERE  EmployeeID  IN
    (
        SELECT EmployeeID
            FROM  Employees
            WHERE  DepartmentID =
            (
                SELECT  DepartmentID
                    FROM  Departments
                    WHERE  DepartmentName = '财务部'
            )
    )
```

【思考与练习】 查询财务部雇员的最高和最低收入。

（2）求财务部雇员的平均实际收入

新建一个查询，在"查询分析器"窗口中输入如下语句并执行。

```
USE YGGL
GO
SELECT AVG(InCome-OutCome) AS '财务部平均实际收入'
    FROM  Salary
    WHERE  EmployeeID  IN
    (
        SELECT  EmployeeID
            FROM  Employees
            WHERE  DepartmentID =
            (
                SELECT DepartmentID
                    FROM  Departments
                    WHERE  DepartmentName = '财务部'
            )
    )
```

【思考与练习】 查询财务部雇员的最高和最低实际收入。

（3）求财务部雇员的总人数

新建一个查询，在"查询分析器"窗口中输入如下语句并执行。

```
USE YGGL
GO
SELECT  COUNT( EmployeeID )
    FROM  Employees
    WHERE  DepartmentID =
    (
```

```
SELECT  DepartmentID
    FROM    Departments
    WHERE   DepartmentName = '财务部'
)
```

【思考与练习】　统计财务部收入在 2500 元以上的雇员人数。

5．分组排序

（1）查找 Employees 表中男性和女性的人数

```
SELECT Sex, COUNT(Sex)
    FROM Employees
    GROUP BY Sex;
```

【思考与练习】

① 按部门列出在该部门工作的员工的人数。

② 按员工的学历分组，排列出本科、大专和硕士的人数。

（2）查找员工数超过 2 的部门名称和员工数量

```
SELECT Employees.DepartmentID, COUNT(*) AS 人数
    FROM Employees, Departments
    WHERE Employees.DepartmentID=Departments.DepartmentID
    GROUP BY Employees.DepartmentID
        HAVING COUNT(*)>2
```

【思考与练习】　按员工的工作年份分组，统计各个工作年份的人数，例如，工作 1 年的多少人，工作 2 年的多少人。

（3）将各雇员的情况按收入由低到高排列

新建一个查询，在"查询分析器"窗口中输入如下语句并执行。

```
USE YGGL
GO
SELECT  Employees . *, Salary . *
    FROM   Employees, Salary
    WHERE  Employees. EmployeeID = Salary.EmployeeID
    ORDER BY  InCome
```

【思考与练习】

① 将员工信息按出生时间从小到大排列。

② 在 ODER BY 子句中使用子查询，查询员工姓名、性别和工龄信息，要求按实际收入从大到小排列。

实验 4.2　视图的使用

目的与要求

（1）熟悉视图的概念和作用；

（2）掌握视图的创建方法；

（3）掌握如何查询和修改视图。

实验准备

（1）了解视图的概念；

（2）了解创建视图的方法；

（3）了解并掌握对视图的操作。

实验内容

1. 创建视图

（1）创建 YGGL 数据库上的视图 DS_VIEW，视图包含 Departments 表的全部列。

```
CREATE VIEW DS_VIEW
    AS SELECT *  FROM Departments
```

（2）创建 YGGL 数据库上的视图 Employees_view，视图包含员工号码、姓名和实际收入 3 列。

使用如下 SQL 语句：

```
CREATE VIEW Employees_view(EmployeeID, Name, RealIncome)
    AS
      SELECT Employees. EmployeeID, Name, InCome-OutCome
            FROM Employees, Salary
             WHERE Employees. EmployeeID= Salary. EmployeeID
```

【思考与练习】

① 在创建视图时 SELECT 语句有哪些限制？

② 在创建视图时有哪些注意点？

③ 创建视图，包含员工号码、姓名、所在部门名称和实际收入这几列。

2. 查询视图

（1）从视图 DS_VIEW 中查询出部门号为 3 的部门名称。

```
SELECT DepartmentName
    FROM DS_VIEW
    WHERE DepartmentID='3'
```

（2）从视图 Employees_view 中查询出姓名为"王林"的员工的实际收入。

```
SELECT RealIncome
    FROM Employees_view
    WHERE Name='王林'
```

【思考与练习】

① 若视图关联了某表中的所有字段，而此时该表中添加了新的字段，视图中能否查询到该字段？

② 自己创建一个视图，并查询视图中的字段。

3. 更新视图

在更新视图前需要了解可更新视图的概念，了解什么视图是不可以进行修改的。更新视图真正更新的是和视图关联的表。

（1）向视图 DS_VIEW 中插入一行数据"6, 广告部, 广告业务"。

```
INSERT INTO DS_VIEW VALUES('6', '广告部', '广告业务')
```

执行完该命令，使用 SELECT 语句分别查看视图 DS_VIEW 和基本表 Departments 中发生的变化。

尝试向视图 Employees_view 中插入一行数据，看看会发生什么情况。

（2）修改视图 DS_VIEW，将部门号为 5 的部门名称修改为"生产车间"。

```
UPDATE DS_VIEW
    SET DepartmentName='生产车间'
    WHERE DepartmentID='5'
```

执行完该命令，使用 SELECT 语句分别查看视图 DS_VIEW 和基本表 Departments 中发生的变化。

（3）将视图 Employees_view 中员工号为"000001"的员工的姓名修改为"王浩"。

```
UPDATE Employees_view
    SET Name='王浩'
    WHERE EmployeeID='000001'
```

（4）删除视图 DS_VIEW 中部门号为 "1" 的一行数据。

```
DELETE FROM DS_VIEW
    WHERE DepartmentID='1'
```

为了便于以后的操作，请将删除的数据尽快恢复到原来的状态。

【思考与练习】 视图 Employees_view 中无法插入和删除数据，其中的 RealIncome 字段也无法修改，为什么？

4．删除视图

删除视图 DS_VIEW。

```
DROP VIEW DS_VIEW
```

5．在界面中操作视图

（1）创建视图：启动 SQL Server Management Studio，在对象资源管理器中展开"数据库→YGGL"，选择其中的"视图"项，单击鼠标右键，在弹出的快捷菜单中选择"新建视图"菜单项。在随后出现的"添加表"窗口中，添加所需关联的基本表。在视图窗口的关系图窗口显示了基本表的全部列信息。根据需要在窗口中选择创建视图所需的字段。完成后单击"保存"按钮保存。

（2）查询视图：新建一个查询，输入 T-SQL 查询命令即可像查询表一样查询视图。

（3）删除视图：展开 YGGL 数据库→"视图"，选择要删除的视图，右键单击选择"删除"选项，确认即可。

【思考与练习】总结视图与基本表的差别。

実验**5**
T-SQL 编程

目的与要求

（1）掌握用户自定义类型的使用；

（2）掌握变量的分类及其使用；

（3）掌握各种运算符的使用；

（4）掌握各种控制语句的使用；

（5）掌握系统函数及用户自定义函数的使用。

实验准备

（1）了解 T-SQL 支持的各种基本数据类型；

（2）了解自定义数据类型使用的一般步骤；

（3）了解 T-SQL 各种运算符、控制语句的功能及使用方法；

（4）了解系统函数的调用方法；

（5）了解用户自定义函数使用的一般步骤。

实验内容

1．自定义数据类型

（1）自定义数据类型 ID_type，用于描述员工编号。在"查询分析器"窗口中输入如下程序并执行。

```
USE YGGL
EXEC sp_addtype 'ID_type',
     'char(6)','not null'

GO
```

注意   不能漏掉单引号。

【思考与练习】在对象资源管理器窗口中展开"数据库→YGGL→可编程性"，右键单击"类型"，
选择"新建"选项，在"新建数据类型"窗口中使用界面方式创建一个用户自定义数据类型。

（2）在 YGGL 数据库中创建 Employees3 表，表结构与 Employees 类似，只是 EmployeeID 列使
用的数据类型为用户自定义数据类型 ID_type。

```
USE YGGL
GO
IF EXISTS (SELECT name FROM sysobjects
     WHERE  name='Employees3')
     DROP table employees3
/*首先在系统表中查看 Employees3 表是否存在，若存在，则删除该表*/
CREATE TABLE Employees3
(   EmployeeID ID_type,                    /*定义字段 EmployeeID 的类型为 ID_type */
```

```
    Name char(10)      NOT NULL,
    Education char(4) NOT NULL,
    Birthday date NOT NULL,
    Sex bit NOT NULL DEFAULT 1,
    WorkYear tinyint NULL,
    Address varchar(40) NULL,
    PhoneNumber char(12) NULL,
    DepartmentID char(3) NOT NULL,
    PRIMARY KEY(EmployeeID)
)
GO
```

2. 变量

（1）创建一个名为 female 的用户变量，并在 SELECT 语句中使用该局部变量查找表中所有女员工的编号、姓名。

```
USE YGGL
DECLARE @female bit
SET @female=0
/*变量赋值完毕，使用以下语句查询*/
SELECT EmployeeID, Name
    FROM Employees
    WHERE Sex=@female
```

（2）定义一个变量，用于获取号码为 102201 的员工的电话号码。

```
DECLARE @phone char(12)
SET @phone=(SELECT PhoneNumber
                FROM Employees
                WHERE EmployeeID='102201')
SELECT @phone
```

执行完该语句后可以得到变量 phone 的值。

【思考与练习】 定义一个变量，用于描述 YGGL 数据库的 Salary 表中 000001 号员工的实际收入，然后查询该变量。

3. 运算符

（1）使用算数运算符"-"查询员工的实际收入。

```
SELECT InCome-OutCome
    FROM Salary
```

（2）使用比较运算符">"查询 Employees 表中工作时间大于 5 年的员工信息。

```
SELECT *
    FROM Employees
    WHERE WorkYear > 5
```

【思考与练习】 熟悉各种常用运算符的功能和用法，如 LIKE、BETWEEN 等。

4. 流程控制语句

（1）判断 Employees 表中是否存在编号为 111006 的员工，如果存在，则显示该员工信息；若不存在，则显示"查无此人"。

```
IF EXISTS(SELECT Name FROM Employees WHERE EmployeeID= '111006')
    SELECT * FROM Employees WHERE EmployeeID= '111006'
ELSE
    SELECT '查无此人'
```

【思考与练习】判断姓名为"王林"的员工实际收入是否高于 3000 元，如果是，则显示其收入，否则显示"收入不高于 3000"。

（2）假设变量 X 的初始值为 0，每次加 1，直至 X 变为 5。

```
DECLARE @X INT
SET @X=1
```

```
WHILE @X<5
BEGIN
    SET @X=@X+1
    PRINT 'X='+CONVERT(char(1),@X)
END
GO
```

【思考与练习】 使用循环输出一个用"*"组成的三角形。

（3）使用 CASE 语句对 Employees 表按部门进行分类。

```
USE YGGL
GO
SELECT  EmployeeID , Name, Address, DepartmentID=
    CASE DepartmentID
        WHEN 1  THEN  '财务部'
        WHEN 2  THEN  '人力资源部'
        WHEN 3  THEN  '经理办公室'
        WHEN 4  THEN  '研发部'
        WHEN 5  THEN  '市场部'
    END
    FROM    Employees
```

【思考与练习】 使用 IF 语句实现以上功能。

5. 自定义函数

（1）定义一个函数实现如下功能：对于一个给定的 DepartmentID 值，查询该值在 Departments 表中是否存在，若存在则返回 0，否则返回-1。

新建一个查询，在"查询分析器"窗口中输入如下程序并执行。

```
CREATE FUNCTION CHECK_ID(@departmentid char(3))
RETURNS integer AS
BEGIN
    DECLARE @num int
    IF EXISTS (SELECT departmentID FROM departments
                WHERE @departmentid =departmentID)
        SELECT @num=0
    ELSE
        SELECT @num=-1
    RETURN @num
END
GO
```

（2）写一段 T-SQL 程序调用上述函数。当向 Employees 表插入一行记录时，首先调用函数 CHECK_ID 检索该记录的 DepartmentID 值在表 Departments 的 DepartmentID 字段中是否存在对应值，若存在，则将该记录插入 Employees 表。

在"查询分析器"窗口中输入如下程序并执行。

```
USE YGGL
GO
DECLARE @num int
SELECT @num=dbo.CHECK_ID('2')
IF @num=0
    INSERT Employees
        VALUES('990210','张英','本科', '1982-03-24', 0, 4, '南京市镇江路2号', '8497534', '2')
GO
```

【思考与练习】 自定义一个函数，计算一个数的阶乘。

6. 系统内置函数

（1）求一个数的绝对值

```
SELECT ABS(-123)
```

【思考与练习】

① 使用 RAND() 函数产生一个 0~1 的随机值。

② 使用 SQUARE() 函数获得一个数的平方。

③ 使用 SQRT() 函数返回一个数的平方根。

（2）求财务部雇员的总人数

```
USE YGGL
SELECT COUNT( EmployeeID ) AS 财务部人数
  FROM Employees
  WHERE DepartmentID =
    ( SELECT DepartmentID
        FROM Departments
        WHERE DepartmentName = '财务部')
```

【思考与练习】

① 求财务部收入最高的员工姓名。

② 查询员工收入的平均数。

③ 聚合函数如何与 GROUP BY 函数一起使用？

（3）使用 ASCⅡ函数返回字符表达式最左端字符的 ASCⅡ值

```
SELECT ASCII('abc')
```

【思考与练习】

① 使用 CHAR() 函数将 ASCⅡ码代表的字符组成字符串。

② 使用 LEFT() 函数返回从字符串'abcdef'左边开始的 3 个字符。

（4）获得当前的日期和时间

```
SELECT getdate()
```
查询 YGGL 数据库中员工号为 000001 的员工出生的年份：

```
SELECT YEAR(Birthday)
    FROM Employees
    WHERE EmployeeID= '000001';
```

【思考与练习】

① 使用 DAY() 函数返回指定日期时间的天数。

② 列举出其他的时间日期函数。

③ 使用其他类型的系统内置函数。

索引和数据完整性的使用

实验 6.1 索 引

目的与要求

掌握索引的使用方法。

实验准备

（1）了解索引的作用与分类；

（2）掌握索引的创建方法。

实验内容

1. 建立索引

（1）使用 CREATE INDEX 语句创建索引

● 对 YGGL 数据库的 Employees 表中的 DepartmentID 列建立索引。

在"查询分析器"窗口中输入如下程序并执行：

```
USE YGGL
GO
CREATE INDEX depart_ind
    ON Employees (DepartmentID)
GO
```

● 在 Employees 表的 Name 列和 Address 列上建立复合索引。

```
CREATE INDEX Ad_ind
    ON Employees(Name, Address)
```

● 对 Departments 表上的 DepartmentName 列建立唯一非聚集索引。

```
CREATE UNIQUE INDEX Dep_ind
    ON Departments (DepartmentName)
```

【思考与练习】

① 索引创建完后在对象资源管理器中查看表中的索引。

② 了解索引的分类情况。

③ 使用 CREATE INDEX 语句能创建主键吗？

④ 在什么情况下可以看到建立索引的好处？

（2）使用界面方式创建索引

● 使用界面方式在 Employees 表的 PhoneNumber 列上创建索引。

启动 SQL Server Management Studio，在对象资源管理器中展开数据库 YGGL，展开表 Employees，右键单击"索引"，选择"新建索引"选项。在新建索引的窗口中填写索引的名称和类型，单击"添加"按钮，在列表框中选择要创建索引的列。选择完单击"确定"按钮即完成创建工作。

【思考与练习】

① 使用界面方式创建一个复合索引。

② 在 Employees 表的表设计窗口中选择 Address 列，右键单击选择"索引/键"菜单项，在新窗口中为 Address 列创建一个唯一索引。

③ 创建一个数据量很大的新表，查看使用索引和不使用索引的区别。

2. 重建索引

重建表 Employees 中的所有索引。

```
USE YGGL
GO
ALTER INDEX ALL
    ON Employees REBUILD
```

【思考与练习】　重建表 Employees 中 EmployeeID 列上的索引。

3. 删除索引

使用 DROP INDEX 语句删除表 Employees 中的索引 depart_ind，使用如下 SQL 语句：

```
DROP INDEX depart_ind ON Employees
```

【思考与练习】

① 使用 DROP INDEX 一次删除 Employees 表上的多个索引。

② 使用界面方式删除表 Departments 中的索引。

实验 6.2　数据完整性

目的与要求

掌握数据完整性的实现方法。

实验准备

（1）理解数据完整性的概念及分类；

（2）掌握各种数据完整性的实现方法。

实验内容

1. UNIQUE 约束

（1）创建一个表 Employees5，只含 EmployeeID、Name、Sex 和 Education 列。将 Name 设为主键，作为列 Name 的约束。对 EmployeeID 列进行 UNIQUE 约束，并作为表的约束。

```
CREATE TABLE Employees5
(
    EmployeeID char(6) NOT NULL,
    Name char(10) NOT NULL PRIMARY KEY,
    Sex tinyint,
    Education char(4),
    CONSTRAINT UK_id UNIQUE(EmployeeID)
)
```

（2）删除上例中创建的 UNIQUE 约束。

```
ALTER TABLE  Employees5
    DROP    CONSTRAINT UK_id
GO
```

【思考与练习】

① 使用 T-SQL 命令创建一个新表，使用一个复合列作为主键，作为表的约束，并为其命名。

② 使用 ALTER TABLE 语句为表 Employees5 添加一个新列 Address，并为该列定义 UNIQUE 约束。

③ 使用界面方式为一个新表定义主键和 UNIQUE 约束，并了解如何使用图形向导方式删除主键和 UNIQUE 约束。

2. CHECK 约束

（1）创建新表 student，只考虑"号码"和"性别"两列，性别只能包含男或女。

```
CREATE TABLE student
(   号码 char(6) NOT NULL,
    性别 char(2) NOT NULL
          CHECK(性别 IN ('男', '女'))
)
```

【思考与练习】 向该表插入数据，"性别"列插入"男"和"女"以外的字符，查看会发生什么情况。

（2）创建新表 Salary2，结构与 Salary 相同，但 Salary2 表不允许 OutCome 列大于 Income 列。

```
CREATE TABLE Salary2
(
    EmployeeID char(6) NOT NULL,
    Income float NOT NULL,
    OutCome float NOT NULL,
    CHECK(Income>=OutCome)
)
```

【思考与练习】

① 向表中插入数据，查看 OutCome 值比 Income 值大时会发生什么情况。

② 创建一个表 Employees6，只考虑"学号"和"出生日期"两列，出生日期必须晚于 1980 年 1 月 1 日。

（3）对 YGGL 数据库中的 Employees 表进行修改，为其增加"DepartmentID"字段的 CHECK 约束。

在"查询分析器"窗口中输入如下程序并执行：

```
USE YGGL
GO
ALTER TABLE Employees
    ADD CONSTRAINT depart CHECK (DepartmentID >=1 AND DepartmentID <=5)
```

【思考与练习】 测试 CHECK 约束的有效性。

3. 规则对象

（1）创建一个规则对象，用以限制输入到该规则所绑定的列中的值只能是该规则中列出的值。

```
CREATE RULE list_rule
    AS @list IN ('财务部', '研发部', '人力资源部', '销售部')
GO
EXEC sp_bindrule 'list_rule', 'Departments.DepartmentName'
GO
```

【思考与练习】

① 建立一个规则对象，限制值在 0 ~ 20。然后把它绑定到 Employees 表的 WorkYear 字段上。

② 删除上述建立的规则对象。

（2）创建一个表 Salary3，要求所有 Salary3 表上 EmployeeID 列的值都要出现在 Salary 表中，利用参照完整性约束实现，要求当删除或修改 Salary 表中的 EmployeeID 列时，Salary3 表中的

EmployeeID 值也会随之变化。

使用如下 SQL 语句：

```
CREATE TABLE Salary3
(
    EmployeeID char(6) NOT NULL PRIMARY KEY,
    InCome float  NOT NULL,
    OutCome float (8) NOT NULL,
    FOREIGN KEY(EmployeeID)
        REFERENCES Salary(EmployeeID)
            ON  UPDATE  CASCADE
            ON  DELETE   CASCADE
)
```

【思考与练习】

① 创建完 Salary3 表后，初始化该表的数据与 Salary 表相同。删除 Salary 表中一行数据，再查看 Salary3 表的内容，看看会发生什么情况。

② 使用 ALTER TABLE 语句向 Salary 表中的 EmployeeID 列上添加一个外键，要求当 Empolyees 表中要删除或修改与 EmployeeID 值有关的行时，检查 Salary 表有没有与该 EmployeeID 值相关的记录，如果存在则拒绝更新 Employees 表。

③ 在对象资源管理器中建立 Departments、Employees 和 Salary 3 个表之间的参照关系。

实验 7
存储过程和触发器的使用

实验 7.1 存 储 过 程

目的与要求

掌握存储过程的使用方法。

实验准备

（1）了解存储过程的使用方法；

（2）了解触发器的使用方法；

（3）了解 inserted 逻辑表和 deleted 逻辑表的使用。

实验内容

1. 存储过程创建和执行

（1）创建存储过程，使用 Employees 表中的员工人数来初始化一个局部变量，并调用这个存储过程。

```
USE YGGL
GO
CREATE PROCEDURE TEST @NU MBER1 int OUTPUT
AS
BEGIN
  DECLARE @NU MBER2 int
  SET @NU MBER2=(SELECT COUNT(*) FROM Employees)
  SET @NU MBER1=@NU MBER2
END
```

执行该存储过程，并查看结果：

```
DECLARE @num int
EXEC TEST @num OUTPUT
SELECT @num
```

（2）创建存储过程，比较两个员工的实际收入，若前者比后者高就输出 0，否则输出 1。

```
CREATE PROCEDURE COMPA @ID1 char(6), @ID2 char(6), @BJ int OUTPUT
AS
BEGIN
    DECLARE @SR1 float, @SR2 float
    SELECT @SR1=InCome-OutCome FROM Salary WHERE EmployeeID=@ID1
    SELECT @SR2=InCome-OutCome FROM Salary WHERE EmployeeID=@ID2
    IF @ID1>@ID2
        SET @BJ=0
    ELSE
```

```
                SET @BJ=1
END
```
执行该存储过程，并查看结果：
```
DECLARE @BJ int
EXEC COMPA '000001', '108991', @BJ OUTPUT
SELECT @BJ
```
（3）创建添加职员记录的存储过程 EmployeeAdd。
```
USE YGGL
GO
CREATE  PROCEDURE EmployeeAdd
(
    @employeeid char(6),@name char(10), @education char(4), @birthday datetime,
    @workyear tinyint, @sex bit,@address char(40),@phonenumber char(12),
    @departmentID char(3)
)   AS
    BEGIN
        INSERT INTO Employees
            VALUES( @employeeid , @name, @education, @birthday, @workyear,
                    @sex, @address, @phonenumber, @departmentID )
    END
    RETURN
GO
```
执行该存储过程：
```
EXEC EmployeeAdd '990230','刘朝', '本科', '840909', 2, 1,'武汉小洪山 5 号', '85465213', '3'
```
2．存储过程（使用游标）
（1）创建一个带有 OUTPUT 游标参数的存储过程，在 Employees 表中声明并打开一个游标。
```
USE YGGL
GO
CREATE PROCEDURE em_cursor @em_cursor cursor VARYING OUTPUT
    AS
    BEGIN
        SET @em_cursor = CURSOR  FORWARD_ONLY STATIC
                FOR
                    SELECT * FROM Employees
        OPEN @em_cursor
    END
GO
```
声明一个局部游标变量，执行上述存储过程，并将游标赋值给局部游标变量，然后通过该游标
变量读取记录：
```
DECLARE @MyCursor cursor
EXEC em_cursor @em_cursor = @MyCursor OUTPUT                    /*执行存储过程*/
FETCH NEXT FROM @MyCursor
WHILE (@@FETCH_STATUS = 0)
    BEGIN
        FETCH NEXT FROM @MyCursor
    END
CLOSE @MyCursor
DEALLOCATE @MyCursor
GO
```
（2）创建存储过程，使用游标确定一个员工的实际收入是否排在前三名。结果为 1 表示是，结
果为 0 表示否。
```
CREATE PROCEDURE TOP_THREE @EM_ID char(6), @OK bit OUTPUT
AS
BEGIN
```

```
DECLARE @X_EM_ID char(6)
DECLARE @ACT_IN int, @SEQ int
DECLARE SALARY_DIS cursor FOR                      /*声明游标*/
        SELECT EmployeeID, InCome-OutCome
            FROM Salary
            ORDER BY InCome-OutCome DESC
SET @SEQ=0
SET @OK=0
OPEN SALARY_DIS
FETCH SALARY_DIS INTO @X_EM_ID, @ACT_IN            /*读取第一行数据*/
    WHILE @SEQ<3 AND @OK=0                          /*比较前三行数据*/
    BEGIN
        SET @SEQ=@SEQ+1
        IF @X_EM_ID=@EM_ID
            SET @OK=1
        FETCH SALARY_DIS INTO @X_EM_ID, @ACT_IN
    END
CLOSE SALARY_DIS
DEALLOCATE SALARY_DIS
END
```

执行该存储过程，并查看结果：

```
DECLARE @OK BIT
EXEC TOP_THREE '108991',@OK OUTPUT
SELECT @OK
```

【思考与练习】

① 创建存储过程，要求当一个员工的工作年份大于 6 年时将其转到经理办公室工作。

② 创建存储过程，根据每个员工的学历将收入提高 500 元。

③ 创建存储过程，使用游标计算本科及以上学历的员工在总员工数中所占的比例。

④ 使用命令方式修改存储过程的定义。

实验 7.2 触　发　器

目的与要求

掌握触发器的使用方法。

实验准备

（1）了解触发器的使用方法；

（2）了解 inserted 逻辑表和 deleted 逻辑表的使用。

实验内容说明

对于 YGGL 数据库，表 Employees 的 DepartmentID 列与表 Departments 的 DepartmentID 列应满足参照完整性规则，即：

（1）向 Employees 表添加记录时，该记录的"DepartmentID"字段值在 Departments 表中应存在；

（2）修改 Departments 表的"DepartmentID"字段值时，该字段在 Employees 表中的对应值也应修改；

（3）删除 Departments 表中的记录时，该记录的"DepartmentID"字段值在 Employees 表中对应的记录也应删除。

对于上述参照完整性规则，在此通过触发器实现。

实验内容

在"查询分析器"窗口中输入各触发器的代码并执行。

（1）向 Employees 表插入或修改一个记录时，通过触发器检查记录的 DepartmentID 值在 Departments 表中是否存在，若不存在，则取消插入或修改操作。

```
USE YGGL
GO
CREATE TRIGGER EmployeesIns ON dbo.Employees
    FOR INSERT , UPDATE
AS
BEGIN
    IF ((SELECT DepartmentID from inserted) NOT IN
        (SELECT DepartmentID FROM Departments))
        ROLLBACK                    /*对当前事务回滚，即恢复到插入前的状态*/
END
```

向 Employees 表插入或修改一行记录，查看效果。

（2）修改 Departments 表"DepartmentID"字段值时，该字段在 Employees 表中的对应值也做相应修改。

```
USE YGGL
GO
CREATE TRIGGER DepartmentsUpdate ON dbo.Departments
    FOR UPDATE
    AS
    BEGIN
        UPDATE Employees
            SET DepartmentID=(SELECT DepartmentID FROM inserted)
            WHERE  DepartmentID=(SELECT DepartmentID FROM deleted)
    END
GO
```

（3）删除 Departments 表中记录的同时删除该记录"DepartmentID"字段值在 Employees 表中对应的记录。

```
CREATE TRIGGER DepartmentsDelete ON dbo.Departments
    FOR DELETE
    AS
    BEGIN
        DELETE FROM Employees
            WHERE  DepartmentID=(SELECT DepartmentID FROM deleted)
    END
GO
```

（4）创建 INSTEAD OF 触发器，当向 Salary 表中插入记录时，先检查 EmployeeID 列上的值在 Employees 中是否存在，如果存在则执行插入操作，如果不存在则提示"员工号不存在"。

```
CREATE TRIGGER EM_EXISTS ON Salary
    INSTEAD OF INSERT
    AS
    BEGIN
        DECLARE @EmployeeID char(6)
        SELECT @EmployeeID= EmployeeID
            FROM inserted
        IF(@EmployeeID IN(SELECT EmployeeID FROM Employees))
            INSERT INTO Salary SELECT * FROM inserted
        ELSE
            PRINT '员工号不存在'
    END
```

向 Salary 表中插入一行记录查看效果：

```
INSERT INTO Salary VALUES('111111',2500.3,123.2)
```

（5）创建 DDL 触发器，当删除 YGGL 数据库的一个表时，提示"不能删除表"，并回滚删除表的操作。

```
USE YGGL
GO
CREATE TRIGGER table_delete
    ON DATABASE
    AFTER DROP_TABLE
    AS
        PRINT '不能删除该表'
        ROLLBACK TRANSACTION
```

【思考与练习】

① 对于 YGGL 数据库，表 Employees 的 EmployeeID 列与表 Salary 的 EmployeeID 列应满足参照完整性规则，请用触发器实现两个表间的参照完整性。

② 当修改表 Employees 时，若将 Employees 表中员工的工作时间增加 1 年，则将收入增加 500，若增加 2 年则增加 1000，依次增加。若工作时间减少则无变化。

③ 创建 UPDATE 触发器，当 Salary 表中 InCome 值增加 500 时，OutCome 值则增加 50。

④ 创建 INSTEAD OF 触发器，实现向不可更新视图插入数据。

⑤ 创建 DDL 触发器，当删除数据库时，提示"无法删除"并回滚删除操作。

实验 8
备份恢复与导入导出

实验 8.1　数据库的备份

目的与要求

（1）掌握在对象资源管理器中创建命名备份设备的方法；

（2）掌握在对象资源管理器中进行备份操作的步骤；

（3）掌握使用 T-SQL 语句对数据库进行完全备份的方法。

实验准备

（1）了解在对象资源管理器中创建命名备份设备和进行数据库完全备份操作的方法。

（2）使用对象资源管理器对数据库 YGGL 进行完全数据库备份和恢复。

实验内容

1.　界面方式对数据库进行完全备份

（1）在对象资源管理器中创建备份设备

以系统管理员身份连接 SQL Server，打开"对象资源管理器"，展开"服务器对象"，在"服务器对象"中选择"备份设备"，单击鼠标右键，在弹出的快捷菜单中选择"新建备份设备"菜单项，打开"备份设备"窗口。

在"备份设备"窗口的"常规"选项卡中分别输入备份设备的名称（如 ygglbk）和完整的物理路径名（可通过单击该文本框右侧的█████按钮选择路径，这里保持默认设置），输入完毕后，单击"确定"按钮，完成备份设备的创建。

（2）在对象资源管理器中进行数据库完全备份

在对象资源管理器中展开"服务器对象"，选择其中的"备份设备"项，单击鼠标右键，在弹出的快捷菜单中选择"备份数据库"菜单项，打开"备份数据库"窗口。

在"备份数据库"窗口中的"选项"页列表中选择"常规"选项卡，在窗口右边的"常规"选项卡中选择"源数据库"为"YGGL"，在"备份类型"后面的下拉列表中选择"备份类型"为"完整"。

单击"添加"按钮选择要备份的目标备份设备。其他常规属性采用系统默认设置。如果需要覆盖备份设备中的原有备份集，则需要在"选项"选项卡中选择"覆盖所有现有备份集"单选按钮。设置完成后，单击"确定"按钮，则系统开始执行备份。

【思考与练习】

① 了解如何使用对象资源管理器进行差异备份、事务日志备份。

② 如何进行文件和文件组备份？

③ 如果在一个备份设备中已经备份，那么如何使新的备份覆盖旧的备份？

④ 如何将数据库一次备份到多个备份设备中？

⑤ 使用"复制数据库向导"创建数据库 YGGL 的一个副本 YGGL_new。

2. 用 T-SQL 语句对数据库进行备份

（1）使用逻辑名 CPYGBAK 创建一个命名的备份设备，并将数据库 YGGL 完全备份到该设备。在"查询分析器"窗口中输入如下语句并执行。

```
EXEC sp_addumpdevice 'disk' , 'CPYGBK', 'E:\data\CPYGBK.bak'
BACKUP DATABASE YGGL TO CPYGBK
```

（2）将数据库 YGGL 完全备份到备份设备 test，并覆盖该设备上原有的内容。

```
EXEC sp_addumpdevice 'disk' , 'test', 'E:\data\test.bak'
BACKUP DATABASE YGGL TO test WITH INIT
```

（3）创建一个命名的备份设备 YGGLLOGBK，并备份 YGGL 数据库的事务日志。

```
EXEC sp_addumpdevice 'disk' , 'YGGLLOGBK' , 'E:\data\YGGLlog.bak'
BACKUP LOG YGGL TO YGGLLOGBK
```

【思考与练习】

① 写出将数据库 YGGL 完全备份到备份设备 CPYGBK，并覆盖该设备上原有内容的 T-SQL 语句，执行该语句。

② 使用差异备份方法备份数据库 YGGL 到备份设备 CPYGBK 中。

③ 备份 YGGL 数据库的文件和文件组到备份设备 CPYGBK 中。

实验 8.2　数据库的恢复

目的与要求

（1）掌握在对象资源管理器中进行数据库恢复的步骤；

（2）掌握使用 T-SQL 语句进行数据库恢复的方法。

实验准备

（1）了解在对象资源管理器中进行数据库恢复的步骤；

（2）了解使用 T-SQL 语句进行数据库恢复的方法。

实验内容

使用 T-SQL 语句，对数据库 YGGL 进行完全数据库恢复。

1. 界面方式对数据库进行完全恢复

数据库恢复的主要步骤如下：

在"对象资源管理器"窗口中右键单击"数据库"节点，选择"还原数据库"菜单项，在所出现的窗口中填写要恢复的数据库名称，在"源设备"栏中选择备份设备（如 CPYGBAK），此时在设备集框中将显示该设备中包含的备份集，选择要恢复的备份集，单击"确定"按钮即可恢复数据库。如果数据库中存在与要恢复的数据库同名的数据库，则需要选择"选项"选项卡中的"覆盖现有数据库"复选框。

2. 使用 T-SQL 语句恢复数据库

（1）恢复整个数据库 YGGL

在"查询分析器"窗口输入如下语句并执行：

```
RESTORE DATABASE YGGL
    FROM CPYGBK
    WITH REPLACE
```

（2）使用事务日志恢复数据库 YGGL

```
RESTORE DATABASE YGGL
    FROM CPYGBK
    WITH NORECOVERY, REPLACE
GO
RESTORE LOG YGGL
    FROM YGGLLOGBK
```

【思考与练习】

① 如何恢复数据库中的部分数据？

② 使用"对象资源管理器"中附加数据库的方法将从其他服务器中复制来的数据库文件附加到当前数据库服务器中。

实验 9
数据库的安全性

实验 9.1 数据库用户的管理

目的与要求

（1）掌握 Windows 登录名的建立与删除方法；

（2）掌握 SQL Server 登录名的建立与删除方法；

（3）掌握数据库用户创建与管理的方法。

实验准备

（1）了解 Windows 身份验证模式与 SQL Server 身份验证模式的原理；

（2）了解数据库用户的建立与删除方法。

实验内容

1. Windows 登录名

（1）使用界面方式创建 Windows 身份模式的登录名，步骤如下。

第 1 步：以管理员身份登录到 Windows，选择"开始"，打开"控制面板"中的"性能和维护"，选择其中的"管理工具"→双击"计算机管理"，进入"计算机管理"窗口。

在该窗口中选择"本地用户和组"中的"用户"图标右键单击，在弹出的快捷菜单中选择"新用户"菜单项，打开"新用户"窗口，新建一个用户 zheng。

第 2 步：以管理员身份登录到"SQL Server Management Studio"，在对象资源管理器中选择"安全性"，右键单击"登录名"，在弹出的快捷菜单中选择"新建登录名"菜单项。在"新建登录名"窗口中单击"搜索"按钮添加 Windows 用户名 zheng。选择"Windows 身份验证模式"，单击"确定"按钮完成。

（2）使用命令方式创建 Windows 身份模式的登录名，语句如下。

```
USE master
GO
CREATE LOGIN [myHOST\zheng]
    FROM WINDOWS
```

myHOST 为计算机名。

【**思考与练习**】 使用用户 zheng 登录 Windows，然后启动"SQL Server Management Studio"，以 Windows 身份验证模式连接。看看与以系统管理员身份登录时有什么不同。

2. SQL Server 登录名

（1）使用界面方式创建 SQL Server 登录名。

方法：在对象资源管理器的"安全性"中，右键单击"登录名"，在弹出的快捷菜单中选择"新建登录名"菜单项。在"新建登录名"窗口中输入要创建的登录名"yan"，并选择"SQL Server 身份验证模式"，输入密码，取消选择"用户在下次登录时必须更改密码"选项，单击"确定"按钮。

（2）以命令方式创建 SQL Server 登录名，语句如下。

```
CREATE LOGIN yan
    WITH PASSWORD='123456'
```

【思考与练习】 在资源管理器中重新连接数据库引擎，使用 SQL Server 身份验证模式登录，登录名使用 yan，查看与使用 Windows 系统管理员身份模式登录时的不同。

3. 数据库用户

（1）使用界面方式创建 YGGL 的数据库用户。

方法：在对象资源管理器中右键单击数据库 YGGL 的"安全性"节点下的"用户"，在弹出的快捷菜单中选择"新建用户"菜单项，在"数据库用户"窗口中输入要新建的数据库用户的用户名"yan"，输入使用的登录名"yan"。"默认架构"为"dbo"，单击"确定"按钮。

（2）使用命令方式创建 YGGL 的数据库用户，语句如下。

```
USE YGGL
GO
CREATE USER yan
    FOR LOGIN yan
    WITH DEFAULT_SCHEMA=dbo
```

【思考与练习】 分别使用界面方式和命令方式删除数据库用户。

实验 9.2　服务器角色的应用

目的与要求

掌握服务器角色的用法。

实验准备

（1）了解服务器角色的分类；

（2）了解每类服务器角色的功能。

实验内容

1. 固定服务器角色

（1）通过资源管理器添加固定服务器角色成员。

方法：以系统管理员身份登录 SQL Server，展开"安全性→登录名"，选择要添加的登录名（如 yan），右键单击选择"属性"，在"登录名属性"窗口中选择"服务器角色"选项卡，选择要添加到的服务器角色，单击"确定"按钮即可。

（2）使用系统存储过程 sp_addsrvrolemember 将登录名添加到固定服务器角色中。

```
EXEC sp_addsrvrolemember 'yan', 'sysadmin'
```

2. 固定数据库角色

（1）以界面方式为固定数据库角色添加成员。

方法：在数据库"YGGL"中展开"安全性→角色→数据库角色"，选择"db_owner"，单击鼠标右键，在弹出的快捷菜单中选择"属性"菜单项，进入"数据库角色属性"窗口，单击"添加"

按钮可以为该固定数据库角色添加成员。

（2）使用系统存储过程 sp_addrolemember 将 YGGL 的数据库用户添加到固定数据库角色 db_owner 中，语句如下。

```
USE YGGL
GO
EXEC sp_addrolemember 'db_owner', 'yan'
```

3. 自定义数据库角色

（1）以界面方式创建自定义数据库角色，并为其添加成员。

方法：以系统管理员身份登录 SQL Server，在数据库 YGGL 中展开"安全性"下的"角色"节点，右键单击"数据库角色"，选择"新建数据库角色"菜单项，在新建窗口中输入要创建的角色名 myrole，单击"确定"按钮。

在新建角色 myrole 的"属性"窗口中单击"添加"按钮可以为其添加成员。

（2）以命令方式创建自定义数据库角色。

```
USE YGGL
GO
CREATE ROLE myrole
    AUTHORIZATION dbo
```

【思考与练习】

① 在对象资源管理器中为数据库角色 myrole 添加成员。

② 如何在对象资源管理器中删除数据库角色成员 myrole?

实验 9.3 数据库权限管理

目的与要求

（1）掌握数据库权限的分类；

（2）掌握数据库权限授予、拒绝和撤销的方法。

实验准备

（1）了解数据库权限的分类；

（2）了解数据库权限授予、拒绝和撤销的方法。

实验内容

1. 授予数据库权限

（1）以界面方式授予数据库用户 YGGL 数据库上的 CREATE TABLE 权限。

方法：以系统管理员身份登录到 SQL Server，在对象资源管理器中右键单击数据库"YGGL"，在弹出的快捷菜单中选择"属性"菜单项进入 YGGL 数据库的"属性"窗口，选择"权限"选项卡。在"权限"选项卡中选择数据库用户"yan"，在下方的权限列表中选择相应的数据库级别上的权限，如"创建表"，在"授予"复选框中打钩即可。选择完后单击"确定"按钮。

（2）以界面方式授予数据库用户在 Employees 表上的 SELECT、DELETE 权限。

方法：以系统管理员身份登录到 SQL Server，找到 Employees 表，右键单击选择"属性"菜单项进入表"Employees"的"属性"窗口，选择"权限"选项卡，单击"搜索"按钮选择要授予权限的用户或角色，然后在权限列表中选择要授予的权限，如"选择（SELECT）"和"删除（DELETE）"。

（3）以命令方式授予用户 yan 在 YGGL 数据库上的 CREATE TABLE 权限。

```
USE YGGL
```

```
GO
GRANT CREATE TABLE
    TO yan
GO
```

（4）以命令方式授予用户 yan 在 YGGL 数据库上 Salary 表中的 SELECT、DELETE 权限。

```
USE YGGL
GO
GRANT SELECT, DELETE
    ON Salary
    TO yan
GO
```

【思考与练习】

① 授予用户权限后，以该用户身份登录 SQL Server，新建一个查询，查看能否使用相应的权限。

② 创建数据库架构 yg_test，其所有者为用户 yan。接着授予用户 wei 对架构 yg_test 进行查询、添加的权限。

2. 拒绝和撤销数据库权限

（1）以命令方式拒绝用户 yan 在 Departments 表上的 DELETE 和 UPDATE 权限。

```
USE YGGL
GO
DENY DELETE, UPDATE
    ON Departments TO yan
GO
```

（2）以命令方式撤销用户 yan 在 Salary 表中的 SELECT、DELETE 权限。

```
REVOKE SELECT, DELETE
    ON Salary
    FROM yan
```

【思考与练习】

① 使用界面方式拒绝用户 yan 在 Employees 表中的 INSERT 权限，并撤销其在数据库 YGGL 中的 CREATE TABLE 权限。

② 如何使用命令方式拒绝多个用户在表 Employees 中的 SELECT、DELETE 权限？

实习 0
创建实习数据库

实习 0.1 创建数据库及其对象

运行"SQL Server Management Studio（SSMS）"，采用 Windows 系统管理员（Administrator）或者 SQL Server 超级用户（sa）或者具有创建数据库权限的用户连接到 SQL Server 服务器"。

1. 创建数据库

采用界面或者命令方式创建的数据库，名称为 PXSCJ，数据库文件存储路径为 E:\MyDB，文件名以 my 打头，其他设置保留默认值。

2. 创建表

在"对象资源管理器"中，展开"数据库"目录，右键单击"PXSCJ"数据库目录下的"表"项，在弹出菜单中选【新建】→【表】，打开表设计窗口。

（1）创建学生表：XS，结构如表 P0.1 所示。

表 P0.1   学生表（XS）结构

项　目　名	列　　名	数　据　类　型	可　　空	说　　明
姓名	XM	char(8)	×	主键
性别	XB	bit		
出生时间	CSSJ	date		
已修课程数	KCS	int		
照片	ZP	image		

根据以上表结构，在表设计窗口中分别输入（选择）各列的列名、数据类型、是否允许为空等属性。在各列的属性均编辑完成后，单击工具栏的 ◪ 按钮保存，出现【选择名称】对话框，输入表名称，单击【确定】按钮即可创建表。

（2）创建成绩表：CJ，结构如表 P0.2 所示。

表 P0.2   成绩表（CJ）结构

项　目　名	列　　名	数　据　类　型	可　　空	说　　明
姓名	XM	char(8)	×	主键
课程名	KCM	char(12)	×	主键
成绩	CJ	int		0<=CJ<=100

234

3. 以界面方式操作表数据

下面以刚刚创建的 XS、CJ 表为例，介绍表数据记录的插入、修改和删除。

（1）打开表

在"对象资源管理器"中选择数据库要进行操作的表 XS，单击鼠标右键，在弹出的快捷菜单中选择"编辑前 200 行"菜单项，系统打开表数据窗口。

在此窗口中，表中的记录将按行显示，每个记录占一行。可以看到，此时表中还没有数据。可向表中插入记录，之后可以删除和修改已经插入的记录。

（2）插入记录

刚开始输入数据，光标定位在第 1 行，然后逐列输入值。输入完成后，将光标定位到当前表尾的下一行。插入记录将新记录添加在表尾，可以向表中插入多条记录。

输入时需要注意：

① 没有输入数据的记录所有列显示为"NULL"。

② 若表的某些列（例如 XM）不允许为空值，则必须为该列输入值，否则系统显示错误信息。已经输入内容的列系统显示"!"提示。

③ 输入不允许为空值的列，其他列没有输入，光标定位就可以定位到下一行，此时设置默认值的列就会填入默认值。

④ 性别字段为"bit"类型，用户需要输入"1"或者"0"，系统对应显示"True"和"False"。

⑤ 输入的记录中的主键（XM）字段列不能出现重复值，否则在光标试图定位到下一行时系统会显示错误信息。

图 P0.1 所示为本书实习程序运行测试时插入的少量数据。

（3）删除记录

当表中的某些记录不再需要时，要将其删除。在表数据窗口中定位到需删除的记录行，单击该行最前面的黑色箭头处选择全行，单击鼠标右键，选择"删除"菜单项。选择"删除"后，将出现一个确认对话框，单击"是"按钮将删除所选择的记录，单击"否"按钮将不删除该记录。

（4）修改记录

先定位到要修改的记录行，在列中直接进行修改，修改之后将光标移到下一行即可保存所做的修改。

按照上述方法，我们也向成绩表（CJ）中输入一些样本记录，如图 P0.2 所示。

图 P0.1 插入数据的 XS 表

图 P0.2 CJ 表样本记录

4. 创建触发器

在"对象资源管理器"中展开"数据库"→"PXSCJ"→"表"→"dbo.CJ"→"触发器"项单击右键，在弹出的菜单中选择【新建触发器】，在打开的触发器脚本编辑窗口中输入创建触发器的语句。

（1）触发器 CJ_INSERT_KCS。

作用：在成绩表（CJ）中插入一条记录的同时在学生表（XS）中对应该学生记录的已修课程数（KCS）字段加1。

创建的语句如下：

```
CREATE TRIGGER CJ_INSERT_KCS
     ON CJ AFTER INSERT
  AS
  BEGIN
     DECLARE @xm char(8)
     SELECT @xm=XM from inserted
     UPDATE XS SET KCS=KCS+1 WHERE XM=@xm
  END
```

（2）触发器CJ_DELETE_KCS。

作用：在成绩表（CJ）中删除一条记录，则在学生表（XS）中对应该学生记录的已修课程数（KCS）字段减1。

在"查询分析器"中输入如下创建触发器的语句：

```
CREATE TRIGGER CJ_DELETE_KCS
     ON CJ FOR DELETE
  AS
  BEGIN
     DECLARE @xm char(8)
     SELECT @xm=XM from deleted
     UPDATE XS SET KCS=KCS-1 WHERE XM=@xm
  END
```

输入完成后，单击 执行(X) 按钮，若执行成功，则触发器创建完成。

5. 创建完整性

在学生表（XS）中删除某学生记录，同步删除成绩表（CJ）中对应该生的所有记录。

（1）在"对象资源管理器"中展开"数据库"→"PXSCJ"，右键单击"数据库关系图"项，在弹出的菜单中选择【新建数据库关系图】，在弹出的对话框中单击【是】按钮，打开"添加表"对话框，如图P0.3所示。

图 P0.3　添加表对象

选择要添加的表（本实习同时选 CJ 和 XS 两表），单击【添加】按钮完成表的添加，之后单击【关闭】按钮退出窗口。

（2）在出现的"数据库关系图设计"窗口中，将 XS 表中的 XM（姓名）字段拖曳到 CJ 表的 XM（姓名）字段。在弹出的【表和列】对话框中输入关系名、设置主键表、外键表和列名，如图 P0.4 所示，单击【确定】按钮。

图 P0.4 设置参照完整性

（3）在【外键关系】对话框中，设置"INSERT 和 UPDATE 规范"的"更新规则"为"不执行任何操作""删除规则"为"级联"，如图 P0.5 所示，单击【确定】按钮。

图 P0.5 设置外键关系

（4）单击工具栏的 ⊟ 按钮保存，在弹出的【选择名称】对话框中输入关系图名称（这里取默认名）。单击【确定】按钮，在弹出的【保存】对话框中单击【是】按钮，保存设置。至此，完整性参照关系创建完成，读者可通过在主表（XS）和从表（CJ）中插入、删除数据，来验证它们之间的参照关系。

6. 创建存储过程

在"对象资源管理器"中展开"数据库"→"PXSCJ"→"可编程性"，右键单击"存储过程"项，在弹出的菜单中选择【新建】→【存储过程】，在打开的存储过程脚本编辑窗口中输入要创建的存储过程代码。或者在"查询分析器"中输入创建的存储过程代码。

创建的存储过程 CJ_AddDel_PROC，实现对成绩表（CJ）记录的插入和删除。

输入参数：

姓名（@xm　char(8)）

课程名（@kcm　char(12)）

成绩（@cj　int）

功能选择（@SEL　int），1：插入，2：删除

输出参数：

操作结果（@RS　char(20)）

存储过程代码如下：

```
CREATE PROCEDURE CJ_AddDel_PROC @xm char(8), @kcm char(12), @cj int, @SEL int, @RS char(20)
OUTPUT
    AS
    BEGIN
        IF @kcm=''
            SET @RS='请填写课程名'
        ELSE IF @xm=''
            SET @RS='请选择姓名'
        ELSE IF @SEL=1
            BEGIN
                IF EXISTS(select * from CJ where XM=@xm and KCM=@kcm)
                    SET @RS='记录已存在'
                ELSE
                    BEGIN
                        insert into CJ values(@xm,@kcm,@cj)
                        SET @RS='录入成功'
                    END
            END
        ELSE
            BEGIN
                IF NOT EXISTS(select * from CJ where XM=@xm and KCM=@kcm)
                    SET @RS='记录不存在'
                ELSE
                    BEGIN
                        delete from CJ where XM=@xm and KCM=@kcm
                        SET @RS='删除成功'
                    END
            END
    END
```

输入完单击 ! 执行(X) 按钮，若执行成功则创建完成。读者可以使用下面的语句来测试该存储过程是否能正确工作：

```
DECLARE @rs char(20)
EXEC CJ_AddDel_PROC '周何骏','计算机基础',90,1,@rs OUTPUT
SELECT @rs
```

7. 动态创建视图

创建一个存储过程 CJ_View_PROC，用于生成成绩表视图 CJ_VIEW（包含姓名、课程名、成绩字段），视图包含查询指定学生（@xm）和指定课程（@kcm）的成绩记录。

输入参数：

姓名（@xm　char(8)）

课程名（@kcm　char(12)）

存储过程的代码如下：

```
CREATE PROCEDURE CJ_View_PROC @xm char(8), @kcm char(12)
    AS
```

```
IF EXISTS(select * from sysobjects where name='CJ_VIEW')
    DROP VIEW CJ_VIEW
IF(@xm='' and @kcm='')
    EXEC('CREATE VIEW CJ_VIEW AS select XM,KCM,CJ from CJ')
IF(@xm='' and @kcm!='')
    EXEC('CREATE VIEW CJ_VIEW AS select XM,KCM,CJ from CJ where KCM=' + '''' + @kcm + '''')
IF(@xm!='' and @kcm='')
    EXEC('CREATE VIEW CJ_VIEW AS select XM,KCM,CJ from CJ where XM=' + '''' + @xm + '''')
IF(@xm!='' and @kcm!='')
    EXEC('CREATE VIEW CJ_VIEW AS select XM,KCM,CJ from CJ where XM=' + '''' + @xm + '''' + ' and
KCM=' + '''' + @kcm + '''')
```

同理，读者也可以使用下面语句来测试该存储过程和查看其生成的视图：

```
EXEC CJ_View_PROC '周何骏','计算机网络'
select * from CJ_VIEW
```

实习 0.2 应用系统功能和界面

1. 系统主页

本实习"学生成绩管理系统"的主页，如图 P0.6 所示。

图 P0.6 "学生成绩管理系统"主页

它由上、中、底 3 部分构成：上部是网页头，中间为页面主体，底部显示版权信息。其中，中间部分又可分为左右两块区，左边是"功能导航"页，用户可单击【学生管理】【成绩管理】按钮分别进入到系统不同的功能界面，在右边内容页加载显示相应界面。

2. "学生管理"功能界面

主要实现对学生信息的管理操作，界面如图 P0.7 所示。

其中，已修课程数为只读，不可改。

（1）输入学生姓名、性别、出生年月等信息；单击【浏览…】按钮，弹出对话框，选择学生照片文件，照片控件中显示。单击【录入】按钮；如果学生表（XS）尚无该学生（姓名字段没有找到），则往学生表中插入一条记录，各字段填入表单数据内容。若选择了照片，还要将照片以二进制形式存入学生表 ZP 字段。

（2）单击【查询】按钮，以姓名栏内容，从学生表（XS）中查找出该生各项信息，如果没有找到，提示"该学生不存在"。否则，将查询结果记录内容显示在相应的控件中。若 ZP 字段存有数据，还要显示该学生的照片。

（3）单击【删除】按钮，以姓名栏内容，从学生表（XS）中查找出该生各项信息，如果没有找到，提示"该学生不存在"。否则，删除该生的记录。

参照完整性会同步删除成绩表（CJ）中该生的所有成绩记录。

（4）单击【更新】按钮，以姓名栏内容，从学生表（XS）中查找出该生各项信息，如果没有找到，提示"该学生不存在"。否则，以界面中修改的新信息更新学生表相应的记录。

3. "成绩管理"功能界面

实现学生成绩的录入、删除和查询操作，界面如图 P0.8 所示。

图 P0.7 "学生管理"功能界面　　　　图 P0.8 "成绩管理"功能界面

查询成绩表（CJ）所有记录作为表格的数据源。

（1）初始时，系统从学生表（XS）中检索出所有学生的姓名，加载到"姓名"后下拉列表中供用户选择。课程名、姓名和成绩框为空，下面表格显示成绩表中所有记录。

（2）输入课程名、选择姓名，在"成绩"文本框中输入数字数据，单击【录入】按钮，调用存储过程 CJ_AddDel_PROC。根据结果显示操作是否成功的提示信息。触发器 CJ_INSERT_KCS 实现在学生表（XS）中对应该生"已修课程数"加 1。

刷新表格显示。

（3）输入课程名、选择姓名，单击【删除】按钮，调用存储过程 CJ_AddDel_PROC。根据结果显示操作是否成功的提示信息。触发器 CJ_DELETE_KCS 实现在学生表（XS）中对应该生"已修课程数"减 1。

刷新表格显示。

（4）输入课程名、选择姓名，单击【查询】按钮，调用存储过程 CJ_View_PROC（以姓名、课程名作为输入参数），根据姓名、课程名是否为空的各种组合情况创建视图 CJ_VIEW。

将视图 CJ_VIEW 作为表格的数据源，显示成绩表查询结果。

（5）用游标控制实现用户可通过姓名栏右边的【↓】【↑】按钮来滚动显示学生信息。

以上就是实习部分要实现的系统的基本功能需求，在不同的开发平台和环境下，这些功能的具体呈现形式（例如，Web 程序与 Windows 桌面客户端程序）会有所差别，同时考虑到技术难度且为节省篇幅，某些功能（如游标、照片显示）并未在所有实习中都实现。

实习 1
PHP 开发 SQL Server 综合实例

本系统是在 Windows 10 环境下，基于 PHP 脚本语言实现的学生成绩管理系统，Web 服务器使用 Apache 2.4，后台数据库使用 SQL Server 2016。

PHP 开发平台搭建请参考本书网络文档。

实习 1.1　PHP 开发入门

实习 1.1.1　PHP 项目的建立

（1）启动 Eclipse，选择主菜单【File】→【New】→【PHP Project】项，如图 P1.1 所示。

（2）在弹出的项目信息对话框的 "Project Name" 栏中输入项目名 "WebPHPXscj"，如图 P1.2 所示，所用 PHP 版本选 "php7.0"（与本书安装的版本一致）。

（3）单击【Finish】按钮，Eclipse 会在 Apache 安装目录的 htdocs 文件夹下自动创建一个名为 "WebPHPXscj" 的文件夹，并创建项目设置和缓存文件。

（4）项目创建完成后，工作界面 "Project Explorer" 区域会出现一个 "WebPHPXscj" 项目树，右键单击选择【New】→【PHP File】，如图 P1.3 所示，就可以创建.php 源文件。

图 P1.1　新建 PHP 项目

图 P1.2　项目信息对话框

图 P1.3　新建 PHP 源文件

实习 1.1.2　PHP 项目的运行

Eclipse 默认创建的 PHP 文件名为 newfile.php，在其中输入代码：

```
<?php
    phpinfo();
?>
```

然后修改 PHP 的配置文件，打开 C:\Program Files\PHP 下的文件 php.ini，在其中找到如下一句：

```
short_open_tag = Off
```

将这里的 Off 改为 On，如图 P1.4 所示，以使 PHP 能支持<??>和<%%>标记方式。确认修改后，保存配置文件，重启 Apache 服务。

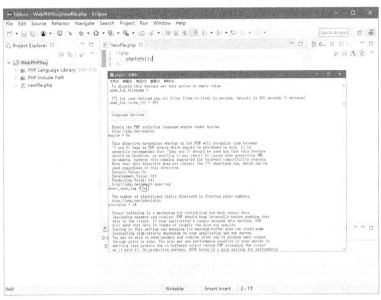

图 P1.4　编写测试文件及修改配置

单击工具栏 ▶ ▾ 按钮右边的下箭头，从菜单中选【Run As】→【PHP Web Application】，弹出对话框显示出程序即将启动的 URL 地址，如图 P1.5 所示。

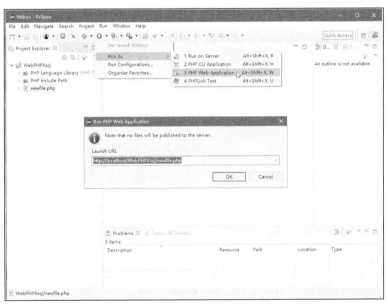

图 P1.5　Eclipse 运行 PHP 程序

单击【OK】按钮确认后，在开发环境界面中央的主工作区就显出 PHP 的版本信息页，如图 P1.6 所示。

除了使用 Eclipse 在 IDE 中运行 PHP 程序外，还可以直接从浏览器运行。打开浏览器，输入 http://localhost/WebPHPXscj/newfile.php 后回车，浏览器中也显示出 PHP 版本信息页。

图 P1.6　PHP 版本信息页

实习 1.1.3　PHP 连接 SQL Server 2016

PHP 可采用两种方式连接到 SQL Server 2016 数据库：

① 使用原生的 sqlsrv 接口；

② 通过 PDO 通用接口。

本实习将在程序中演示这两种访问方式，但在此之前，必须安装 PHP 的 SQL Server 驱动，这个驱动是由微软官方开发提供的。从微软官网下载 SQL Server 的 ODBC 驱动安装包 msodbcsql.msi，以及 PHP 的 SQL Server 扩展库 SQLSRV40.EXE。

1. 安装 ODBC 驱动

双击 msodbcsql.msi 启动安装向导，如图 P1.7 所示。

单击【Next】按钮，跟着向导的步骤往下操作即可，每一步皆取默认设置，过程从略。

2. 安装驱动扩展库

双击 SQLSRV40.EXE 安装并解压后，将其中的 php_pdo_sqlsrv_7_ts_x64.dll 和 php_sqlsrv_7_ts_x64.dll 复制到 C:\Program Files\Php\php70\ext 下，再在配置文件 php.ini 里添加（如图 P1.8 所示）。

图 P1.7　安装 ODBC 驱动

图 P1.8　添加扩展库配置

```
extension=php_pdo_sqlsrv_7_ts_x64.dll
extension=php_sqlsrv_7_ts_x64.dll
```

完成后重启 Apache，再次运行测试页 newfile.php，在其上看到图 P1.9 中圈出的内容，就表示驱动安装成功了。

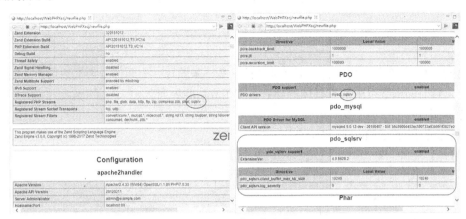

图 P1.9　驱动安装成功

新建 fun.php 源文件，其中编写用于连接数据库的代码，如下：

```php
<?php
    try {
        //用原生 sqlsrv 接口连接数据库
        $myConstr = array("Database"=>"PXSCJ", "UID"=>"sa", "PWD"=>"njnu123456");
        $myCon = sqlsrv_connect("localhost", $myConstr);
        //用 PDO 方式连接数据库
        $myCon_PDO = new PDO("sqlsrv:Server=localhost;Database=PXSCJ", "sa",
"njnu123456");
                                                    //创建 SQL Server 2016 的 PDO 对象
    }catch (Exception $ex){
        echo "数据库连接失败！异常信息如下:".$ex->getMessage();      //若失败则输出异常信息
    }
?>
```

实习 1.2　系统主页设计

实习 1.2.1　主界面

本系统主界面采用框架网页实现，下面先给出各前端页面的 html 源码。

1. 启动页

启动页面为 index.html，代码如下：

```html
<html>
<head>
    <meta http-equiv="Content-Type" content="text/html; charset=utf-8"/>
    <title>学生成绩管理系统</title>
</head>
<body topMargin="0" leftMargin="0" bottomMargin="0" rightMargin="0">
    <table width="675" border="0" align="center" cellpadding="0" cellspacing="0" style=
"width: 778px; ">
        <tr>
            <td><img src="images/学生成绩管理系统.gif" width="790" height="97"></td>
        </tr>
```

```
        <tr>
            <td><iframe src="main_frame.html" width="790" height="313"></iframe></td>
        </tr>
        <tr>
            <td><img src="images/底端图片.gif" width="790" height="32"></td>
        </tr>
    </table>
</body>
</html>
```

页面分上中下三部分，其中，上下两部分都只是一张图片，中间部分为框架页（加黑代码为源文件名），运行时向框架页中加载具体的导航页和相应功能界面。

2. 框架页

框架页为 main_frame.html，代码如下：

```
<html>
<frameset cols="217,*">
    <frame frameborder=0 src="http://localhost/WebPHPXscj/main.php" name="frmleft" scrolling="no" noresize>
    <frame frameborder=0 src="body.html" name="frmmain" scrolling="no" noresize>
</frameset>
</html>
```

其中，加黑处"http://localhost/WebPHPXscj/main.php"就是系统导航页的启动 URL，页面装载后位于框架左区。

框架右区则用于显示各个功能界面，初始默认为 body.html，源码如下：

```
<html>
<head>
    <meta http-equiv="Content-Type" content="text/html; charset=utf-8"/>
</head>
<body topMargin="0" leftMargin="0" bottomMargin="0" rightMargin="0">
    <img src="images/主页.gif" width="678" height="500">
</body>
</html>
```

这只是一个填充了背景图片的空白页，在运行时，系统会根据用户操作，向框架右区动态加载不同功能的 PHP 页面来替换该页。

在项目根目录下创建 images 文件夹，其中放入用到的 3 幅图片资源："学生成绩管理系统.gif""底端图片.gif""主页.gif"。

实习 1.2.2 功能导航

本系统的导航页上有两个按钮，单击可分别进入"学生管理"和"成绩管理"两个不同功能的页面，如图 P1.10 所示。

源文件 main.php 实现功能导航页，代码如下：

```
<?php
    header("content-type:text/html;charset=gbk");
?>
<html>
<body bgcolor="D9DFAA">
    <table bgcolor="D9DFAA" width="200" height="85">
        <tr>
            <td align="center"><input type="button" value="学生管理" onclick=parent.frmmain.location="studentManage.php"></td>
        </tr>
        <tr>
            <td align="center"><input type="button" value="成绩管理" onclick=parent.
```

```
frmmain.location="scoreManage.php"></td>
            </tr>
        </table>
    </body>
</html>
```

其中，加黑处是两个导航按钮分别要定位到的 PHP 源文件：studentManage.php 实现"学生管理"功能页，scoreManage.php 实现"成绩管理"功能页，它们的具体内容将在稍后介绍。

图 P1.10　功能导航

打开浏览器，在地址栏输入：http://localhost/WebPHPXscj/index.html，显示图 P1.11 所示的页面。

图 P1.11　"学生成绩管理系统"主页

实习 1.3　学　生　管　理

实习 1.3.1　界面设计

"学生管理"功能界面，如图 P1.12 所示。

图 P1.12 "学生管理"功能界面

它由源文件 studentManage.php 实现，代码如下：

```php
<?php
    header("content-type:text/html;charset=gbk");
    session_start();                         //启动 SESSION 会话
?>
<html>
<body bgcolor="D9DFAA">
<?php
    //接收会话传回的变量值以便在页面显示
    $XM = $_SESSION['XM'];                    //姓名
    $XB = $_SESSION['XB'];                    //性别
    $CSSJ = $_SESSION['CSSJ'];               //出生时间
    $KCS = $_SESSION['KCS'];                 //已修课程数
    $name = $_SESSION['NAME'];               //姓名变量用于查找显示照片
?>
<form method="post" action="studentAction.php" enctype="multipart/form-data">
<table>
    <tr>
        <td>姓名: </td>
        <td><input type="text" name="text_XM" value="<?php echo @$XM;?>"/></td>
        <td><input type="submit" name="button" value="录入"/></td>
    </tr>
    <tr>
        <td>性别: </td>
        <td>
            <input type="radio" name="radio_XB" value="1" <?php if (@$XB==1 || @$XB=='')
{?>checked="checked"<?php }?>/>男               //变量值 1 表示"男"
                  
            <input type="radio" name="radio_XB" value="0" <?php if (@$XB==0){?>checked=
"checked"<?php }?>/>女                           //变量值 0 表示"女"
        </td>
        <td><input type="submit" name="button" value="删除"/></td>
    </tr>
    <tr>
        <td>出生日期: </td>
        <td><input  type="date"  name="date_CSSJ"  value="<?php  echo  @$CSSJ==''  ?
'2000-05-02' : @$CSSJ;?>"/></td>
        <td><input type="submit" name="button" value="更新"/></td>
    </tr>
    <tr>
        <td>照片: </td>
```

```
            <td><input type="file" name="file_Path"/></td>
        </tr>
        <tr valign="bottom">
            <td>已修课程数: </td>
            <td>
                <input type="text" name="text_KCS" value="<?php echo @$KCS=='' ? 0 : @$KCS;
?>" style="text-align: center" size="5" disabled/>
                       
```
`<!-- 使用 img 控件调用 showpicture.php 页面用于显示照片，name 用于保存当前学生姓名值，time()函数用`
于产生一个时间戳，防止服务器读取缓存中的内容-->
```
                <?php echo "<img alt='该生的证件照' src='showpicture.php?name=$name&time=
".time()."' width=100 height=150 border='1'/>";?>
            </td>
            <td><input type="submit" name="button" value="查询"/></td>
        </tr>
    </table>
    </form>
    </body>
    </html>
```

从上段代码中的两个加黑处可见，在"姓名"栏输入学生姓名后单击【查询】按钮，可以将数据提交到 studentAction.php 页面，并将该生的信息显示在页面表单中。显示照片时调用 showpicture.php 文件。

showpicture.php 文件通过接收学生姓名变量值查找到该生的照片并显示，代码如下：

```
<?php
    header('Content-type: image/jpg');
    require "fun.php";

    $StuXm = $_GET['studentname'];
    $sql = "select ZP from XS where XM ='$StuXm'";
    $result = $db->query(iconv('GB2312', 'UTF-8', $sql));
    list($ZP) = $result->fetch(PDO::FETCH_NUM);
    $image = base64_decode($ZP);                    //
    echo $image;
?>


<?php
    header('Content-type:image/jpg');                    //输出 HTTP 头信息
    require 'fun.php';                                    //包含连接数据库的 PHP 文件
    //以 GET 方法从 studentManage.php 页面 img 控件的 src 属性中获取学生姓名值
    $Name = $_GET['name'];
    $mySql = "select ZP from XS where XM='$Name'";        //根据姓名查找照片
    $myRs = sqlsrv_query($myCon, $mySql);                 //执行查询（使用原生 sqlsrv 接口）
    $row = sqlsrv_fetch_array($myRs);                     //获取照片数据
    echo base64_decode($row['ZP']);                       //使用 base64 函数解码并返回输出照片
?>
```

因本程序插入照片的操作先通过 PHP 的 base64_encode()函数将图片文件编码后存入 SQL Server 数据库，故在显示照片时也要在 showpicture.php 文件中使用 base64_decode()函数将数据解码后才能显示。如果不是图片类型数据且不是通过 base64_encode()函数编码保存的，在显示时就不需要解码。

实习 1.3.2　功能实现

本实习的学生管理功能专门由 studentAction.php 实现，该页以 POST 方式接收 studentManage.php 页面提交的表单数据，对学生信息进行增、删、改、查等各种操作，同时将操作后的更新数据保存在 SESSION 会话中传回前端加以显示。

源文件 studentAction.php 的代码如下：

```php
<?php
    include 'fun.php';                                  //包含连接数据库的 PHP 文件
    include 'studentManage.php';                        //包含前端界面的 PHP 页
    $Name = @$_POST['text_XM'];                         //姓名
    $Sex = @$_POST['radio_XB'];                         //性别
    $Birth = @$_POST['date_CSSJ'];                      //出生时间
    $tmp_file = @$_FILES["file_Path"]["tmp_name"];      //上传后在服务端储存的临时文件
    $handle = @fopen($tmp_file, 'rb');                  //打开文件
    $Photo = base64_encode(fread($handle, filesize($tmp_file)));   //读取上传的照片数据并编码
    $mySql = "select XM, XB, CONVERT(char(20),CSSJ,20) AS CSSJ, KCS from XS where
XM='$Name'";                                            //查询学生信息
    $myRs = sqlsrv_query($myCon, $mySql);               //执行查询（使用 sqlsrv 原生接口）
    $myDr = sqlsrv_fetch_array($myRs);
    function refresh(){                                 //在录入删除更新操作后刷新页面
        //这里采用另一种方式（PDO 通用接口）访问数据库
        $myCon_PDO = new PDO("sqlsrv:Server=localhost;Database=PXSCJ", "sa", "njnu123456");
        $mySql_PDO = "select XM, XB, CONVERT(char(20),CSSJ,20) AS CSSJ, KCS from XS where
XM='".$_SESSION['NAME']."'";
        $myRs_PDO = $myCon_PDO->query(iconv('gb2312', 'utf-8', $mySql_PDO));
                                                        //PDO 执行查询
        list($XM, $XB, $CSSJ, $KCS) = $myRs_PDO->fetch(PDO::FETCH_NUM);
                                                        //PDO 获取数据
        $_SESSION['XM'] = iconv('utf-8', 'gb2312', $XM);     //姓名（需要转换编码）
        $_SESSION['XB'] = $XB;                          //性别
        $_SESSION['CSSJ'] = $CSSJ;                      //出生时间
        $_SESSION['KCS'] = $KCS;                        //已修课程数
    }

    /**以下为各学生管理操作按钮的功能代码*/
    /*录入功能*/
    if (@$_POST['button'] == '录入'){                   //单击【录入】按钮
        if (@$Name == '') echo "<script>alert('请输入学生姓名。');</script>";
        elseif ($myDr) echo "<script>alert('该生的记录已存在。');</script>";
        else {                                          //不存在才可录入
            $mySql = "insert into XS values('$Name', $Sex, '$Birth', 0, NULL)";
            $ins_rs = sqlsrv_query($myCon, $mySql) or die('录入失败！');
            if (sqlsrv_rows_affected($ins_rs) > 0){     //返回值>0 表示插入成功
                if ($tmp_file){                         //上传了照片的情况
                    $mySql = "update XS set ZP=CONVERT(varbinary(MAX),'$Photo') where XM='$Name'";
                    sqlsrv_query($myCon, $mySql);       //更新照片数据（使用 sqlsrv 原生接口）
                }
                $_SESSION['NAME'] = $Name;              //姓名变量存入会话
                refresh();
                echo "<script>alert('录入成功！');location.href='studentManage.php';</script>";
            }
        }
    }
    /*删除功能*/
    if (@$_POST['button'] == '删除'){                   //单击【删除】按钮
        $mySql = "delete from XS where XM='$Name'";
        $del_rs = sqlsrv_query($myCon, $mySql);         //执行删除操作（使用 sqlsrv 原生接口）
        if (sqlsrv_rows_affected($del_rs) > 0){         //返回值>0 表示操作成功
            $_SESSION['NAME'] = '';                     //会话中姓名变量置空
            refresh();
            echo "<script>alert('学生 ".$Name."的记录已删。');location.href='studentManage.php';
</script>";
```

```
        }
    }
    /*更新功能*/
    if (@$_POST['button'] == '更新'){                      //单击【更新】按钮
        $mySql = "update XS set XM='$Name', XB=$Sex, CSSJ='$Birth' where
XM='".$_SESSION['NAME']."'";
        $upt_rs = sqlsrv_query($myCon, $mySql);            //执行更新操作（使用 sqlsrv 原生接口）
        if (sqlsrv_rows_affected($upt_rs) > 0){            //返回值>0 表示操作成功
            if ($tmp_file){                                          //上传了新照片要更新
                $mySql = "update XS set ZP=CONVERT(varbinary(MAX),'$Photo') where XM='$Name'";
                sqlsrv_query($myCon, $mySql);
            }
            $_SESSION['NAME'] = $Name;
            refresh();
            echo "<script>alert('更新成功！');location.href='studentManage.php';</script>";
        }
    }
    /*查询功能*/
    if (@$_POST['button'] == '查询'){                      //单击【查询】按钮
        if ($myDr){   //由于在一开始已执行了一次查询，结果存放在$myDr 变量中，故这里只须直接从该
变量读取学生信息到会话即可
            $_SESSION['XM']= $myDr['XM'];                      //姓名
            $_SESSION['XB'] = $myDr['XB'];                     //性别
            $_SESSION['CSSJ'] = $myDr['CSSJ'];                 //出生时间
            $_SESSION['KCS'] = $myDr['KCS'];                   //已修课程数
            $_SESSION['NAME'] = $Name;
            echo "<script>location.href='studentManage.php';</script>";
        }
    }
}
?>
```

实习 1.4　成 绩 管 理

实习 1.4.1　界面设计

"成绩管理"功能界面，如图 P1.13 所示。

图 P1.13　"成绩管理"功能界面

它由源文件 scoreManage.php 实现，代码如下：

```php
<?php
    header("content-type:text/html;charset=gbk");
    session_start();
?>
<html>
<body bgcolor="D9DFAA">
<?php
    $NM = $_SESSION['NM'];
    $CS = $_SESSION['CS'];
?>
<form method="post">
<table>
    <tr>
        <td>课程名: <input type="text" name="text_KCM" value="<?php echo @$CS;?>" size="10"/> </td>
        <td>
            姓名:
            <!-- 以下 JS 代码是为了保证在页面刷新后，下拉列表中仍然保持着之前的选中项 -->
            <script type="text/javascript">
                function setCookie(name, value){
                    var exp = new Date();
                    exp.setTime(exp.getTime() + 24 * 60 * 60 * 1000);
                    document.cookie = name + "=" + escape(value) + ";expires=" + exp.toGMTString();
                }
                function getCookie(name){
                    var regExp = new RegExp("(^| )" + name + "=([^;]*)(;|$)");
                    var arr = document.cookie.match(regExp);
                    if(arr == null){
                        return null;
                    }
                    return unescape(arr[2]);
                }
            </script>
            <select name="combo_XM"  id="select_1"  onclick="setCookie('select_1', this.selectedIndex)">
            <select name="combo_XM">
                <?php
                    echo "<option></option>";
                    require 'fun.php';                          //包含连接数据库的 PHP 文件
                    $mySql = "select distinct(XM) from XS"; //查找所有的学生姓名
                    $myRs = sqlsrv_query($myCon, $mySql);   //执行查询（使用 sqlsrv 原生接口）

                    while(list($XM) = sqlsrv_fetch_array($myRs)){
                        echo "<option value=$XM>$XM</option>";       //加载姓名到下拉框中
                    }
                    $mySql = "declare xm_indicator cursor dynamic for select distinct(XM) from XS open xm_indicator";                         //创建指示姓名的游标、打开游标
                    sqlsrv_query($myCon, $mySql);
                ?>
            </select>
            <script type="text/javascript">
                var selectedIndex = getCookie("select_1");
                if(selectedIndex != null){
                    document.getElementById("select_1").selectedIndex = selectedIndex;
```

```
                    }
                </script>
                <input type="submit" name="button" value="↓"/>
                <input type="submit" name="button" value="↑"/>
                 
            </td>
            <td>成绩: <input type="text" name="text_CJ" style="text-align: center" size="5"
value="0"/></td>
        </tr>
        <tr>
            <td rowspan="3" colspan="2">
                <table border="1" width="390">
                    <tr bgcolor="#CCCCC0">
                        <td align="center">姓名</td>
                        <td align="center">课程名</td>
                        <td align="center">成绩</td>
                    </tr>
                    <?php
                        include 'fun.php';                      //包含连接数据库的 PHP 文件
                        $mySql = "EXEC CJ_View_PROC '$NM', '$CS'";
                        $myRs = $myCon_PDO->query(iconv('gb2312', 'utf-8', $mySql));
                                                                //执行存储过程（采用 PDO 接口）
                        $mySql = "select XM, KCM, CJ from CJ_VIEW";
                        $myRs = sqlsrv_query($myCon, $mySql); //视图已生成（执行查询）
                        while(list($XM, $KCM, $CJ) = sqlsrv_fetch_array($myRs)){
                                                                //获取结果集，以表格显示
                            echo "<tr><td>$XM </td><td>$KCM </td><td align=center>
$CJ</td><tr>";
                        }
                    ?>
                </table>
            </td>
            <td align="right"><input type="submit" name="button" value="录入"/></td>
        </tr>
        <tr>
            <td align="right"><input type="submit" name="button" value="删除"/></td>
        </tr>
        <tr>
            <td align="right"><input type="submit" name="button" value="查询"/></td>
        </tr>
    </table>
    </form>
    </body>
    </html>
```

　　该页面上使用 PHP 脚本在初始就从数据库 XS 表中查询出所有学生的姓名并将其加载到下拉列表中，方便用户操作选择。又用 JavaScript 脚本将用户当前的选项保存在 Cookie 中，以保证在页面刷新后"姓名"下拉列表中仍然保持着之前用户选中的学生姓名。

实习 1.4.2　功能实现

　　本实习"成绩管理"模块主要实现对数据库成绩表（CJ）中学生成绩记录的录入和删除操作，其功能实现的代码也写在源文件 scoreManage.php 中，如下：

```
<?php
    require 'fun.php';                              //包含连接数据库的 PHP 文件
    $Name = @$_POST['combo_XM'];                    //获取提交的姓名
```

```
        $Course = @$_POST['text_KCM'];                          //获取提交的课程名
        $Score = @$_POST['text_CJ'];                            //获取提交的成绩
        $_SESSION['NM'] = $Name;
        $_SESSION['CS'] = $Course;
        function fetch_CURSOR($pos){                             //获取游标指定索引位置的姓名
            $mySql = "fetch ".$pos." from xm_indicator";
            $myRs = sqlsrv_query($myCon, $mySql);
            $row = sqlsrv_fetch_array($myRs);
            if ($row) return $row['XM'];
            else return '';
        }
        function adjust_CURSOR(){                                //调整校正游标指针
            $mySql = "close xm_indicator open xm_indicator";//先关闭游标再重新打开
            sqlsrv_query($myCon, $mySql);
            $curname = fetch_CURSOR('first');                   //游标指针指向第一个姓名
            while (@$curname != $_SESSION['NM'] && @$curname != '') $curname = fetch_CURSOR('next');
                                                                //将游标指针对准到当前姓名
        }
        function reflush(){                                     //此函数用于关闭并删除游标
            $mySql = "close xm_indicator deallocate xm_indicator";
            sqlsrv_query($myCon, $mySql);
            echo "<script>location.href='scoreManage.php';</script>";
        }
        if (@$_POST['button'] == '↓'){                          //查看下一个姓名
            if (@$Name != ''){
                adjust_CURSOR();                                //校准游标指针
                $curname = fetch_CURSOR('next');                //指向下一个姓名
                if (@$curname == '') $curname = fetch_CURSOR('first');
                                                                //若后面无学生则返回指第一个
                $_SESSION['NM'] = $curname;                     //游标指向的当前姓名存于会话中
                reflush();                                      //游标使用过后要及时关闭
            }
        }
        if (@$_POST['button'] == '↑'){                          //查看上一个姓名
            if (@$Name != ''){
                adjust_CURSOR();
                $curname = fetch_CURSOR('prior');               //指向上一个姓名
                if (@$curname == '') $curname = fetch_CURSOR('last');
                                                                //若已到第一个学生则返回末尾
                $_SESSION['NM'] = $curname;
                reflush();
            }
        }
        /**以下为各成绩管理操作按钮的功能代码*/
        /*录入功能*/
        if (@$_POST['button'] == '录入'){                        //单击【录入】按钮
            $mySql = "DECLARE @rs char(20) EXEC CJ_AddDel_PROC '$Name', '$Course', '$Score', 1,
@rs OUTPUT";
            $myRs = sqlsrv_query($myCon, $mySql);               //执行存储过程（使用 sqlsrv 接口）
            $_SESSION['NM'] = '';
            $_SESSION['CS'] = '';
            reflush();
        }
        /*删除功能*/
        if (@$_POST['button'] == '删除'){                        //单击【删除】按钮
            $mySql = "DECLARE @rs char(20) EXECUTE CJ_AddDel_PROC '$Name', '$Course', '$Score', 2,
```

```
@rs OUTPUT";
            $myRs = $myCon_PDO->query(iconv('gb2312', 'utf-8', $mySql));
                                                    //执行存储过程（使用 PDO 接口）
            $_SESSION['NM'] = '';
            $_SESSION['CS'] = '';
            reflush();
        }
        if (@$_POST['button'] == '查询'){
            reflush();
        }
    ?>
```

　　至此，这个基于 Windows 10 平台 PHP 7/SQL Server 2016 的"学生成绩管理系统"开发完成，读者还可以根据需要自行扩展其他的功能。

本实习基于 Java EE 7（Struts 2）实现学生成绩管理系统，Web 服务器使用 Tomcat 8.x，访问 SQL Server 2016 数据库。

Java EE 开发平台搭建请参考本书网络文档。

实习 2.1　创建 Struts 2 项目

实习 2.1.1　创建 Java EE 项目

启动 MyEclipse 2017，选择主菜单【File】→【New】→【Web Project】，出现图 P2.1 所示的对话框，填写"Project name"栏（项目名）为"WebJavaEEXscj"，在"Java EE version"下拉列表中选择"JavaEE 7 - Web 3.1"，"Java version"下拉列表选"1.8"，其余保持默认。

图 P2.1　创建 Java EE 项目

单击【Next】按钮继续，在"Web Module"页中勾选"Generate web.xml deployment descriptor"（自动生成项目的 web.xml 配置文件）；在"Configure Project Libraries"页中勾选"JavaEE 7.0 Generic

Library"，同时取消选择 "JSTL 1.2.2 Library"，如图 P2.2 所示。

图 P2.2　项目设置

设置完成，单击【Finish】按钮，MyEclipse 会自动生成一个 Java EE 项目。

实习 2.1.2　加载 Struts 2 包

登录 http://struts.apache.org/，下载 Struts 2，本实习使用的是 Struts 2.5.16，其官方下载页面如图
P2.3 所示。

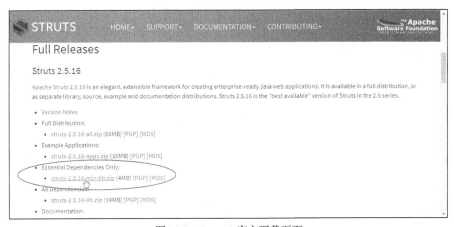

图 P2.3　Struts 2 官方下载页面

在大多数情况下，使用 Struts 2 的 Web 应用并非需要用到 Struts 2 的全部特性，故这里只下载其
最小核心依赖库（大小仅为 4MB），单击页面中 "Essential Dependencies Only" 项下的 "struts-2.5.16-
min-lib.zip" 链接即可。将下载获得的文件 struts-2.5.16-min-lib.zip 解压缩，在其目录 struts-2.5.16-
min-lib\struts-2.5.16\lib 下看到有 8 个 jar 包，包括：

（1）Struts 2 的 4 个基本类库。

```
struts2-core-2.5.16.jar
ognl-3.1.15.jar
log4j-api-2.10.0.jar
```

```
freemarker-2.3.26-incubating.jar
```
（2）附加的 4 个库。
```
commons-io-2.5.jar
commons-lang3-3.6.jar
javassist-3.20.0-GA.jar
commons-fileupload-1.3.3.jar
```
将它们一起复制到项目的\WebRoot\WEB-INF\lib 路径下。在工作区视图中，右键单击项目名，从弹出菜单中选【Refresh】刷新。打开项目树，展开"Web App Libraries"项可看到这 8 个 jar 包，如图 P2.4 所示，表明 Struts 2 加载成功了。

图 P2.4　Struts 2 加载成功

然后，在 WebRoot/WEB-INF 目录下配置 web.xml 文件，代码如下：
```xml
<?xml version="1.0" encoding="UTF-8"?>
<web-app id="WebApp_9" version="2.4"
    xmlns="http://java.sun.com/xml/ns/j2ee"
    xmlns:xsi="http://www.w3.org/2001/XMLSchema-instance"
    xsi:schemaLocation="http://java.sun.com/xml/ns/j2ee    http://java.sun.com/xml/ns/
j2ee/web-app_2_4.xsd">
    <filter>
        <filter-name>struts-prepare</filter-name>
        <filter-class>org.apache.struts2.dispatcher.filter.StrutsPrepareFilter</filter-class>
    </filter>
    <filter>
        <filter-name>struts-execute</filter-name>
        <filter-class>org.apache.struts2.dispatcher.filter.StrutsExecuteFilter</filter-class>
    </filter>
    <filter-mapping>
        <filter-name>struts-prepare</filter-name>
        <url-pattern>/*</url-pattern>
    </filter-mapping>
    <filter-mapping>
        <filter-name>struts-execute</filter-name>
        <url-pattern>/*</url-pattern>
    </filter-mapping>
    <display-name>WebJavaEEXscj</display-name>
    <welcome-file-list>
        <welcome-file>main.jsp</welcome-file>
```

```
    </welcome-file-list>
</web-app>
```

实习 2.1.3　连接 SQL Server 2016

1. 配置数据库驱动

从网上下载得到 SQL Server 2016 的驱动包 sqljdbc4.jar，将其存放在某个文件夹中（本实习是存盘在 MyEclipse 2017 的工作区 C:\Users\Administrator\Workspaces\MyEclipse 2017 CI 中）。

启动 MyEclipse 2017，选择主菜单【Window】→【Perspective】→【Open Perspective】→【Database Explorer】，打开 DB Browser（数据库浏览器）模式，右键单击选择菜单项【New...】，出现图 P2.5 所示的窗口，在其中编辑 SQL Server 2016 的连接驱动参数，单击【Add JARs】按钮，选择事先准备好的 sqljdbc4.jar 包，单击【Test Driver】按钮测试连接。

完成后，在 DB Browser 中右键单击打开连接 sqlsrv，若能看到 PXSCJ 数据库中的表，就说明 MyEclipse 2017 已成功地与 SQL Server 2016 相连了。

图 P2.5　配置 SQL Server 2016 驱动

2. 编写 JDBC 驱动类

接下来编写用于连接 SQL Server 2016 的 Java 类（JDBC 驱动类），在项目 src 下建立 org. easybooks.xscj.jdbc 包，包下创建 SqlCon.java，代码如下：

```java
package org.easybooks.xscj.jdbc;
import java.sql.*;
public class SqlCon {
    public static Connection myCon;         //连接对象（定义为"public static"便于程序随时获取
//和使用该连接）
    static {
        try {
            /**加载并注册 SQL Server 2016 的 JDBC 驱动*/
            Class.forName("com.microsoft.sqlserver.jdbc.SQLServerDriver");
            /**创建到 SQL Server 2016 的连接 */
            myCon = DriverManager.getConnection("jdbc:sqlserver://localhost:1433;
databaseName=PXSCJ", "sa", "njnu123456");
        }catch(Exception e){
```

```
                        e.printStackTrace();
                }
        }
}
```

3. 构造值对象

为了能用 Java 面向对象方式访问数据库，要预先创建"学生"和"成绩"的值对象，它们都位于 src 下 org.easybooks.xscj.vo 包中。

（1）"学生"值对象

Student.java 构建"学生"的值对象，代码如下：

```
package org.easybooks.xscj.vo;
public class Student implements java.io.Serializable {
        private String xm;                      //姓名
        private byte xb;                        //性别
        private String cssj;                    //出生日期
        private int kcs;                        //已修课程数
        private byte[] zp;                      //照片
        public Student() {}                     //构造方法
        /**各属性的 getter/setter 方法*/
        /*xm（姓名）属性*/
        public String getXm() {                 //getter 方法
            return this.xm;
        }
        public void setXm(String xm) {          //setter 方法
            this.xm = xm;
        }
        //省略其余属性的 getter/setter 方法
        …
}
```

Java 值对象是为实现对数据库面向对象的持久化访问而构造的，它有着固定的格式，包括：属性声明、构造方法，以及各个属性的 getter/setter 方法，其实质就是一个 JavaBean。值对象的属性成员变量一般要与数据库表的字段一一对应，这样就便于将 Java 对象操作映射为对数据库表的操作。各属性的 getter/setter 方法书写形式类同，为节省篇幅，这里省略不写，详见本书提供的完整源代码。

（2）"成绩"值对象

Score.java 构建"成绩"的值对象，代码如下：

```
package org.easybooks.xscj.vo;
public class Score implements java.io.Serializable {
        private String xm;                      //姓名
        private String kcm;                     //课程名
        private int cj;                         //成绩
        public Score() {}                       //构造方法
        /**各属性的 getter/setter 方法*/
        …
}
```

实习 2.2 系统主页设计

实习 2.2.1 创建 JSP 环境

本系统主界面采用框架网页实现，下面先给出各前端网页的 html 源码。

1. 启动页

启动页面为 index.html，代码如下：

```
<html>
<head>
    <meta http-equiv="Content-Type" content="text/html; charset=utf-8"/>
    <title>学生成绩管理系统</title>
</head>
<body topMargin="0" leftMargin="0" bottomMargin="0" rightMargin="0">
    <table width="675" border="0" align="center" cellpadding="0" cellspacing="0" style=
"width: 778px; ">
        <tr>
            <td><img src="images/学生成绩管理系统.gif" width="790" height="97"></td>
        </tr>
        <tr>
            <td><iframe src="main_frame.html" width="790" height="313"></iframe></td>
        </tr>
        <tr>
            <td><img src="images/底端图片.gif" width="790" height="32"></td>
        </tr>
    </table>
</body>
</html>
```

页面分上中下三部分，其中上下两部分都只是一张图片，中间部分为框架页（加黑代码为源文件名），运行时向框架页中加载具体的导航页和相应功能页面。

2. 框架页

框架页为 main_frame.html，代码如下：

```
<html>
<frameset cols="217,*">
    <frame  frameborder=0  src="http://localhost:8080/WebJavaEEXscj"  name="frmleft"
scrolling="no" noresize>
    <frame frameborder=0 src="body.html" name="frmmain" scrolling="no" noresize>
</frameset>
</html>
```

其中，加黑处"http://localhost:8080/WebJavaEEXscj"默认装载的是系统导航页 main.jsp（因在之前 web.xml 文件中已配置了<welcome-file-list>元素的<welcome-file>），页面装载后位于框架左区。框架右区则用于显示各个功能页面，初始默认为 body.html，源码如下：

```
<html>
<head>
    <meta http-equiv="Content-Type" content="text/html; charset=utf-8"/>
</head>
<body topMargin="0" leftMargin="0" bottomMargin="0" rightMargin="0">
    <img src="images/主页.gif" width="678" height="500">
</body>
</html>
```

这只是一个填充了背景图片的空白页，在运行时，系统会根据用户操作，向框架右区中动态加载不同功能的 JSP 页来替换该页。在项目\WebRoot 目录下创建 images 文件夹，其中放入用到的 3 幅图片资源："学生成绩管理系统.gif""底端图片.gif""主页.gif"。右键单击项目名，从弹出的菜单中选择【Refresh】刷新。

实习 2.2.2　功能导航

本系统的导航页上有两个按钮，单击可分别进入"学生管理"和"成绩管理"两个不同功能的界面，如图 P2.6 所示。

图 P2.6　功能导航

其中，"成绩管理"界面需要预先加载"姓名"下拉列表，这通过 listXm.jsp 页上的一个 Action（listXm）来实现，用户单击【成绩管理】按钮时就会触发这个 Action，在 Struts 2 控制下，调用相应的程序模块来实现加载功能，完成后再由 Struts 2 控制页面跳转到"成绩管理"功能界面（scoreManage.jsp）。

源文件 main.jsp 实现功能导航页面，代码如下：

```
<%@ page language="java" pageEncoding="gb2312"%>
<html>
<head>
    <title>功能选择</title>
</head>
<body bgcolor="D9DFAA">
    <table bgcolor="D9DFAA" width="200" height="85">
        <tr>
            <td align="center"><input type="button" value="学生管理" onclick="parent.
frmmain.location='studentManage.jsp'"></td>
        </tr>
        <tr>
            <td align="center"><input type="button" value="成绩管理" onclick="parent.
frmmain.location='listXm.jsp'"></td>
        </tr>
    </table>
</body>
</html>
```

其中，加黑处是两个导航按钮分别要定位到的 JSP 源文件：studentManage.jsp 实现"学生管理"功能界面（具体内容将在稍后介绍），listXm.jsp 上安置一个 Action（listXm），它的功能是往"成绩管理"界面上的"姓名"下拉列表中加载所有学生的姓名。

编写 listXm.jsp 代码如下：

```
<%@ page language="java" pageEncoding="utf-8"%>
<%@ taglib prefix="s" uri="/struts-tags" %>
<html>
<body bgcolor="D9DFAA">
    <s:action name="listXm" executeResult="true"/>
</body>
</html>
```

在 src 下创建 struts.xml 文件，它是 Struts 2 的核心配置文件，负责管理各 Action 控制器到 JSP 页间的跳转，配置如下：

```
<?xml version="1.0" encoding="UTF-8" ?>
<!DOCTYPE struts PUBLIC
    "-//Apache Software Foundation//DTD Struts Configuration 2.5//EN"
    "http://struts.apache.org/dtds/struts-2.5.dtd">
<!-- START SNIPPET: xworkSample -->
<struts>
    <package name="default" extends="struts-default">
        <!-- 加载学生姓名 -->
        <action name="listXm" class="org.easybooks.xscj.action.StudentAction" method= "listXm">
            <result name="result">scoreManage.jsp</result>
        </action>
    </package>
</struts>
<!-- END SNIPPET: xworkSample -->
```

配置文件中定义了 name 为 showAll 的 Action。当客户端发出 showAll.actionURL 请求时，Struts 2 会根据 class 属性调用相应 Action 类(这里是 org.easybooks.xscj.action 包中的 ScoreAction 类)，method 属性指定该类中有一个 showAll()方法，将常量 struts.enable.DynamicMethodInvocation 的值设为 true，Struts 2 就会自动调用此方法来处理用户的请求，处理完后该方法返回 "result" 字符串，请求被转发到/scoreManage.jsp 页（即 "成绩管理" 界面）。

实习 2.2.3　部署项目

单击工具栏的 （Manage Deployments...）按钮，弹出【Manage Deployments】对话框，如图 P2.7 所示，在 "Module" 栏下拉列表中选择本项目名 "WebJavaEEXscj"，此时右侧【Add...】按钮变为可用。

图 P2.7　选择要部署的项目模块

单击【Add...】按钮后，弹出【Deploy modules.】对话框，如图 P2.8 所示。

在 "Deploy modules." 页选择项目要部署到的目标服务器，选中上方的 "Choose an existing server" 选项，在列表里选择服务器 "Tomcat v8.0 Server at localhost"；单击【Next】按钮进入 "Add and Remove" 页，于该页上添加/移除要配置到服务器的其他资源，由于本实习仅包括一个单独的项目，并无额外的资源需要配置，故直接单击底部的【Finish】按钮即可。

完成后回到【Manage Deployments】对话框，可以看到列表中多了 "WebJavaEEXscj Exploded" 一项，表明项目已成功地部署到 Tomcat 8 服务器上，如图 P2.9 所示，单击【OK】按钮确认。

图 P2.8　选择目标服务器

图 P2.9　部署成功

打开浏览器，在地址栏输入：http://localhost:8080/WebJavaEEXscj/index.html，显示图 P2.10 所示的页面。

图 P2.10　"学生成绩管理系统"主页

实习 2.3　学 生 管 理

实习 2.3.1　界面设计

"学生管理"功能界面，如图 P2.11 所示。

图 P2.11　"学生管理"功能界面

它由源文件 studentManage.jsp 实现，代码如下：

```
<%@ page language="java" pageEncoding="utf-8"%>
<%@ taglib prefix="s" uri="/struts-tags" %>
<html>
<body bgcolor="D9DFAA">
<s:set var="student" value="#request.student"/>
<s:form name="frm" method="post" enctype="multipart/form-data">
<table>
<tr>
    <td>
        <table>
            <tr>
                <td>姓名：</td>
                <td><input type="text" name="xm" value="<s:property value=
"#student.xm"/>"/></td>
            </tr>
            <tr>
                <td>性别：</td>
                <td><s:radio list="#{1:'男',0:'女'}" name="student.xb" value=
"#student.xb"/>
            </tr>
            <tr>
                <td>出生日期：</td>
                <td><input type="text" name="student.cssj" value="<s:property value=
"#student.cssj"/>"/></td>
            </tr>
            <tr>
                <td>照片：</td>
                <td><s:file name="filename" accept="image/*" size="30" onchange=
"document.all['image'].src=this.value;"/></td>
            </tr>
```

```
                    <tr valign="bottom">
                        <td>已修课程数：</td>
                        <td>
                            <input type="text" name="student.kcs" size="5" value=
"<s:property value="#student.kcs"/>" disabled/>
                                      
    
                            <img alt="证件照" src="getImage.action?xm=<s:property value=
"#student.xm"/>" width="80" height="110" border="1"/>
                        </td>
                    </tr>
                </table>
            </td>
            <td valign="top">
                <table>
                    <tr valign="bottom" height="35">
                        <td><input type="button" value="录入" onclick="addXs()"/></td>
                    </tr>
                    <tr valign="bottom" height="35">
                        <td><input type="button" value="删除" onclick="delXs()"/></td>
                    </tr>
                    <tr valign="bottom" height="35">
                        <td><input type="button" value="更新" onclick="uptXs()"/></td>
                    </tr>
                    <tr>
                        <td></td>
                    </tr>
                    <tr valign="bottom" height="170">
                        <td ><input type="button" value="查询" onclick="queXs()"/></td>
                    </tr>
                </table>
            </td>
    </tr>
    </table>
    <s:property value="msg"/>
    </s:form>
    </body>
    </html>
    <script type="text/javascript">
    function addXs() {                          //addXs()方法录入学生信息
        document.frm.action="addXs.action";     //触发名为 addXs 的 Action
        document.frm.submit();
    }
    function delXs() {                          //delXs()方法删除学生信息
        document.frm.action="delXs.action";     //触发名为 delXs 的 Action
        document.frm.submit();
    }
    function uptXs() {                          //uptXs()方法更新学生信息
        document.frm.action="uptXs.action";     //触发名为 uptXs 的 Action
        document.frm.submit();
    }
    function queXs() {                          //queXs()方法查询学生信息
        document.frm.action="queXs.action";     //触发名为 queXs 的 Action
        document.frm.submit();
    }
    </script>
```

这里，在紧接着网页 html 源码之后定义有一段 JavaScript 脚本，当用户单击页面上不同按钮时会调用不同的 JavaScript 函数，这些函数分别触发其对应的 Action（加黑处）的功能。页面上控制器 getImage.action（已加黑）则用于实时显示当前学生的照片，实现代码在 StudentAction 类的 getImage()方法中（稍后给出）。

实习 2.3.2　功能实现

1. 实现控制器

本实习的"学生管理"模块将对学生信息的增、删、改、查诸操作功能都统一集中在控制器 StudentAction 类中实现，其源文件 StudentAction.java 位于 src 下的 org.easybooks.xscj.action 包中，代码如下：

```
package org.easybooks.xscj.action;               //Action 所在的包
/**导入所需的类和包*/
import org.easybooks.xscj.vo.*;
import org.easybooks.xscj.jdbc.*;
import java.io.*;
import java.util.*;
import com.opensymphony.xwork2.*;
import javax.servlet.http.HttpServletResponse;
import org.apache.struts2.ServletActionContext;
import javax.servlet.ServletOutputStream;
public class StudentAction extends ActionSupport {
    /** StudentAction 的属性声明*/
    private String xm;                           //姓名
    private File filename;                        //照片文件
    private Student student;                      //学生值对象
    private String msg;                          //操作结果的消息提示文字
    /**以下为 StudentAction 各属性的 getter/setter 方法*/
    ...
    public void refresh(Student student) {       //用于在页面上回显学生信息的刷新方法
        Map request = (Map)ActionContext.getContext().get("request");
        request.put("student", student);          //将刷新后新的学生信息放到请求中
    }

    public Student upload_ZP(Student student) throws Exception {
                                                 //用学生值对象获取上传的照片
        FileInputStream fs = new FileInputStream(getFilename()); //创建文件输入流
        byte[] data = new byte[fs.available()];   //定义字节数组
        fs.read(data);                            //读取的照片数据存放在字节数组中
        student.setZp(data);                      //给值对象设置照片值
        return student;
    }

    public String listXm() {                     //初始加载所有学生的姓名和成绩
        StudentJdbc stuJ = new StudentJdbc();
        List<Student> stuList = stuJ.showName();  //通过业务逻辑对象的方法获取所有学生对象
        Map request = (Map)ActionContext.getContext().get("request");
        request.put("studentList", stuList);      //存放在列表中
        ScoreJdbc scoJ = new ScoreJdbc();
        Score cj = new Score();
        cj.setXm("");
        cj.setKcm("");
        request.put("scoreList", scoJ.query_CJ(cj)); //通过业务逻辑对象查询所有学生的成绩
        return "result";
    }
    /** addXs()方法实现录入学生信息*/
    public String addXs() throws Exception {
```

267

```
            StudentJdbc stuJ = new StudentJdbc();
            Student xs = new Student();                      //创建学生值对象
            xs.setXm(getXm());
            if(stuJ.query_XS(xs) != null) {                  //先检查 XS 表中是否已有该生的记录
                setMsg("该生的记录已存在。");
                return "result";
            }
            /*通过学生值对象收集表单数据*/
            xs.setXb(student.getXb());
            xs.setCssj(student.getCssj());
            if(stuJ.insert_XS(xs) != null) {                 //传给业务逻辑类以执行添加操作
                setMsg("录入成功! ");
                if(getFilename() != null) refresh(upload_ZP(xs)); //如果有照片上传的情况
                else refresh(xs);                            //刷新回显新录入的学生信息
            }
            return "result";
        }
        /** getImage()方法实现获取和显示当前学生照片*/
        public String getImage() throws Exception {
            HttpServletResponse response = ServletActionContext.getResponse();
                                                             //创建 Servlet 响应对象
            StudentJdbc stuJ = new StudentJdbc();            //创建 JDBC 业务逻辑对象
            byte[] img = stuJ.get_Zp(getXm());               //通过业务逻辑对象获取该生的照片
            response.setContentType("image/jpeg");           //设置响应的内容类型
            ServletOutputStream os = response.getOutputStream();     //Servlet 获取输出流
            if(img != null && img.length != 0) {             //如果存在照片数据
                for(int i = 0; i < img.length; i++) {
                    os.write(img[i]);                        //将照片数据写入输出流中
                }
                os.flush();
            }
            return NONE;
        }
        /** delXs()方法实现删除学生信息*/
        public String delXs() throws Exception {
            StudentJdbc stuJ = new StudentJdbc();            //创建 JDBC 业务逻辑对象
            Student xs = new Student();                      //创建学生值对象
            xs.setXm(getXm());                               //通过值对象获取要删的学生姓名
            if(stuJ.delete_XS(xs)) {                         //传给业务逻辑类以执行删除操作
                setMsg("学生 " + getXm() + "的记录已删。");
                xs.setXm("");
                refresh(xs);
            }
            return "result";
        }
        /** uptXs()方法实现更新学生信息*/
        public String uptXs() throws Exception {
            StudentJdbc stuJ = new StudentJdbc();                    //创建 JDBC 业务逻辑对象
            Student xs = new Student();                              //创建学生值对象
            /*通过学生值对象收集表单数据*/
            xs.setXm(getXm());
            xs.setXb(student.getXb());
            xs.setCssj(student.getCssj());
            if(stuJ.update_XS(xs) != null) {                         //业务逻辑类执行更新操作
                setMsg("更新成功! ");
                if(getFilename() != null) refresh(upload_ZP(xs));    //如果有照片上传的情况
                else refresh(xs);
            }
```

```
            return "result";
    }
    /** queXs()方法实现查询学生信息*/
    public String queXs() throws Exception {
        StudentJdbc stuJ = new StudentJdbc();          //创建 JDBC 业务逻辑对象
        Student xs = new Student();                    //创建学生值对象
        xs.setXm(getXm());                             //通过值对象获取要查找的学生姓名
        if(stuJ.query_XS(xs) != null) {refresh(xs);}   //传给业务逻辑类以执行查询操作
        return "result";
    }
}
```

2. 实现业务逻辑

业务逻辑中的方法直接与 JDBC 接口打交道，以实现对 SQL Server 2016 的操作，它位于 org.easybooks.xscj.jdbc 包下，本实习中操作学生信息的业务逻辑都写在 StudentJdbc.java 中，代码如下：

```
package org.easybooks.xscj.jdbc;                       //业务逻辑类所在的包
/**导入所需的类和包*/
import org.easybooks.xscj.vo.*;
import java.sql.*;
import java.util.*;
public class StudentJdbc {
    private String mySql = "";
    private PreparedStatement myPsmt = null;           //预处理 SQL 语句对象
    private ResultSet myRs = null;                     //结果集对象

    public List showName() {                           //初始获取所有学生的姓名列表
        try {
            mySql = "select distinct(XM) from XS";
            myPsmt = SqlCon.myCon.prepareStatement(mySql);   //获取静态连接、预编译语句
            myRs = myPsmt.executeQuery();
            List studentList = new ArrayList();        //创建列表数据结构用于存放学生
            while(myRs.next()) {
                Student stu = new Student();
                stu.setXm(myRs.getString("XM"));
                studentList.add(stu);                  //往列表中添加学生
            }
            return studentList;                        //返回列表
        }catch(Exception e){return null;}
    }
    /**录入学生*/
    public Student insert_XS(Student student) {
        try {
            mySql = "insert into XS values(?,?,?,0,null)";   //录入操作的 SQL 语句
            myPsmt = SqlCon.myCon.prepareStatement(mySql);   //预编译语句
            /*下面开始收集学生数据参数*/
            myPsmt.setString(1, student.getXm());      //姓名
            myPsmt.setByte(2, student.getXb());        //性别
            myPsmt.setString(3, student.getCssj());    //出生时间
            myPsmt.execute();                          //执行语句
            return student;                            //返回学生值对象给 StudentAction
        }catch(Exception e){return null;}
    }
    /**获取某个学生的照片*/
    public byte[] get_Zp(String name) {
        try {
            mySql = "select ZP from XS where XM ='" + name + "'";
```

269

```
            myPsmt = SqlCon.myCon.prepareStatement(mySql);    //获取静态连接、预编译语句
            myRs = myPsmt.executeQuery();                //执行语句，返回所获得的学生照片
            if(myRs.next()) return myRs.getBytes("ZP"); //不为空表示有照片
            return null;
        }catch(Exception e){return null;}
    }
    /**删除学生*/
    public boolean delete_XS(Student student) {
        try {
            mySql = "delete from XS where XM ='" + student.getXm() + "'";
                                        //SQL 语句从值对象中获取要删的学生姓名
            myPsmt = SqlCon.myCon.prepareStatement(mySql);    //预编译语句
            myPsmt.execute();                    //执行删除操作
            return true;                        //返回 true 表示删除成功
        }catch(Exception e){return false;}
    }
    /**更新学生信息*/
    public Student update_XS(Student student) {
        try {
            mySql = "update XS set XM=?, XB=?, CSSJ=? where XM ='" + student.getXm() + "'";
                                        //更新操作的 SQL 语句
            myPsmt = SqlCon.myCon.prepareStatement(mySql);    //预编译语句
            /*下面开始收集要更新的数据参数*/
            myPsmt.setString(1, student.getXm());        //姓名
            myPsmt.setByte(2, student.getXb());        //性别
            myPsmt.setString(3, student.getCssj());        //出生时间
            myPsmt.execute();                    //执行语句
            return student;                //返回值对象给 StudentAction
        }catch(Exception e){return null;}
    }
    /**查询学生*/
    public Student query_XS(Student student) {
        try {
            mySql = "select * from XS where XM ='" + student.getXm() + "'";
                                        //SQL 语句从值对象中获取要查找的学生姓名
            myPsmt = SqlCon.myCon.prepareStatement(mySql);    //预编译语句
            myRs = myPsmt.executeQuery();            //执行语句，返回所查询的学生信息
            if(myRs.next()) {                    //返回结果集不为空
                /*用学生值对象保存查到的学生各项信息*/
                student.setXm(myRs.getString("XM"));        //姓名
                student.setXb(myRs.getByte("XB")); //性别
                student.setCssj(myRs.getString("CSSJ"));    //出生时间
                student.setKcs(myRs.getInt("KCS"));        //已修课程数
                student.setZp(myRs.getBytes("ZP"));        //照片
                return student;                //返回学生值对象给 StudentAction
            }
            return null;
        }catch(Exception e){return null;}
    }
    /**更新照片*/
    public Student update_ZP(Student student) {
        try {
            mySql = "update XS set ZP=? where XM ='" + student.getXm() + "'";
                                        //从值对象中获取要更新照片的学生姓名
            myPsmt = SqlCon.myCon.prepareStatement(mySql);    //预编译语句
            myPsmt.setBytes(1, student.getZp());            //通过学生值对象获取照片数据
            myPsmt.execute();                    //执行语句
            return student;                        //返回学生值对象给 StudentAction
```

```
    }catch(Exception e){return null;}
  }
}
```

3. 配置 struts.xml

在 struts.xml 中加入如下代码：

```xml
<!-- 录入学生 -->
<action name="addXs" class="org.easybooks.xscj.action.StudentAction" method="addXs">
    <result name="result">studentManage.jsp</result>
</action>
<!-- 获取照片 -->
<action name="getImage" class="org.easybooks.xscj.action.StudentAction" method=
"getImage"/>
<!-- 删除学生 -->
<action name="delXs" class="org.easybooks.xscj.action.StudentAction" method="delXs">
    <result name="result">studentManage.jsp</result>
</action>
<!-- 更新学生 -->
<action name="uptXs" class="org.easybooks.xscj.action.StudentAction" method="uptXs">
    <result name="result">studentManage.jsp</result>
</action>
<!-- 查询学生 -->
<action  name="queXs"  class="org.easybooks.xscj.action.StudentAction"  method=
"queXs">
    <result name="result">studentManage.jsp</result>
</action>
```

实习 2.4　成 绩 管 理

实习 2.4.1　界面设计

"成绩管理"功能界面，如图 P2.12 所示。

图 P2.12　"成绩管理"功能界面

它由源文件 scoreManage.jsp 实现，代码如下：

```jsp
<%@ page language="java" pageEncoding="utf-8"%>
<%@ taglib prefix="s" uri="/struts-tags" %>
<html>
<body bgcolor="D9DFAA">
<s:set var="score" value="#request.score"/>
<s:form name="frm" method="post" enctype="multipart/form-data">
```

```
    <table>
        <tr>
            <td>课程名: <input type="text" name="kcm" value="<s:property value="#score.kcm"/>"
size="10"/> </td>
            <td>
                姓名:
                <!-- 以下 JS 代码是为了保证在页面刷新后, 下拉列表中仍然保持着之前的选中项 -->
                <script type="text/javascript">
                    function setCookie(name, value) {
                        var exp = new Date();
                        exp.setTime(exp.getTime() + 24 * 60 * 60 * 1000);
                        document.cookie = name + "=" + escape(value) + ";expires=" + exp.
toGMTString();
                    }
                    function getCookie(name) {
                        var regExp = new RegExp("(^| )" + name + "=([^;]*)(;|$)");
                        var arr = document.cookie.match(regExp);
                        if(arr == null) {
                            return null;
                        }
                        return unescape(arr[2]);
                    }
                </script>
                <select name="score.xm" id="select_1" onclick="setCookie('select_1',
this.selectedIndex)">
                    <option selected="selected"></option>
                    <s:iterator var="stu" value="#request.studentList">
                        <option value="<s:property value="#stu.xm"/>">
                            <s:property value="#stu.xm"/>
                        </option>
                    </s:iterator>
                </select>
                <script type="text/javascript">
                    var selectedIndex = getCookie("select_1");
                    if(selectedIndex != null) {
                        document.getElementById("select_1").selectedIndex = selectedIndex;
                    }
                </script>
                <input type="button" value="↓"/>
                <input type="button" value="↑"/>
                 
            </td>
            <td>成绩: <input type="text" name="cj" style="text-align: center" size="5"
value="0"/></td>
        </tr>
        <tr>
            <td rowspan="3" colspan="2">
                <table border="1" width="390">
                    <tr bgcolor="#CCCCC0">
                        <td align="center">姓名</td>
                        <td align="center">课程名</td>
                        <td align="center">成绩</td>
                    </tr>
                    <s:iterator value="#request.scoreList" var="score">
                        <tr>
                            <td><s:property value="#score.xm"/> </td>
                            <td><s:property value="#score.kcm"/> </td>
                            <td align="center"><s:property value="#score.cj"/></td>
```

```
                        </tr>
                    </s:iterator>
                </table>
            </td>
            <td align="right"><input type="button" value="录入" onclick="addCj()"/></td>
        </tr>
        <tr>
            <td align="right"><input type="button" value="删除" onclick="delCj()"/></td>
        </tr>
        <tr>
            <td align="right"><input type="button" value="查询" onclick="queCj()"/></td>
        </tr>
    </table>
</s:form>
</body>
</html>
<script type="text/javascript">
function addCj() {                              //addCj()方法录入学生成绩
    document.frm.action="addCj.action";         //触发名为 addCj 的 Action
    document.frm.submit();
}
function delCj() {                              //delCj()方法删除学生成绩
    document.frm.action="delCj.action";         //触发名为 delCj 的 Action
    document.frm.submit();
}
function queCj() {                              //queCj()方法查询学生成绩
    document.frm.action="queCj.action";         //触发名为 queCj 的 Action
    document.frm.submit();
}
</script>
```

这里同样用 JavaScript 脚本函数实现在同一个页面上多个按钮各自触发不同 Action 的功能。

实习 2.4.2　功能实现

1. 实现控制器

本实习的"成绩管理"模块将对成绩记录的录入、删除和查询操作功能，都统一集中在控制器 ScoreAction 类中实现，其源文件 ScoreAction.java 也位于 src 下的 org.easybooks.xscj.action 包中，代码如下：

```
package org.easybooks.xscj.action;             //Action 所在的包
/**导入所需的类和包*/
import org.easybooks.xscj.vo.*;
import org.easybooks.xscj.jdbc.*;
import java.util.*;
import com.opensymphony.xwork2.*;
public class ScoreAction extends ActionSupport {
    /** ScoreAction 的属性声明*/
    private String kcm;                         //课程名
    private int cj;                             //成绩
    private Score score;                        //成绩值对象
    /**以下为 ScoreAction 各属性的 getter/setter 方法（略）*/
    …
    /** addCj()方法实现录入成绩*/
    public String addCj() throws Exception {
        ScoreJdbc scoJ = new ScoreJdbc();
        Score cj = new Score();                 //用成绩值对象存储和传递录入内容
        cj.setXm(score.getXm());
```

```
        cj.setKcm(getKcm());
        cj.setCj(getCj());
        scoJ.insert_CJ(cj);                              //传给业务逻辑类以执行录入操作
        cj.setXm("");
        cj.setKcm("");
        Map request = (Map)ActionContext.getContext().get("request");
        request.put("scoreList", scoJ.query_CJ(cj));     //实时查询回显操作结果
        return "result";
    }
    /** delCj()方法实现删除成绩*/
    public String delCj() throws Exception {
        ScoreJdbc scoJ = new ScoreJdbc();
        Score cj = new Score();                          //用成绩值对象传递操作内容
        cj.setXm(score.getXm());
        cj.setKcm(getKcm());
        cj.setCj(getCj());
        scoJ.delete_CJ(cj);                              //由业务逻辑类来执行删除操作
        cj.setXm("");
        cj.setKcm("");
        Map request = (Map)ActionContext.getContext().get("request");
        request.put("scoreList", scoJ.query_CJ(cj));     //实时查询回显操作结果
        return "result";
    }
    /** queCj()方法实现查询成绩*/
    public String queCj() {
        ScoreJdbc scoJ = new ScoreJdbc();
        Score cj = new Score();                          //用成绩值对象传递操作内容
        cj.setXm(score.getXm());
        cj.setKcm(getKcm());
        Map request = (Map)ActionContext.getContext().get("request");
        request.put("scoreList", scoJ.query_CJ(cj));     //业务逻辑类执行查询
        return "result";
    }
}
```

2. 实现业务逻辑

本实习中操作成绩记录的业务逻辑都写在 ScoreJdbc.java 中，代码如下：

```
package org.easybooks.xscj.jdbc;                         //业务逻辑类所在的包
/**导入所需的类和包*/
import org.easybooks.xscj.vo.*;
import java.sql.*;
import java.util.*;
public class ScoreJdbc {
    private String mySql = "";
    private CallableStatement myCsmt = null;             //可调用 SQL 语句对象
    private PreparedStatement myPsmt = null;             //预处理 SQL 语句对象
    private ResultSet myRs = null;                       //结果集对象
    /**录入成绩*/
    public boolean insert_CJ(Score score) {
        try {
            mySql = "DECLARE @rs char(20) EXEC CJ_AddDel_PROC ?, ?, ?, 1, @rs OUTPUT";
                                                //调用存储过程 CJ_AddDel_PROC 录入成绩
            myPsmt = SqlCon.myCon.prepareStatement(mySql);      //预编译语句
            //给存储过程赋参数值
            myPsmt.setString(1, score.getXm());
            myPsmt.setString(2, score.getKcm());
            myPsmt.setInt(3, score.getCj());
            myPsmt.execute();                            //执行录入操作
            return true;
        }catch(Exception e){return false;}
```

```
    }
    /**删除成绩*/
    public boolean delete_CJ(Score score) {
        try {
            mySql = "DECLARE @rs char(20) EXECUTE CJ_AddDel_PROC ?, ?, ?, 2, @rs OUTPUT";
                                                //调用存储过程 CJ_AddDel_PROC 删除成绩
            myPsmt = SqlCon.myCon.prepareStatement(mySql);        //预编译语句
            //给存储程赋参数值
            myPsmt.setString(1, score.getXm());
            myPsmt.setString(2, score.getKcm());
            myPsmt.setInt(3, score.getCj());
            myPsmt.execute();                    //执行删除操作
            return true;
        }catch(Exception e){return false;}
    }
    /**查询成绩*/
    public List query_CJ(Score score) {
        try {
            mySql = "{call CJ_View_PROC(?,?)}";    //调用存储过程 CJ_View_PROC 查询成绩
            myCsmt = SqlCon.myCon.prepareCall(mySql);        //预调用存储过程
            //给存储过程赋参数值
            myCsmt.setString(1, score.getXm());
            myCsmt.setString(2, score.getKcm());
            myCsmt.executeUpdate();                //执行存储过程（生成视图）
            mySql = "select XM, KCM, CJ from CJ_VIEW";    //查询视图
            myPsmt = SqlCon.myCon.prepareStatement(mySql);    //预编译语句
            myRs = myPsmt.executeQuery();        //执行查询返回结果集
            List scoreList = new ArrayList();
            while(myRs.next()) {                //结果集不为空
                //根据结果集数据来构造成绩值对象
                Score sco = new Score();
                sco.setXm(myRs.getString("XM"));
                sco.setKcm(myRs.getString("KCM"));
                sco.setCj(myRs.getInt("CJ"));
                scoreList.add(sco);                //值对象添加到成绩列表
            }
            return scoreList;                    //返回列表
        }catch(Exception e){return null;}
    }
}
```

3. 配置 struts.xml

在 struts.xml 中加入如下代码：

```
<!-- 录入成绩 -->
<action name="addCj" class="org.easybooks.xscj.action.ScoreAction" method="addCj">
    <result name="result">listXm.jsp</result>
</action>
<!-- 删除成绩 -->
<action name="delCj" class="org.easybooks.xscj.action.ScoreAction" method="delCj">
    <result name="result">listXm.jsp</result>
</action>
<!-- 查询成绩 -->
<action name="queCj" class="org.easybooks.xscj.action.ScoreAction" method="queCj">
    <result name="result">listXm.jsp</result>
</action>
```

至此，这个基于 Java EE 7（Struts 2）/SQL Server 2016 的"学生成绩管理系统"开发完成，读者还可以根据需要自行扩展其他的功能。

实习3

ASP.NET 开发 SQL Server 综合实例

近年来，微软.NET 已成为与 PHP、JavaEE 并驾齐驱的三大主流 Web 应用开发平台之一。本实习基于 ASP.NET 4.6、C#编程实现"学生成绩管理系统"，在界面开发中引入了流行的 Ajax 技术结合后台 Web 服务来改善提升用户的体验。开发工具用的是最新 Visual Studio 2017，仍以 SQL Server 2016 为数据库。

实习 3.1   创建 ASP.NET 项目

实习 3.1.1   ASP.NET 项目的建立

启动 Visual Studio 2017，选择【文件】→【新建】→【项目】，打开图 P3.1 所示的【新建项目】对话框。在窗口左侧"已安装"树状列表中展开"模板"→"Visual C#"类型节点，选中"Web"→"先前版本"子节点，在窗口中间区域选中"ASP.NET 空网站"项，在下方"名称"栏输入项目名"WebASPXscj"，"框架"下拉列表选择".NET Framework 4.6.1"。单击【确定】即可创建一个 ASP.NET 项目。

图 P3.1   创建 ASP.NET 项目

实习 3.1.2   ASP.NET 4 连接 SQL Server 2016

在"解决方案资源管理器"中展开项目"WebASPXscj"的树状目录，双击后打开配置文件 Web.config，在其中配置<connectionStrings>节点利用"键/值"对存储数据库连接字符串，如下：

```
<?xml version="1.0" encoding="utf-8"?>
...
<configuration>
    <system.web>
      <compilation debug="true" targetFramework="4.6.1"/>
      <httpRuntime targetFramework="4.6.1"/>
    </system.web>
    <system.codedom>
        ...
    </system.codedom>
  <connectionStrings>
      <add name="SqlCon" connectionString="Data Source=.;Initial Catalog=PXSCJ;User ID=sa;
Password=njnu123456" />
    </connectionStrings>
</configuration>
```

在编程时只需导入命名空间 System.Configuration 和 System.Data.SqlClient 即可编写连接、访问 SQL Server 2016 数据库的代码。

实习 3.2　Ajax 技术应用

在实际的网站开发中，为避免反复刷新页面给前端用户使用造成困扰，现代网站一般都会运用 Ajax 技术，在用户请求的数据量不大（如用户名可用性验证、显示提示信息）时，仅仅更新页面上一小块区域的内容而不必刷新整个网页，后台采用 Web 服务与服务器实时地交互，大大提升了用户体验。本实习就以学生信息录入时对姓名重复性的检查为例，来演示这种技术。

实习 3.2.1　功能需求

"学生管理"对学生信息录入时，为避免录入数据库中已存在的学生信息，要先行对姓名进行检索，若与数据库中已有的学生重名则给出提示，为保证响应的实时性，要在无刷新情况下通过 Ajax 从 Web 服务中获取学生姓名的可用性信息。

例如：用户输入姓名"周何骏"，单击【验证】按钮，因数据库里已有学生周何骏的信息，故页面下方出现提示"该生的记录已存在"，【录入】按钮保持着不可用状态（阻止用户进一步操作），同时界面上回显出学生周何骏的信息，如图 P3.2 所示。

图 P3.2　Ajax 功能演示

实习 3.2.2　技术实现

前端页面上用目前最为流行的 JQuery 作为 Ajax 的实现框架库，与后台 Web 服务交互；Web 服务从 SQL Server 2016 数据库中检索姓名，若存在就将查询到的该生信息通过 Ajax 返回前端，若不存在，则返回空；前端根据 Web 服务返回的结果进行相应内容的呈现或提示。

1. 前端 JQuery

（1）载入 JQuery 库

从网上下载得到 JQuery 框架包，本实习使用的是 JQuery 3.3（对应包名 jquery-3.3.1.min.js），在项目目录树下新建 js 文件夹，将 JQuery 包复制到该文件夹中，然后右键单击 js 文件夹→"添加"
→"现有项"，将 JQuery 包载入进来，如图 P3.3 所示。

图 P3.3　向项目中载入 JQuery 框架库

（2）创建 Web 页

在"解决方案资源管理器"中，右键单击项目 "WebASPXscj"→【添加】→【新建项】，弹出
图 P3.4 所示的【添加新项】对话框。

图 P3.4　新建 Web 窗体及其源文件

选中"Web 窗体"，在下方"名称"栏中输入"studentManage.aspx"，单击【添加】按钮，在项
目中创建一个 ASP 文件（后面创建 ASP 源文件也都是同样的操作方式，不再赘述），该文件就是"学
生管理"功能的页面文件。

在项目树状目录中双击 studentManage.aspx，单击中央设计区左下角 源 图标，编辑其页面源
码。本节旨在介绍 Ajax 的应用，故这里仅列出与 Ajax 实现相关的 JQuery 代码（该页的完整代码详
见实习 3.3.1），如下：

```
<%@   Page   Language="C#"   AutoEventWireup="true"   CodeFile="studentManage.aspx.cs"
Inherits= "studentManage" %>
    <!DOCTYPE html>
    <html xmlns="http://www.w3.org/1999/xhtml">
    <head runat="server">
        <meta http-equiv="Content-Type" content="text/html; charset=utf-8"/>
        <!--引入项目中的 JQuery 库，这样才能在页面上支持 JQuery 代码-->
```

```
            <script type="text/javascript" src="js/jquery-3.3.1.min.js"></script>
            <title>学生管理</title>
    </head>
    <body bgcolor="D9DFAA">
        <form id="form1" runat="server">
            <div>
            <table>
            <tr>
                <td>
                    <asp:Label ID="Label1" runat="server" Text="姓名:"></asp:Label>
                </td>
                <td>
                    <asp:TextBox ID="TextBox_XM" runat="server"></asp:TextBox>
                    <!--单击后触发 JS 的 button_ValidXs()方法-->
                    <input id="Button_Validate" type="button" value="验证" onclick="button_
ValidXs()" />
                </td>
                <td>
                    <!--【录入】按钮初始要置为不可用-->
                    <asp:Button ID="Button_AddXs" runat="server" Text="录入" OnClick=
"Button_AddXs_Click" Enabled="False" />
                </td>
            </tr>
            ...
            <tr>
                <td colspan="3">
                    <!--显示提示信息的标签-->
                    <asp:Label ID="Label_MSG" runat="server"></asp:Label>
                </td>
            </tr>
        </table>
            </div>
        </form>
        <script>
            function button_ValidXs() {
                var cname = $("#TextBox_XM").val();        //获取姓名
                query_XS(cname);                            //当前姓名传入 query_XS()方法
            }
            function query_XS(name) {                        //这是个 JQuery-Ajax 类型的方法
                $.ajax({
                    type: 'post',                            //提交数据
                    url: 'StudentService.asmx/query_XS', //访问 Web 服务
                    async: true,                               //异步方式
                    data: { 'xm': name },                      //传入参数为 xm（姓名）
                    success: function (result) {               //后台执行成功返回前端处理
                        var cname = $(result).find('Xm').text();
                                                               //从返回 result 中提取出学生姓名
                        if (cname != "") {                      //若提取姓名不为空表示已存在该生
                            //对于数据库中已存在的学生，将其信息记录各字段解析出来回显至页面
                            $("#TextBox_XM").val(cname); //姓名
                            if ($(result).find('Xb').text() == 1) //性别
                                $("#<%=RadioButtonList_XB.ClientID%>").find("input[type=
'radio']")[0].checked = true;
                            else
                                $("#<%=RadioButtonList_XB.ClientID%>").find("input[type=
'radio']")[1].checked = true;
                            $("#TextBox_CSSJ").val($(result).find('Cssj').text()); //出生时间
                            $("#TextBox_KCS").val($(result).find('Kcs').text()); //已修课程数
```

```
                              $("#Label_MSG").text($(result).find('Msg').text());  //提示信息
                          }
                          else {                                    //若提取姓名为空表示该生不存在
                              $("#Label_MSG").text("");
                              $("#Button_AddXs").attr("disabled", false);//【录入】按钮变为可用允许录入
                          }
                     }, error: function () { }
                });
            }
        </script>
    </body>
</html>
```

从页面上可以看到，Ajax 将请求提交给了一个名叫"StudentService"的 Web 服务，它对应的源文件名为 StudentService.asmx，请求数据被提交给了服务中的一个名为 query_XS 的方法，故上面 Ajax 的 URL 访问属性写为"url: 'StudentService.asmx/query_XS'"就是这个含义。

2. 后台 Web 服务

下面来实现这个 Web 服务，首先创建它，在"解决方案资源管理器"中，右键单击项目"WebASPXscj"→【添加】→【新建项】，在【添加新项】对话框中选中"Web 服务 (ASMX)"，在下方"名称"栏输入"StudentService.asmx"，单击【添加】按钮创建 Web 服务，在 ASP.NET 平台上，每个 Web 服务一般都会对应一个 .asmx 文件，其中指明了该 Web 服务源码文件所在的位置及其中的类。

创建后，默认在 App_Code 下生成该 Web 服务的源码文件，名称为 StudentService.cs，代码如下：

```
using System;
using System.Collections.Generic;
using System.Linq;
using System.Web;
using System.Web.Services;
using System.Data.SqlClient;             //用于连接数据库
using System.Data;                       //用于使用数据集
using System.Configuration;              //用于读取配置


/// <summary>
/// StudentService 的摘要说明
/// </summary>
[WebService(Namespace = "http: //tempuri.org/")]
[WebServiceBinding(ConformsTo = WsiProfiles.BasicProfile1_1)]
// 若要允许使用 ASP.NET AJAX 从脚本中调用此 Web 服务，请取消注释以下行。
 [System.Web.Script.Services.ScriptService]

public class Student                     //学生类用于获取和传递一个学生记录各字段的信息
{
    public string Xm { get; set; }       //姓名
    public int Xb { get; set; }          //性别
    public string Cssj { get; set; }     //出生时间
    public int Kcs { get; set; }         //已修课程数
    public string Msg { get; set; }      //提示信息
}
public class StudentService : System.Web.Services.WebService
{
    private string myConstr = ConfigurationManager.ConnectionStrings["SqlCon"].ConnectionString;
                                         //读取配置文件中的 SQL Server 连接配置
    private string mySql = "";           //存放待执行的 SQL 语句
```

```
private SqlConnection myCon = null;  //SQL Server 连接对象
private SqlDataReader myDr = null;   //SQL Server 数据读取对象
private SqlCommand myCmd = null;     //SQL Server 命令对象

public StudentService()
{

    //如果使用设计的组件，请取消注释以下行
    //InitializeComponent();
}

[WebMethod]
public string HelloWorld()
{
    return "Hello World";
}

[WebMethod]                            //此声明标识一个 Web 服务方法
public Student query_XS(string xm)     //这就是前端 Ajax 请求所访问的方法
{
    try
    {
        mySql = "select XM, XB, CSSJ, KCS from XS where XM='" + xm + "'";   //检索学生
        myCon = new SqlConnection(myConstr); //创建连接对象
        myCon.Open();                        //打开连接
        myCmd = new SqlCommand(mySql, myCon);//创建命令对象
        myDr = myCmd.ExecuteReader();        //读取数据
        if (myDr.Read())                     //如果读取结果不为空（数据库已存在该学生）
        {
            /*读取该生记录的各个字段数据*/
            string name = myDr["XM"].ToString();
            int sex = bool.Parse(myDr["XB"].ToString()) ? 1 : 0;
            string birth = DateTime.Parse(myDr["CSSJ"].ToString()).ToString("yyyy-MM-dd");
            int num = int.Parse(myDr["KCS"].ToString());
            /*读取的数据包装入学生类中*/
            Student student = new Student()
            {
                Xm = name,                //姓名
                Xb = sex,                 //性别
                Cssj = birth,             //出生时间
                Kcs = num,                //已修课程数
                Msg = "该生的记录已存在。" //提示信息
            };
            return student;               //返回包装好的学生对象
        }
        return null;
    }
    catch
    {
        return null;
    }
    finally
    {
        if (myDr != null)                //及时关闭并清空数据读取对象
        {
            myDr.Close();
            myDr = null;
        }
```

```
                    if (myCon.State == ConnectionState.Open) myCon.Close();     //关闭连接
            }
        }
    }
```

这样，通过 Ajax 与后台服务的互动，实现了在无刷新情况下验证学生姓名是否重复的功能。

实习 3.3 学 生 管 理

实习 3.3.1 界面设计

"学生管理"功能界面，如图 P3.5 所示。

图 P3.5 "学生管理"功能界面

它由源文件 studentManage.aspx 实现，代码如下：

```
<%@   Page   Language="C#"   AutoEventWireup="true"   CodeFile="studentManage.aspx.cs"
Inherits= "studentManage" %>
    <!DOCTYPE html>
    <html xmlns="http://www.w3.org/1999/xhtml">
    <head runat="server">
        <meta http-equiv="Content-Type" content="text/html; charset=utf-8"/>
        <script type="text/javascript" src="js/jquery-3.3.1.min.js"></script>
        <title>学生管理</title>
    </head>
    <body bgcolor="D9DFAA">
        <form id="form1" runat="server">
            <div>
            <table>
            <tr>
                <td>
                    <asp:Label ID="Label1" runat="server" Text="姓名: "></asp:Label>
                </td>
                <td>
                    <asp:TextBox ID="TextBox_XM" runat="server"></asp:TextBox>
                    <input id="Button_Validate" type="button" value="验证" onclick="button_
ValidXs()" />
                </td>
                <td>
                    <asp:Button  ID="Button_AddXs"  runat="server"  Text=" 录 入 "  OnClick=
"Button_AddXs_Click" Enabled="False" />
                </td>
            </tr>
        </tr>
```

```
            <tr>
                <td>
                    <asp:Label ID="Label2" runat="server" Text="性别: "></asp:Label>
                </td>
                <td>
                    <asp:RadioButtonList ID="RadioButtonList_XB" runat="server" Width="216px"
RepeatDirection="Horizontal">
                        <asp:ListItem Selected="True" Value="True">男</asp:ListItem>
                        <asp:ListItem Value="False">女</asp:ListItem>
                    </asp:RadioButtonList>
                </td>
                <td>
                    <asp:Button ID="Button_DelXs" runat="server" Text=" 删 除 " OnClick=
"Button_ DelXs_Click" />
                </td>
            </tr>
            <tr valign="top">
                <td>
                    <asp:Label ID="Label3" runat="server" Text="出生日期: "></asp:Label>
                </td>
                <td>
                    <asp:TextBox ID="TextBox_CSSJ" runat="server">2000-05-02</asp:TextBox>
                </td>
                <td>
                    <asp:Button ID="Button_UptXs" runat="server" Text=" 更 新 " OnClick=
"Button_ UptXs_Click" />
                </td>
            </tr>
            <tr>
                <td>
                    <asp:Label ID="Label4" runat="server" Text="照片: "></asp:Label>
                </td>
                <td colspan="2">
                    <asp:FileUpload ID="FileUpload_Path" runat="server" Width="273px" />
                </td>
            </tr>
            <tr valign="bottom">
                <td>
                    <asp:Label ID="Label5" runat="server" Text="已修课程数: "></asp:Label>
                </td>
                <td>
                    <asp:TextBox ID="TextBox_KCS" runat="server" Width="30px" style="text-
align: center" Enabled="False">0</asp:TextBox>
                               
       
                    <asp:Image ID="Image_ZP" runat="server" Height="120px" Width="90px"
BorderStyle="Solid" BorderWidth="1px" />
                </td>
                <td>
                    <asp:Button ID="Button_QueXs" runat="server" Text="查询" OnClick=
"Button_QueXs_Click" />
                </td>
            </tr>
            <tr>
                <td colspan="3">
                    <asp:Label ID="Label_MSG" runat="server"></asp:Label>
                </td>
            </tr>
```

```
        </table>
            </div>
        </form>
        <!--以下为 JQuery-Ajax 代码，之前已经列出，此处略去-->
        ...
    </body>
    </html>
```

实习 3.3.2 功能实现

1. 基本操作功能

在项目树状目录中双击 studentManage.aspx，单击 [□ 设计] 图标切换到设计模式，双击其上各功能按钮进入各自的代码编辑区编写功能代码。本实习的"学生管理"模块包括对学生信息的录入、删除、更新、查询等基本操作，其程序代码集中于项目的 studentManage.aspx.cs 源文件中，现整体给出如下：

```
using System;
...
/**为使程序能访问 SQL Server 2016 数据库，要导入命名空间*/
using System.Data.SqlClient;
using System.Data;
using System.IO;
using System.Configuration;

public partial class studentManage : System.Web.UI.Page
{
    /**获取数据库连接字符串（位于项目 Web.config 文件中，见实习 3.1.2）*/
    private string myConstr = ConfigurationManager.ConnectionStrings["SqlCon"].ConnectionString;
    private string mySql = "";
    private SqlConnection myCon = null;
    private SqlDataReader myDr = null;
    private SqlCommand myCmd = null;
    protected void Page_Load(object sender, EventArgs e)
    {
        myCon = new SqlConnection(myConstr);                  //新建数据库连接对象
    }
    /**以下为各学生管理操作按钮的过程代码*/
    /*录入学生功能*/
    protected void Button_AddXs_Click(object sender, EventArgs e)
    {
        try
        {
            if (TextBox_XM.Text == "") return;
            mySql = "insert into XS values(@name,@sex,@birth,0,NULL)";  //设置 SQL 语句
            myCon.Open();                          //打开连接
            myCmd = new SqlCommand(mySql, myCon);       //新建操作数据库的命令对象
            /*为命令添加参数*/
            myCmd.Parameters.Add("@name", SqlDbType.Char, 8).Value = TextBox_XM.Text.Trim();
                                                          //姓名
            myCmd.Parameters.Add("@sex", SqlDbType.Bit).Value = RadioButtonList_XB.
SelectedValue;
                                                          //性别
            myCmd.Parameters.Add("@birth", SqlDbType.Date).Value = TextBox_CSSJ.Text.
Trim();
                                                          //出生日期
            myCmd.ExecuteNonQuery();                      //执行 SQL 语句
            if (!string.IsNullOrEmpty(FileUpload_Path.FileName)) upload_ZP();
```

```
                                                           //如果选择了照片
            myCon.Close();
            Button_AddXs.Enabled = false;
            Button_QueXs_Click(null, null);                    //查询后回显该生信息
            Label_MSG.Text = "录入成功! ";
        }
        catch (Exception ex)
        {
            string errMsg = ex.ToString();
            int errLen = ex.ToString().Length;
            Label_MSG.Text = "发生故障! 异常信息如下:\r\n" + errMsg.Substring(0, 150) + "..." +
errMsg.Substring(errLen - 15, 15);                   //程序发生错误时要显示的信息
            return;
        }
        finally
        {
            if (myCon.State == ConnectionState.Open) myCon.Close();    //关闭连接
        }
    }
    /*删除学生功能*/
    protected void Button_DelXs_Click(object sender, EventArgs e)
    {
        try
        {
            mySql = "delete from XS where XM='" + TextBox_XM.Text + "'";
                                                    //设置删除的 SQL 语句
            myCon.Open();                               //打开数据库连接
            myCmd = new SqlCommand(mySql, myCon);       //新建操作数据库的命令对象
            myCmd.ExecuteNonQuery();                    //执行 SQL 语句
            myCon.Close();                              //关闭数据库连接
            Button_QueXs_Click(null, null);
            Label_MSG.Text = "学生 " + TextBox_XM.Text + "的记录已删。";
        }
        catch
        {
            return;
        }
        finally
        {
            if (myCon.State == ConnectionState.Open) myCon.Close();
        }
    }
    /*更新学生功能*/
    protected void Button_UptXs_Click(object sender, EventArgs e)
    {
        try
        {
            mySql = "update XS set XM='" + TextBox_XM.Text + "',XB='" + RadioButtonList_
XB.SelectedValue + "',CSSJ='" + TextBox_CSSJ.Text.Trim() + "' where XM='" + Session["name"] + "'";
                                                    //设置修改学生信息的 SQL 语句
            myCon.Open();                               //打开数据库连接
            myCmd = new SqlCommand(mySql, myCon);       //新建操作数据库的命令对象
            myCmd.ExecuteNonQuery();                    //执行 SQL 语句
            if (!string.IsNullOrEmpty(FileUpload_Path.FileName)) upload_ZP();
                                                    //如果选择了照片
            myCon.Close();                              //关闭数据库连接
            Button_QueXs_Click(null, null);             //查询后回显该生信息
            Label_MSG.Text = "更新成功! ";
```

```
            }
            catch
            {
                return;
            }
            finally
            {
                if (myCon.State == ConnectionState.Open) myCon.Close();
            }
        }
        /*查询学生功能*/
        protected void Button_QueXs_Click(object sender, EventArgs e)
        {
            try
            {
                //先在页面表单里载入默认值
                RadioButtonList_XB.SelectedValue = "True";
                TextBox_CSSJ.Text = DateTime.Parse("2000-05-02").ToString("yyyy-MM-dd");
                TextBox_KCS.Text = "0";
                Image_ZP.ImageUrl = "";
                mySql = "select XM, XB, CSSJ, KCS from XS where XM='" + TextBox_XM.Text + "'";
                                                        //设置查询 SQL 语句
                myCon.Open();                           //打开数据库连接
                myCmd = new SqlCommand(mySql, myCon);   //新建操作数据库的命令对象
                myDr = myCmd.ExecuteReader();           //读取数据
                if (myDr.Read())                        //读到的内容不为空（该生存在）
                {
                    /*往界面表单中载入查询到的学生信息*/
                    TextBox_XM.Text = myDr["XM"].ToString();
                    if (Boolean.Parse(myDr["XB"].ToString())) RadioButtonList_XB.SelectedValue =
"True";
                    else RadioButtonList_XB.SelectedValue = "False";
                    TextBox_CSSJ.Text=
DateTime.Parse(myDr["CSSJ"].ToString()).ToString("yyyy-MM-dd");
                    TextBox_KCS.Text = myDr["KCS"].ToString();
                    Image_ZP.ImageUrl = "Pic.aspx?id=" + TextBox_XM.Text.Trim();
                                                        //载入学生照片
                    Label_MSG.Text = "";
                }
                else
                    TextBox_XM.Text = "";
                Session["name"] = TextBox_XM.Text;      //当前学生姓名存于会话中
            }
            catch
            {
                return;
            }
            finally
            {
                if (myDr != null)
                {
                    myDr.Close();
                    myDr = null;
                }
                if (myCon.State == ConnectionState.Open) myCon.Close();
            }
        }
        /*录入或更新学生信息时若选择了照片则调用此方法更新照片*/
```

```
private void upload_ZP()
{
    mySql = "update XS set ZP=@photo where XM='" + TextBox_XM.Text + "'";
    myCmd = new SqlCommand(mySql, myCon);
    //这里选择 Image 类型参数
    myCmd.Parameters.Add("@photo", SqlDbType.Image).Value = FileUpload_Path.FileBytes;
                                        //把照片转换为字节流作为@photo 参数值
    myCmd.ExecuteNonQuery();
}
}
```

2. 照片读取显示

学生信息内容中可能包含照片，为此需要专门编写一个页面，根据学生姓名从数据库中找出该生照片并且显示在页面上。

在项目中新建 Pic.aspx 页，打开 Pic.aspx.cs 文件，添加显示学生照片的代码，如下：

```
using System;
...
/*添加命名空间*/
using System.Configuration;
using System.Data.SqlClient;
public partial class Pic : System.Web.UI.Page
{
    protected void Page_Load(object sender, EventArgs e)
    {
        if (!Page.IsPostBack)                          //判断是否第一次加载页面
        {
            byte[] picData;                            //以字节数组的方式存储获取的图片数据
            string id = Request.QueryString["id"];     //获取传入的参数
            if (!CheckParameter(id, out picData))      //参数验证
            {
                Response.Write("<script>alert('没有可以显示的照片。')</script>");
            }
            else
            {
                Response.ContentType = "application/octet-stream";   //设置页面的输出类型
                Response.BinaryWrite(picData);             //以二进制输出图片数据
                Response.End();                            //清空缓冲，停止页面执行
            }
        }
    }

    private bool CheckParameter(string id, out byte[] picData)
    {
        picData = null;
        if (string.IsNullOrEmpty(id))                      //判断传入参数是否为空
        {
            return false;
        }
        //从配置文件中获取连接字符串，此字符串也可以由数据源控件自动生成，在下面的页面中介绍
        string connStr = ConfigurationManager.ConnectionStrings["SqlCon"].ConnectionString;
        SqlConnection conn = new SqlConnection(connStr);
        string query = string.Format("select ZP from XS where XM ='{0}'", id);
        SqlCommand cmd = new SqlCommand(query, conn);
        try
        {
            conn.Open();
            object data = cmd.ExecuteScalar();             //根据参数获取数据
```

287

```
            if (Convert.IsDBNull(data) || data == null)       //如果照片字段为空或者无返回值
            {
                return false;
            }
            else
            {
                picData = (byte[])data;
                return true;
            }
        }
        finally
        {
            conn.Close();                                      //关闭数据库连接
        }
    }
}
```

当要在其他页面的 Image 控件上显示照片时，可以直接把 Image 控件的 ImageUrl 属性绑定到此页即可，如本实习的程序代码中就用语句：

```
Image_ZP.ImageUrl = "Pic.aspx?id=" + TextBox_XM.Text.Trim();
```

来显示对应姓名的学生照片。

实习 3.4　成　绩　管　理

实习 3.4.1　界面设计

"成绩管理"功能界面，如图 P3.6 所示。

图 P3.6　"成绩管理"功能界面

它由源文件 scoreManage.aspx 实现，代码如下：

```
<%@ Page Language="C#" AutoEventWireup="true" CodeFile="scoreManage.aspx.cs" Inherits=
"scoreManage" %>
<!DOCTYPE html>
<html xmlns="http://www.w3.org/1999/xhtml">
<head runat="server">
    <meta http-equiv="Content-Type" content="text/html; charset=utf-8"/>
    <title>成绩管理</title>
</head>
<body bgcolor="D9DFAA">
    <form id="form1" runat="server">
        <div>
            <table>
    <tr>
        <td>
```

```
                <asp:Label ID="Label1" runat="server" Text="课程名:"></asp:Label>
                <asp:TextBox ID="TextBox_KCM" runat="server" Width="120px"></asp:TextBox>
                 
        </td>
        <td>
                <asp:Label ID="Label2" runat="server" Text="姓名: "></asp:Label>
                <asp:DropDownList ID="DropDownList_XM" runat="server" Width="80px" DataSourceID=
"SqlDataSource1" DataTextField="XM" DataValueField="XM" OnSelectedIndexChanged="DropDownList_
XM_SelectedIndexChanged" OnTextChanged="DropDownList_XM_TextChanged">
                </asp:DropDownList>
                    <asp:SqlDataSource ID="SqlDataSource1" runat="server" ConnectionString="<%$
ConnectionStrings: PXSCJConnectionString %>" SelectCommand="SELECT [XM] FROM [XS]"></asp:
SqlDataSource>
                    <asp:Button ID="Button_Dn" runat="server" Text="↓" OnClick="Button_Dn_Click" />
                <asp:Button ID="Button_Up" runat="server" Text="↑" OnClick="Button_Up_ Click" />
                 
        </td>
        <td>
            <asp:Label ID="Label3" runat="server" Text="成绩: "></asp:Label>
                <asp:TextBox ID="TextBox_CJ" runat="server" Width="50px" style="text-align:
center">0</asp:TextBox>
            </td>
        </tr>
        <tr valign="top">
            <td rowspan="3" colspan="2">
                <asp:GridView ID="GridView1" runat="server" AutoGenerateColumns="False"
Width="382px" BorderStyle="Solid" BorderWidth="2px">
                    <Columns>
                        <asp:BoundField DataField="XM" HeaderText="姓名" SortExpression="XM">
                        <HeaderStyle BackColor="#999999" HorizontalAlign="Center" />
                        <ItemStyle HorizontalAlign="Left" />
                        </asp:BoundField>
                        <asp:BoundField DataField="KCM" HeaderText="课程名" SortExpression="KCM">
                        <HeaderStyle BackColor="#999999" HorizontalAlign="Center" />
                        <ItemStyle HorizontalAlign="Left" />
                        </asp:BoundField>
                        <asp:BoundField DataField="CJ" HeaderText="成绩" SortExpression="CJ">
                        <HeaderStyle BackColor="#999999" HorizontalAlign="Center" />
                        <ItemStyle HorizontalAlign="Center" />
                        </asp:BoundField>
                    </Columns>
                </asp:GridView>
            </td>
            <td align="right">
                <asp:Button ID="Button_AddCj" runat="server" Text="录入" Width="100px" OnClick=
"Button_AddCj_Click" />
            </td>
        </tr>
        <tr>
            <td align="right">
                <asp:Button ID="Button_DelCj" runat="server" Text="删除" Width="100px" OnClick=
"Button_DelCj_Click" />
            </td>
        </tr>
        <tr>
            <td align="right">
                <asp:Button ID="Button_QueCj" runat="server" Text="查询" Width="100px" OnClick=
"Button_QueCj_Click" />
```

```
            </td>
        </tr>
        <tr>
            <td colspan="3">
                <asp:Label ID="Label_MSG" runat="server"></asp:Label>
            </td>
        </tr>
    </table>
        </div>
    </form>
</body>
</html>
```

实习 3.4.2　功能实现

1. 姓名加载

"成绩管理"界面初始显示时，要往"姓名"下拉列表中预先加载所有学生的姓名，这通过为下拉列表 DropDownList 控件配置数据源实现。

具体操作步骤如下：

图 P3.7 【数据源配置向导】对话框

（1）切换到 scoreManage.aspx 页的设计模式，选中其上的 DropDownList 控件，单击其右上角的 ⊳ 按钮，选择"新建数据源..."，打开图 P3.7 所示的【数据源配置向导】对话框，选中"数据库"图标。

（2）单击【确定】按钮，弹出图 P3.8 所示的【选择数据源】对话框；选择"Microsoft SQL Server"，单击【继续】按钮，在图 P3.9 所示的【添加连接】对话框中设置数据连接参数。

（3）在图 P3.10 所示的【配置数据源】对话框中，选择刚刚设置的连接，单击【下一步】按钮，跟着向导往下走。

图 P3.8 【选择数据源】对话框

图 P3.9 设置连接参数

（4）在图 P3.11 所示的"配置 Select 语句"页中，选中"指定来自表或视图的列"，选择"XS"，"列"为"XM"（姓名）。

图 P3.10 选择数据连接

图 P3.11 配置 Select 语句

（5）最后，测试查询，如图 P3.12 所示，若能看到 XS 表中的所有学生姓名，就说明配置数据源成功。

完成后，就可以在页面显示时自动加载学生姓名的列表。

2. 成绩记录的操作

在项目树状目录中双击 scoreManage.aspx，单击 设计 图标切换到设计模式，双击其上各功能按钮进入各自的代码编辑区编写功能代码。本实习的"成绩管理"模块包括对学生成绩记录的录入、删除、查询等基本操作，其程序代码集中于项目的 scoreManage.aspx.cs 源文件中，现整体给出如下：

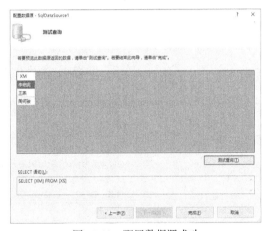

图 P3.12 配置数据源成功

```
using System;
...
/**为使程序能访问 SQL Server 2016 数据库，要导入命名空间*/
using System.Data.SqlClient;
using System.Configuration;
using System.Data;
public partial class scoreManage : System.Web.UI.Page
{
    /**获取数据库连接字符串（位于项目 Web.config 文件中，见实习 3.1.2）*/
    private string myConstr = ConfigurationManager.ConnectionStrings["SqlCon"].ConnectionString;
    private string mySql = "";
    private SqlConnection myCon = null;
    private SqlDataAdapter myDa = null;              //数据适配器对象，用于读取数据集
    private SqlDataReader myDr = null;
    private SqlCommand myCmd = null;
    protected void Page_Load(object sender, EventArgs e)
    {
        try
        {
            myCon = new SqlConnection(myConstr);       //创建连接
```

```
                myCon.Open();                                //打开连接
                mySql = "declare xm_indicator cursor dynamic for select distinct(XM) from
XS open xm_indicator";                                //声明游标并打开，游标载入所有学生姓名
                myCmd = new SqlCommand(mySql, myCon);
                myCmd.ExecuteNonQuery();
                refresh();                                   //页面刷新
            }
            catch
            {
                return;
            }
        }
        /*页面刷新方法*/
        private void refresh()
        {
            mySql = "select XM, KCM, CJ from CJ";
            myDa = new SqlDataAdapter(mySql, myCon);
            DataSet ds = new DataSet();
            myDa.Fill(ds, "CJDATA");                    //加载所有的成绩记录到数据集对象
            GridView1.DataSource = ds;                  //该数据集对象作为 GridView 的数据源
            GridView1.DataBind();                       //与页面 GridView 组件绑定
            adjust_CURSOR();                            //校准游标
        }
        /**以下为各成绩管理操作按钮的过程代码*/
        /*录入成绩功能*/
        protected void Button_AddCj_Click(object sender, EventArgs e)
        {
            try
            {
                string msg = exec_AddDelPROC(DropDownList_XM.Text.Trim(), TextBox_KCM.Text,
int.Parse(TextBox_CJ.Text), 1);               //执行存储过程，最后一个参数为 1 表示录入操作
                Label_MSG.Text = msg;
            }
            catch
            {
                return;
            }
        }
        /*删除成绩功能*/
        protected void Button_DelCj_Click(object sender, EventArgs e)
        {
            try
            {
                string msg = exec_AddDelPROC(DropDownList_XM.Text.Trim(), TextBox_KCM.Text,
int.Parse(TextBox_CJ.Text), 2);               //执行存储过程，最后一个参数为 2 表示删除操作
                Label_MSG.Text = msg;
            }
            catch
            {
                return;
            }
        }
        /*exec_AddDelPROC 方法封装了对存储过程的调用细节*/
        private string exec_AddDelPROC(string name, string course, int score, int op)
        {
```

```
        myCmd = new SqlCommand();                             //新建命令对象
        myCmd.Connection = myCon;
        myCmd.CommandType = CommandType.StoredProcedure;      //命令类型为存储过程
        myCmd.CommandText = "CJ_AddDel_PROC";                 //存储过程名
        SqlParameter sqlXm = myCmd.Parameters.Add("@xm", SqlDbType.Char, 8);
        sqlXm.Direction = ParameterDirection.Input;
        sqlXm.Value = name;                                   //第一个参数为姓名
        SqlParameter sqlKcm = myCmd.Parameters.Add("@kcm", SqlDbType.Char, 12);
        sqlKcm.Direction = ParameterDirection.Input;
        sqlKcm.Value = course;                                //第二个参数为课程名
        SqlParameter sqlCj = myCmd.Parameters.Add("@cj", SqlDbType.Int);
        sqlCj.Direction = ParameterDirection.Input;
        sqlCj.Value = score;                                  //第三个参数为成绩
        SqlParameter sqlSel = myCmd.Parameters.Add("@SEL", SqlDbType.Int);
        sqlSel.Direction = ParameterDirection.Input;
        sqlSel.Value = op;                                    //第四个参数指明操作类型
        SqlParameter sqlRS = myCmd.Parameters.Add("@RS", SqlDbType.Char, 20);
        sqlRS.Direction = ParameterDirection.Output;          //输出参数返回执行结果
        myCmd.ExecuteNonQuery();
        refresh();
        return sqlRS.Value.ToString();                        //返回输出参数
    }
    /*查询成绩功能*/
    protected void Button_QueCj_Click(object sender, EventArgs e)
    {
        try
        {
            mySql = "EXEC CJ_View_PROC '" + DropDownList_XM.Text.Trim() + "','" +
TextBox_KCM.Text + "'";                                       //执行存储过程 CJ_View_PROC
            myCmd = new SqlCommand(mySql, myCon);
            myCmd.ExecuteNonQuery();                          //执行后生成视图 CJ_VIEW
            mySql = "select XM, KCM, CJ from CJ_VIEW";        //查询视图
            myDa = new SqlDataAdapter(mySql, myCon);
            DataSet ds = new DataSet();
            myDa.Fill(ds, "CJVIEW");                          //视图内容载入数据集
            GridView1.DataSource = ds;
            GridView1.DataBind();                             //与页面上的网格组件绑定刷新
            Label_MSG.Text = "";
        }
        catch
        {
            return;
        }
    }
    //游标查找下一个学生
    protected void Button_Dn_Click(object sender, EventArgs e)
    {
        try
        {
            string curname = fetch_CURSOR("next");            //游标后移一位
            if (curname == "") curname = fetch_CURSOR("first"); //若已是最后一个，则返回第一个
            DropDownList_XM.Text = curname;                   //选中当前姓名
        }
        catch
        {
```

```
                    return;
                }
            }
        //游标查找上一个学生
        protected void Button_Up_Click(object sender, EventArgs e)
        {
            try
            {
                string curname = fetch_CURSOR("prior");              //游标前移一位
                if (curname == "") curname = fetch_CURSOR("last");//若已是首个，则返回最后一个
                DropDownList_XM.Text = curname;                      //选中当前姓名
            }
            catch
            {
                return;
            }
        }
        //根据位置调整游标
        private string fetch_CURSOR(string pos)
        {
            try
            {
                mySql = "fetch " + pos + " from xm_indicator";    //从特定位置获取学生姓名
                myCmd = new SqlCommand(mySql, myCon);
                myDr = myCmd.ExecuteReader();
                if (myDr.Read()) return myDr[0].ToString();       //获取的姓名以字符串返回
                return "";                                        //未取到则返回空
            }
            catch
            {
                return "";
            }
            finally
            {
                if (myDr != null)
                {
                    myDr.Close();
                    myDr = null;
                }
            }
        }
        //校准游标
        private void adjust_CURSOR()
        {
            try
            {
                mySql = "close xm_indicator open xm_indicator";  //先关闭再打开（重启）游标
                myCmd = new SqlCommand(mySql, myCon);
                myCmd.ExecuteNonQuery();
                string curname = fetch_CURSOR("first");             //游标指针重定位到第一个
                while (curname != DropDownList_XM.Text && curname != "") curname =
fetch_CURSOR("next");                              //若与当前下拉框选中的姓名不符，则继续匹配下一个
            }
            catch
            {
```

```
            return;
        }
    }
    //下拉框选择的姓名改变时，要重新校准游标
    protected void DropDownList_XM_SelectedIndexChanged(object sender, EventArgs e)
    {
        adjust_CURSOR();
    }
    //下拉框中的文字改变时，也要重新校准游标
    protected void DropDownList_XM_TextChanged(object sender, EventArgs e)
    {
        adjust_CURSOR();
    }
}
```

至此，这个基于 ASP.NET 4/SQL Server 2016 的"学生成绩管理系统"开发完成。读者还可以根据需要自行扩展其他功能。

实习4

Visual C#开发 SQL Server 综合实例

　　微软的.NET 平台不仅可开发 Web 网站程序，也支持传统的 Windows 桌面应用开发。本实习仍基于.NET 4.6，以 Visual Studio 2017（VS 2017）作为开发环境，用 C#语言实现"学生成绩管理系统"的桌面版，仍以 SQL Server 2016 作为后台数据库。与之前不同的是，最终开发出来的系统是 C/S 模式的 Windows 桌面 GUI 应用程序。

实习 4.1　创建 Visual C#项目

　　启动 VS 2017，选择【文件】→【新建】→【项目】，打开图 P4.1 所示的【新建项目】对话框。在窗口左侧"已安装"树状列表中展开"Visual C#"类型节点，选中"Windows 经典桌面"子节点，在窗口中间区域选中"Windows 窗体应用(.NET Framework)"项，在下方"名称"栏中输入项目名"WinCSXscj"，单击【确定】按钮即可。

图 P4.1　创建 Visual C#项目

实习 4.2　系统主界面设计

实习 4.2.1　总体布局

本系统是桌面窗体应用程序，其主界面总体布局分 3 大块，如图 P4.2 所示。

图 P4.2　"学生成绩管理系统"主界面总体布局

从图 P4.2 可见，整个主界面分上、中、下三部分，其中上、下两部分都只是一个 PictureBox（图片框）；中间部分为一个 TabControl 控件，它可作为容器使用，包含多个可切换的 TabPage（选项页）。往上部 PictureBox 中加载图片"学生成绩管理系统.gif"；往下部 PictureBox 中加载"底端图片.gif"；设置 TabControl 控件的 TabPages 属性，在"TabPage 集合编辑器"对话框中添加两个选项页（tabPage1和 tabPage2），将它们的 Text 属性分别设为"学生管理""成绩管理"，运行程序时可通过单击相应的选项卡在这两个页面之间进行切换。

实习 4.2.2　详细设计

下面通过用鼠标从工具箱中拖曳控件的方式，分别来具体设计"学生管理"和"成绩管理"这两个不同功能选项页的界面。

1. "学生管理"选项页的界面

"学生管理"选项页的界面设计，如图 P4.3 所示。

图 P4.3　"学生管理"选项页的界面设计

为便于说明，这里对图中的关键控件都进行了编号，各控件的类别、名称与属性设置在表 P4.1中列出。

表 P4.1   "学生管理"选项页的界面控件设置

编　号	类　　别	名　　称	属　　性
①	TextBox	textBox_XM	Text 值清空
②	RadioButton	radioButton_M/radioButton_F rBtnFemale	两者的 Text 属性分别设为"男""女" rBtnMale 的 Checked 属性设为 True
③	DateTimePicker	dateTimePicker_CSSJ	初始值"2000 年 5 月 2 日"
④	TextBox	textBox_Path	Text 值清空
⑤	Button	button_Open	Text 属性设为"浏览…"
⑥	PictureBox	pictureBox_ZP	BorderStyle 属性设为"FixedSingle"；SizeMode 为 "StretchImage"
⑦	TextBox	textBox_KCS	Text 属性设为"0"；ReadOnly 为"True"；TextAlign 为"Center"
⑧	Button	button_AddXs	Text 属性设为"录入"
⑨	Button	button_DelXs	Text 属性设为"删除"
⑩	Button	button_UptXs	Text 属性设为"更新"
⑪	Button	button_QueXs	Text 属性设为"查询"

2. "成绩管理"选项页的界面

"成绩管理"选项页的界面设计，如图 P4.4 所示。

图 P4.4   "成绩管理"选项页的界面设计

各控件的类别、名称与属性设置在表 P4.2 中列出。

表 P4.2   "成绩管理"选项页的界面控件设置

编　号	类　　别	名　　称	属　　性
①	TextBox	textBox_KCM	Text 值清空
②	ComboBox	comboBox_XM	DropDownStyle 属性设为 DropDown
③	Button	button_Dn	Text 属性设为"↓"
④	Button	button_Up	Text 属性设为"↑"
⑤	TextBox	textBox_CJ	Text 属性设为"0"；TextAlign 为"Center"
⑥	DataGridView	dataGridView_CJView	AutoSizeColumnsMode 属性设为 Fill； RowHeadersVisible 属性设为 False
⑦	Button	button_AddCj	Text 属性设为"录入"
⑧	Button	button_DelCj	Text 属性设为"删除"
⑨	Button	button_QueCj	Text 属性设为"查询"

实习 4.3　学　生　管　理

实习 4.3.1　程序主体结构

"学生管理"功能的运行效果，如图 P4.5 所示。

图 P4.5　"学生管理"功能的运行效果

本实习的全部程序代码都位于 Form1.cs 源文件中，按鼠标左键双击界面上的按钮就会自动打开该文件的编辑窗，并定位到相应按钮事件过程的编辑区，用户只需编写过程代码即可实现特定的功能。为使读者有个总的印象，这里先给出 Form1.cs 中代码的主体结构，如下：

```csharp
using System;
...
/**为使程序能够访问 SQL Server 2016 数据库，要导入以下命名空间*/
using System.Data.SqlClient;
using System.IO;

namespace WinCSXscj
{
    public partial class Form1 : Form
    {
        private string myConstr = "Data Source=.;Initial Catalog=PXSCJ;Integrated
Security=True";
                                                            //定义数据库连接字符串

        private string mySql = "";
        /**定义程序中将要用到的各个 ADO.NET 数据库对象*/
        private SqlConnection myCon = null;                 //连接对象
        private SqlDataAdapter myDa = null;                 //适配器对象
        private SqlDataReader myDr = null;                  //读取器对象
        private SqlCommand myCmd = null;                    //命令对象
        protected string filename = "";                     //存储照片的图片文件名
        protected string name = "";                         //当前学生姓名
        public Form1()
```

```
    {
            InitializeComponent();
    }

    private void Form1_Load(object sender, EventArgs e)
    {
        ...                     //窗体初始化加载所要执行的语句
    }
    ...
    }
}
```

其中，为节约篇幅，以上省略了一些系统自动生成的代码。

实习 4.3.2 功能实现

1. 录入学生

双击 ┌ 录入 ┐ 按钮，编写其事件过程代码如下：

```
private void button_AddXs_Click(object sender, EventArgs e)
{
    try
    {
        if (textBox_XM.Text == "") return;
        if (query_XS())                              /录入操作前要先检查该生记录是否已存在
        {
            myDr.Close();
            myDr = null;
            MessageBox.Show("该生的记录已存在。", "警告", MessageBoxButtons.OK,
MessageBoxIcon.Warning);
            return;
        }
        myDr.Close();
        myDr = null;
        mySql = "insert into XS values(@name,@sex,@birth,0,NULL)";     //设置录入的 SQL 语句
        myCmd = new SqlCommand(mySql, myCon);                    //创建操作数据库的命令对象
        //给录入的 SQL 语句设置添加参数
        myCmd.Parameters.Add("@name", SqlDbType.Char, 8).Value = textBox_XM.Text.Trim();
                                                              //姓名
        myCmd.Parameters.Add("@sex", SqlDbType.Bit).Value = radioButton_M.Checked ? 1 : 0;
                                                              //性别
        myCmd.Parameters.Add("@birth", SqlDbType.Date).Value = dateTimePicker_CSSJ.Value;
                                                              //出生日期
        myCmd.ExecuteNonQuery();                               //执行录入操作
        if (filename != "") upload_ZP();                       //如果选择了照片，也要录入
        MessageBox.Show("录入成功! ", "提示", MessageBoxButtons.OK, MessageBoxIcon.Information);
        button_QueXs_Click(null, null);                        //查询后回显该生的信息
        refresh();                                             //刷新
    }
    catch(Exception ex)
    {
        string errMsg = ex.ToString();                          //将异常信息经过一定处理后显示
        int errLen = ex.ToString().Length;
        MessageBox.Show("发生故障! 异常信息如下:\r\n" + errMsg.Substring(0, 150) + "..."
+ errMsg.Substring(errLen - 15, 15), "错误", MessageBoxButtons.OK, MessageBoxIcon.Error);
        return;
    }
}
```

为避免用户录入重复的学生信息，执行录入操作前都必须先检查数据库里是否已有该学生的记录，用 query_XS()方法进行这种检查，该方法实际就是对某特定学生信息的查询，它在后面实现"查询"功能的时候还可以复用，故这里将它封装为一个方法以减少程序代码的冗余。

query_XS()方法代码如下：

```
private bool query_XS()
{
    mySql = "select * from XS where XM='" + textBox_XM.Text + "'";  //查询的 SQL 语句
    myCmd = new SqlCommand(mySql, myCon);                        //创建命令对象
    myDr = myCmd.ExecuteReader();                               //执行查询读取操作
    if (myDr.Read()) return true;      //若读到的内容不为空，表示已存在该学生，返回 true
    return false;                                               //不存在返回 false
}
```

由于用户在提交录入（以及更新）学生信息的时候，都有可能选择或不选照片，为使程序逻辑清晰，本实习将对照片的操作从主操作（录入或更新）中分离出来，单独封装为一个 upload_ZP()方法。

upload_ZP()方法代码如下：

```
private void upload_ZP()
{
    FileStream fs = new FileStream(filename, FileMode.Open, FileAccess.Read);
                                            //创建一个文件流并以读方式打开
    MemoryStream ms = new MemoryStream();              //创建内存流
    byte[] data = new byte[fs.Length];                 //创建字节数组
    fs.Read(data, 0, (int)fs.Length);                  //将照片内容以流的形式读到字节数组中
    mySql = "update XS set ZP=@photo where XM='" + textBox_XM.Text + "'";
                                            //更新照片的 SQL 语句
    myCmd = new SqlCommand(mySql, myCon);
    myCmd.Parameters.Add("@photo", SqlDbType.Image).Value = data; //字节数组作为 SQL 的照片参数
    myCmd.ExecuteNonQuery();                            //执行更新
}
```

另外，还必须提供让用户浏览和选择照片上传的功能。双击 浏览... 按钮，编写事件过程代码如下：

```
private void button_Open_Click(object sender, EventArgs e)
{
    try
    {
        openFileDialog_Img.InitialDirectory = Environment.GetFolderPath(Environment.
SpecialFolder.MyPictures);              //对话框初始目录定位在 Windows 系统的图片文件夹
        openFileDialog_Img.Filter = "JPEG图片|*.jpg|GIF图片|*.gif|全部文件|*.*";
                                            //过滤显示图片文件的类型
        if (openFileDialog_Img.ShowDialog(this) == DialogResult.OK)
        {
            filename = openFileDialog_Img.FileName;        //取得照片文件名
            textBox_Path.Text = filename;
            pictureBox_ZP.Image = Image.FromFile(filename);  //将所选照片显示在图片框
        }
    }
    catch
    {
        return;
    }
}
```

2. 删除学生

双击 删除 按钮，编写其事件过程代码如下：

```
private void button_DelXs_Click(object sender, EventArgs e)
{
    try
    {
        if (!query_XS())                                    //若该生本就不存在，则无须删除
        {
            myDr.Close();
            myDr = null;
            return;
        }
        myDr.Close();
        myDr = null;
        mySql = "delete from XS where XM='" + textBox_XM.Text + "'"; //设置删除的 SQL 语句
        myCmd = new SqlCommand(mySql, myCon);
        myCmd.ExecuteNonQuery();                            //执行删除操作
        MessageBox.Show("学生 " + textBox_XM.Text + "的记录已删。", "提示", MessageBoxButtons.
OK, MessageBoxIcon.Information);
        button_QueXs_Click(null, null);                     //删除效果回显
        refresh();                                          //刷新
    }
    catch
    {
        return;
    }
}
```

这里复用了 query_XS()方法来检查学生的存在性。

3. 更新学生

双击 <u>更新</u> 按钮，编写其事件过程代码如下：

```
private void button_UptXs_Click(object sender, EventArgs e)
{
    try
    {
        mySql = "update XS set XM='" + textBox_XM.Text + "',XB=" + (radioButton_M.Checked ?
1 : 0) + ",CSSJ='" + dateTimePicker_CSSJ.Value + "' where XM='" + name + "'";
                                                            //设置更新的 SQL 语句
        myCmd = new SqlCommand(mySql, myCon);
        myCmd.ExecuteNonQuery();                            //执行更新操作
        if (filename != "") upload_ZP();                    //若用户选择了照片还要更新照片
        MessageBox.Show("更新成功！", "提示", MessageBoxButtons.OK, MessageBoxIcon.
Information);
        button_QueXs_Click(null, null);                     //更新效果回显
        refresh();                                          //刷新
    }
    catch
    {
        return;
    }
}
```

这里复用了 upload_ZP()方法来更新照片。

4. 查询学生

双击 <u>查询</u> 按钮，编写其事件过程代码如下：

```
private void button_QueXs_Click(object sender, EventArgs e)
{
    try
    {
```

```
/*查询前先将界面表单上的各个控件还原至默认的初始值*/
radioButton_M.Checked = true;
dateTimePicker_CSSJ.Value = DateTime.Parse("2000-05-02");
textBox_Path.Text = "";
textBox_KCS.Text = "0";
if (pictureBox_ZP.Image != null)
{
    pictureBox_ZP.Image.Dispose();
    pictureBox_ZP.Image = null;
}
if (query_XS())                                      //调用query_XS()方法执行查询操作
{
    textBox_XM.Text = myDr["XM"].ToString(); //姓名
    if (Boolean.Parse(myDr["XB"].ToString())) radioButton_M.Checked = true;
    else radioButton_F.Checked = true;          //性别
    dateTimePicker_CSSJ.Value = DateTime.Parse(myDr["CSSJ"].ToString());
                                                     //出生日期
    textBox_KCS.Text = myDr["KCS"].ToString();      //已修课程数
    if (myDr["ZP"].ToString() != "")                //该生有照片
    {
        byte[] data = (byte[])myDr["ZP"];           //将照片数据存于字节数组
        MemoryStream ms = new MemoryStream(data);   //将字节数组读进内存
        pictureBox_ZP.Image = Image.FromStream(ms); //图片框显示内存的照片
        ms.Close();
    }
}
else
    textBox_XM.Text = "";
name = textBox_XM.Text;                              //保存当前学生的姓名
}
catch
{
    return;
}
finally
{
    if (myDr != null)                                //使用完及时关闭读取器
    {
        myDr.Close();
        myDr = null;
    }
}
}
```

可以看到，真正的查询操作之前已封装在 query_XS()中了，这里只需直接调用即可。另外，【查询】按钮本身的单击事件 button_QueXs_Click()也是一个方法，可用来实时刷新表单界面，之前在执行录入、删除和更新操作后都有调用它来回显当前操作的学生信息。

实习 4.4　成　绩　管　理

实习 4.4.1　姓名加载、成绩刷新

"成绩管理"功能的运行效果，如图 P4.6 所示。

图 P4.6 "成绩管理"功能的运行效果

界面初始显示时，要往"姓名"下拉列表中预先加载所有学生的姓名，同时在下方数据网格中列表显示所有学生的课程成绩，这通过一个界面刷新方法来实现。

refresh()方法实现刷新功能，代码如下：

```
private void refresh()
{
    mySql = "select XM As 姓名,KCM As 课程名,CJ As 成绩 from CJ";
                                                    //查询所有成绩记录的 SQL 语句
    myDa = new SqlDataAdapter(mySql, myCon);
    DataSet ds = new DataSet();
    myDa.Fill(ds, "CJDATA");                         //查询结果用适配器载入数据集
    dataGridView_CJView.DataSource = ds.Tables["CJDATA"].DefaultView;
                                                    //赋给网格控件的数据源显示
    mySql = "select distinct(XM) from XS";           //查询所有学生姓名的 SQL 语句
    myDa = new SqlDataAdapter(mySql, myCon);
    myDa.Fill(ds, "XMDATA");                          //姓名载入数据集
    comboBox_XM.Items.Clear();
    comboBox_XM.Text = "";
    for (int i = 0; i < ds.Tables["XMDATA"].Rows.Count; i++) comboBox_XM.Items.Add
(ds.Tables["XMDATA"].Rows[i][0].ToString());          //加载到下拉列表中
    comboBox_XM.SelectedIndex = 0;                    //默认选中第一个（索引 0）姓名
    adjust_CURSOR();                                  //校准游标
}
```

然后，在程序窗体初始加载的 Form1_Load()方法中调用上面的 refresh()方法即可。

Form1_Load()方法代码如下：

```
private void Form1_Load(object sender, EventArgs e)
{
    try
    {
        myCon = new SqlConnection(myConstr);         //创建数据库连接
        myCon.Open();                                 //打开连接
        mySql = "declare xm_indicator cursor dynamic for select distinct(XM) from XS open
xm_indicator";                                        //声明和打开游标
        myCmd = new SqlCommand(mySql, myCon);
        myCmd.ExecuteNonQuery();
        refresh();                                    //调用刷新方法
```

```
        }
        catch
        {
            return;
        }
    }
```

这个方法也就是程序一开始运行时执行的方法，其中除了调用刷新方法外还声明了一个游标，该游标的作用是提供给用户上下翻动查看和选择姓名的功能，其具体的控制实现将在稍后给出。

在"学生管理"模块，由于录入、删除和更新学生时都可能造成数据库中学生姓名内容的改变，故在之前的每项功能操作完成后都要调用 refresh()方法刷新一次界面，以维持程序界面显示内容与数据库的同步。

实习 4.4.2　功能实现

1. 查询成绩

双击 [查询] 按钮，编写其事件过程代码如下：

```
private void button_QueCj_Click(object sender, EventArgs e)
{
    try
    {
        mySql = "EXEC CJ_View_PROC '" + comboBox_XM.Text.Trim() + "','" + textBox_KCM.
Text + "'";                                              //执行存储过程的 SQL 语句
        myCmd = new SqlCommand(mySql, myCon);
        myCmd.ExecuteNonQuery();                          //执行存储过程 CJ_View_PROC，生成视图
        mySql = "select XM As 姓名,KCM As 课程名,CJ As 成绩 from CJ_VIEW";
                                                          //查询视图的 SQL 语句
        myDa = new SqlDataAdapter(mySql, myCon);
        DataSet ds = new DataSet();
        myDa.Fill(ds, "CJVIEW");                          //查询结果载入数据集
        dataGridView_CJView.DataSource = ds.Tables["CJVIEW"].DefaultView;
                                                          //作为网格控件的数据源显示
    }
    catch
    {
        return;
    }
}
```

2. 录入成绩

双击 [录入] 按钮，编写其事件过程代码如下：

```
private void button_AddCj_Click(object sender, EventArgs e)
{
    try
    {
        string msg = exec_AddDelPROC(comboBox_XM.Text.Trim(), textBox_KCM.Text, int.
Parse(textBox_CJ.Text), 1);
        MessageBox.Show(msg, "提示", MessageBoxButtons.OK, MessageBoxIcon.Information);
    }
    catch
    {
        return;
    }
}
```

上面代码中直接调用 exec_AddDelPROC()方法，该方法执行存储过程来实现录入成绩的功能，它隐藏了为存储过程赋参数及执行的细节。返回值 msg 是存储过程执行后输出的字符串结果，表明

执行的情况。

exec_AddDelPROC()方法代码如下：

```
private string exec_AddDelPROC(string name,string course,int score,int op)
{
    myCmd = new SqlCommand();                               //创建命令对象
    myCmd.Connection = myCon;                               //命令的连接参数
    myCmd.CommandType = CommandType.StoredProcedure;        //命令类型为存储过程
    myCmd.CommandText = "CJ_AddDel_PROC";                   //存储过程名
    SqlParameter sqlXm = myCmd.Parameters.Add("@xm", SqlDbType.Char, 8);
    sqlXm.Direction = ParameterDirection.Input;             //第一个输入参数
    sqlXm.Value = name;                                     //学生姓名
    SqlParameter sqlKcm = myCmd.Parameters.Add("@kcm", SqlDbType.Char, 12);
    sqlKcm.Direction = ParameterDirection.Input;            //第二个输入参数
    sqlKcm.Value = course;                                  //课程名
    SqlParameter sqlCj = myCmd.Parameters.Add("@cj", SqlDbType.Int);
    sqlCj.Direction = ParameterDirection.Input;             //第三个输入参数
    sqlCj.Value = score;                                    //成绩
    SqlParameter sqlSel = myCmd.Parameters.Add("@SEL", SqlDbType.Int);
    sqlSel.Direction = ParameterDirection.Input;            //第四个输入参数
    sqlSel.Value = op;                                      //操作类型:1 表示录入
    SqlParameter sqlRS = myCmd.Parameters.Add("@RS", SqlDbType.Char, 20);
    sqlRS.Direction = ParameterDirection.Output;            //输出参数（为字符串）
    myCmd.ExecuteNonQuery();                                //执行存储过程
    refresh();                                              //刷新
    return sqlRS.Value.ToString();                          //返回表示执行结果的字符串
}
```

3. 删除成绩

双击 [删除] 按钮，编写其事件过程代码如下：

```
private void button_DelCj_Click(object sender, EventArgs e)
{
    try
    {
        string msg = exec_AddDelPROC(comboBox_XM.Text.Trim(), textBox_KCM.Text, int.
Parse(textBox_CJ.Text), 2);
        MessageBox.Show(msg, "提示", MessageBoxButtons.OK, MessageBoxIcon.Information);
    }
    catch
    {
        return;
    }
}
```

这里同样是调用 exec_AddDelPROC()方法，通过预先定义好的存储过程来实际地执行删除操作，所不同的只是将存储过程表示操作类型的第四个输入参数改为 2，表示执行删除操作即可。

4. 游标控制

在程序的一开始加载窗体时声明创建了游标，下面给出程序中操纵控制游标的代码。

↓ 按钮实现游标向下翻动，事件代码如下：

```
private void button_Dn_Click(object sender, EventArgs e)
{
    try
    {
        string curname = fetch_CURSOR("next");              //获取下一个姓名
        if (curname == "") curname = fetch_CURSOR("first"); //若已到末尾，则返回第一个姓名
        comboBox_XM.Text = curname;                         //选中游标所指的当前姓名
    }
```

```
    catch
    {
        return;
    }
}
```

↑ 按钮实现游标向上翻动，事件代码如下：

```
private void button_Up_Click(object sender, EventArgs e)
{
    try
    {
        string curname = fetch_CURSOR("prior");              //获取上一个姓名
        if (curname == "") curname = fetch_CURSOR("last");   //若已是首个，则去到最后一个姓名
        comboBox_XM.Text = curname;                          //选中游标所指的当前姓名
    }
    catch
    {
        return;
    }
}
```

在以上两个事件过程中，都反复调用了一个名叫 fetch_CURSOR()的方法，它用于获取游标特定索引位置的姓名。

fetch_CURSOR()方法代码如下：

```
private string fetch_CURSOR(string pos)
{
    try
    {
        mySql = "fetch " + pos + " from xm_indicator"; //SQL 语句获取游标指定索引位置的内容
        myCmd = new SqlCommand(mySql, myCon);
        myDr = myCmd.ExecuteReader();                      //执行读取操作
        if (myDr.Read()) return myDr[0].ToString(); //读取到内容不为空
        return "";
    }
    catch
    {
        return "";
    }
    finally
    {
        if (myDr != null)
        {
            myDr.Close();
            myDr = null;
        }
    }
}
```

在用户操作姓名列表使其中选项发生变化时，还需要及时地校准游标，使之与当前的选项状态同步，校准游标用 adjust_CURSOR()方法，代码如下：

```
private void adjust_CURSOR()
{
    try
    {
        mySql = "close xm_indicator open xm_indicator";
        myCmd = new SqlCommand(mySql, myCon);
        myCmd.ExecuteNonQuery();
        string curname = fetch_CURSOR("first");
```

```
            while (curname != comboBox_XM.Text && curname != "") curname = fetch_CURSOR("next");
        }
        catch
        {
            return;
        }
    }
```

可以看到，所谓校准游标，其实很简单，方法是：重启（先关闭再打开）游标，从游标的第一个索引位置开始遍历，直到找到与当前列表中选中的选项相一致的游标索引位置即可。每当姓名下拉列表的选项或内容更改时，都要重新校准游标，如下：

```
private void comboBox_XM_SelectedIndexChanged(object sender, EventArgs e)
{
    adjust_CURSOR();
}

private void comboBox_XM_TextChanged(object sender, EventArgs e)
{
    adjust_CURSOR();
}
```

最后，在程序运行结束关闭窗体时，要记得释放游标所占用的资源，代码如下：

```
private void Form1_FormClosing(object sender, FormClosingEventArgs e)
{
    try
    {
        mySql = "close xm_indicator deallocate xm_indicator";    //关闭并清除游标的 SQL 语句
        myCmd = new SqlCommand(mySql, myCon);
        myCmd.ExecuteNonQuery();
        myCon.Close();                                           //关闭数据库连接
    }
    catch
    {
        return;
    }
}
```

至此，这个基于 Visual C# 2017/ SQL Server 2016 的"学生成绩管理系统"开发完成，读者还可以根据需要自行扩展其他功能。

实习 5
Python 开发 SQL Server 综合实例

Python 是由荷兰人 Guido van Rossum 于 1989 年发明的一种免费开源、面向对象的计算机编程语言。它语法简洁清晰，在设计之初就贯彻了"只用一种方法来做一件事"的原则，使它成为一门易读、易维护，并且被大量用户所欢迎的、用途广泛的语言。自诞生至今，已被逐渐广泛应用于系统管理任务的处理和 Web 编程，近年来更是成为最热门的程序设计语言之一。

本实习用 Python 语言来快速实现"学生成绩管理系统"的基本功能，通过 Python 来操作 SQL Server 2016 数据库。

安装 Python 开发环境请参考本书网络文档。

实习 5.1　学　生　管　理

实习 5.1.1　界面设计

"学生管理"功能的运行效果，如图 P5.1 所示。

图 P5.1　"学生管理"功能的运行效果

由于 Python 原生的 GUI 库 Tkinter 功能有限，故这里学生表单界面设计得比较简单，未实现图片录入和显示功能。

实习 5.1.2　功能实现

"学生管理"模块的功能实现代码如下：

```
from tkinter import *            # 导入 tkinter 模块的所有内容（1）
import tkinter.messagebox        # 使用消息对话框功能
import pymssql                   # 导入该库用于访问 SQL Server 2016 数据库
master = Tk()                    # 初始窗口声明（2）
master.title('学生管理')         # 设置初始窗口标题
root = Frame(master)             # 以初始窗口为对象生成整个程序的根模块
```

```
    conn = pymssql.connect(host = 'localhost', user = 'sa', password = 'njnu123456', database
= 'PXSCJ')
                                            # 指定数据库连接的各项参数
    cur = conn.cursor()                     # 在当前连接上打开一个游标（便于之后对数据库操作）
    root.pack(padx = 20, pady = 20)         # 简单的整体布局（3）
    # 对界面表单的各个标签进行设置布局（4）
    Label(root, text = '姓名: ').grid(row = 0, column = 0, sticky = W)
    Label(root, text = '性别: ').grid(row = 1, column = 0, sticky = W)
    Label(root, text = '出生日期: ').grid(row = 2, column = 0, sticky = W)
    Label(root, text = '已修课程数: ').grid(row = 3, column = 0, sticky = W)
    # 定义程序中要用到的变量
    v1 = StringVar()
    v2 = IntVar()
    v3 = StringVar()
    v4 = IntVar()
    Entry(root, textvariable = v1).grid(row = 0, column = 1, columnspan = 2, padx = 10, pady = 5)
                                            # "姓名" 文本框
    Radiobutton(root, text = '男', variable = v2, value = 1).grid(row = 1, column = 1)
    Radiobutton(root, text = '女', variable = v2, value = 0).grid(row = 1, column = 2)
                                            # "性别" 单选按钮
    Entry(root, textvariable = v3).grid(row = 2, column = 1, columnspan = 2, padx = 10, pady = 5)
                                            # "出生日期" 文本框
    Entry(root, textvariable = v4, width = 5, state='disabled').grid(row = 3, column = 1,
columnspan = 2, sticky = W, padx = 10, pady = 5)          # "已修课程数" 文本框
    def Init():                             # 初始化函数，用于给表单上各个控件赋初值
        v1.set('')                          # 姓名
        v2.set(1)                           # 性别
        v3.set('2000-05-02')                # 出生日期
        v4.set(0)                           #已修课程数
    def AddXs():                            # "录入学生" 功能函数
        cur.executemany("INSERT INTO XS VALUES (%s,%d,%s,%d,NULL)", [(v1.get(),v2.get(),
v3.get(),v4.get())])                        # （5）
        conn.commit()                       # （6）
        tkinter.messagebox.showwarning('提示', '录入成功')
        QueXs()
    def DelXs():                            # "删除学生" 功能函数
        cur.execute('DELETE FROM XS WHERE XM = %s', v1.get())
        conn.commit()
        tkinter.messagebox.showinfo('提示', '学生 %s 已删除' %v1.get())
        QueXs()
    def UptXs():                            # "更新学生" 功能函数
        cur.execute('UPDATE XS SET XB = %d, CSSJ = %s WHERE XM = %s', (v2.get(),v3.get(),
v1.get()))
        conn.commit()
        tkinter.messagebox.showerror('提示', '更新成功')
        QueXs()
    def QueXs():                            # "查询学生" 功能函数
        cur.execute('SELECT * FROM XS WHERE XM = %s', v1.get())
        row = cur.fetchall()                # 获取查询结果集
        if(cur.rowcount != 0):
            v1.set(row[0][0])
            v2.set(row[0][1])
            v3.set(row[0][2])
            v4.set(row[0][3])
        else:
            Init()
    Button(root, text = '录入', width = 10, command = AddXs).grid(row = 0, column = 3, sticky
= W, padx = 10, pady = 5)
```

```
    Button(root, text = '删除', width = 10, command = DelXs).grid(row = 1, column = 3, sticky
= W, padx = 10, pady = 5)
    Button(root, text = '更新', width = 10, command = UptXs).grid(row = 2, column = 3, sticky
= W, padx = 10, pady = 5)
    Button(root, text = '查询', width = 10, command = QueXs).grid(row = 3, column = 3, sticky
= W, padx = 10, pady = 5)
    Init()
    mainloop()                                 # 程序主循环开始
```

（1）Tkinter 模块(简称"Tk 接口")是 Python 原生的标准 GUI 工具包的接口。它可以在大多数的 Unix 平台下使用，同样可以应用在 Windows 和 Macintosh 系统里。Tk8.0 的后续版本可以实现本地窗口风格，并良好地运行在绝大多数平台中。

（2）每个 Tk 程序都要定义一个初始窗口，也就是程序运行的主窗口，它是其他控件的总容器，所有的控件都在它里面布局。

（3）padx：设置控件周围水平方向空白区域保留大小；pady：设置控件周围垂直方向空白区域保留大小。

（4）在使用 Tkinter 模块编写 GUI 界面时，经常用到 grid()进行布局管理。

grid()使用方法及主要参数：

① row=x, column=y：将控件放在 x 行、y 列的位置。注意：如果不指定参数，则默认从 0 开始。

此处的行号和列号并不是像在坐标轴上一样严格，只代表一个上下左右的关系。

② columnspan：设置单元格横向跨越的列数，即控件占据的列数（宽度）；rowspan：设置单元格纵向跨越的行数，即控件占据的行数（高度）。

③ padx,pady：同（3）pack()中参数的意义。

④ sticky：该选项指定控件在窗口中的对齐方式，默认的对齐方式是居中。可以选择的值有：N/S/E/W，分别代表上对齐/下对齐/左对齐/右对齐，可以单独使用 N/S/E/W，也可以上下和左右组合使用以达到不同的对齐效果。

（5）executemany()还支持一次插入多条记录，写成形如：

```
cur.executemany("INSERT INTO XS VALUES (%s,%d,%s,%d,NULL)", [
    (v01.get(),v02.get(),v03.get(),v04.get())
    ,(v11.get(),v12.get(),v13.get(),v14.get())
    ,(v21.get(),v22.get(),v23.get(),v24.get())
    , ...
    ,(vn1.get(),vn2.get(),vn3.get(),vn4.get())
    ])
```

其中，(v01,v02,v03,v04), (v11,v12,v13,v14),..., (vn1,vn2,vn3,vn4)分别对应每条记录的各个字段的变量。

（6）在 Python 中每执行一条 SQL 语句后，都必须调用 commit()来提交数据，保存执行的结果。

实习 5.2　成 绩 管 理

实习 5.2.1　界面设计

"成绩管理"功能的运行效果，如图 P5.2 所示。

图 P5.2　"成绩管理"功能的运行效果

因 Tkinter 库无数据网格控件，这里我们使用了列表 Listbox 来模拟网格显示数据的效果。

实习 5.2.2　功能实现

"成绩管理"模块的功能实现代码如下：

```
from tkinter import *                              # 导入 tkinter 模块
import tkinter.messagebox                          # 使用消息对话框功能
import tkinter.ttk                                 # 引入 Tkinter 中的 ttk 组件（1）
import pymssql                                     # 用于访问 SQL Server 2016 数据库
master = Tk()                                      # 初始窗口声明
master.title('成绩管理')                            # 设置初始窗口标题
root = Frame(master)                               # 生成程序的根模块
conn = pymssql.connect(host = 'localhost', user = 'sa', password = 'njnu123456', database
= 'PXSCJ')
                                                   # 指定数据库连接的各项参数
cur = conn.cursor()                                # 打开游标
root.pack(padx = 20, pady = 20)                    # 整体布局
# 开始设置布局
Label(root, text = '课程名: ').grid(row = 0, column = 0, sticky = W)
Label(root, text = '姓名: ').grid(row = 0, column = 2, sticky = W)
Label(root, text = '成绩: ').grid(row = 0, column = 4, sticky = W)
# 定义变量
v1 = StringVar()
v2 = StringVar()
v3 = IntVar()
v4 = StringVar()
Entry(root, width = 20, textvariable = v1).grid(row = 0, column = 1, padx = 10, pady = 5)
                                                   # "课程名"文本框
cb = tkinter.ttk.Combobox(root, width = 10, textvariable = v2)    # "姓名"下拉列表框
cb.grid(row = 0, column = 3, padx = 10, pady = 5)
Entry(root, width = 5, textvariable = v3).grid(row = 0, column = 5, padx = 10, pady = 5)
                                                   # "成绩"文本框
lb = Listbox(root, width = 50, listvariable = v4)                 # （2）
lb.grid(row = 1, column = 0, rowspan = 3, columnspan = 4, sticky = W, padx = 10, pady = 5)
v5 = '————姓名————课程名————成绩————'     # 模拟数据网格的表头标题
v4.set(v5)
def Init():                     # 初始化函数, 用于加载数据库中所有学生的姓名
    cur.execute('SELECT distinct(XM) from XS')
    row = cur.fetchall()
    cb["values"] = row
    QueCj()
def AddCj():                    # "录入成绩"功能函数
    cur.execute('DECLARE @msg char(20) EXEC CJ_AddDel_PROC %s,%s,%d,%d, @msg OUTPUT',
(v2.get(),v1.get(),v3.get(),1))
```

```
        conn.commit()
        v2.set('')
        v1.set('')
        QueCj()
    def DelCj():                      # "删除成绩" 功能函数
        cur.execute('DECLARE @msg char(20) EXEC CJ_AddDel_PROC %s,%s,%d,%d, @msg OUTPUT',
(v2.get(),v1.get(),v3.get(),2))
        conn.commit()
        v2.set('')
        v1.set('')
        QueCj()
    def QueCj():                      # "查询成绩" 功能函数
        cur.execute('EXEC CJ_View_PROC %s,%s', (v2.get(),v1.get()))
        conn.commit()
        cur.execute('select XM, KCM, CJ from CJ_VIEW')
        row = cur.fetchall()
        lb.delete(1, END)          # 先要将列表中原来旧的记录清除
        for i in range(cur.rowcount):
            lb.insert(END, '..............'+row[i][0]+'...................'+row[i][1]
+ '..........................' + str(row[i][2]) + '..................')          # 添加记录的
    时候，各字段间填充'....................'以改善表格的显示外观
    Button(root, text = '录入', width = 10, command = AddCj).grid(row = 1, column = 4, columnspan
= 2, sticky = W, padx = 10, pady = 5)
    Button(root, text = '删除', width = 10, command = DelCj).grid(row = 2, column = 4, columnspan
= 2, sticky = W, padx = 10, pady = 5)
    Button(root, text = '查询', width = 10, command = QueCj).grid(row = 3, column = 4, columnspan
= 2, sticky = W, padx = 10, pady = 5)
    Init()
    mainloop()                       # 程序主循环开始
```

（1）这里引入 ttk 是为了使用下拉列表控件来显示学生姓名。ttk 是 Python 对其自身 GUI 的一个扩充，使用 ttk 以后的组件，同 Windows 操作系统的外观的一致性更高，看起来也会舒服很多。ttk 的很多组件同 Tkinter 标准控件都是相同的，在这种情况下，ttk 将覆盖 Tkinter 原来的组件，代之以 ttk 的新特性。

（2）该 Listbox 用于显示学生课程成绩的列表，它与前几个实习 "成绩管理" 界（页）面上的数据网格控件的作用相同，只是功能相对简单得多，需要编写程序才能模拟出类似的效果。

至此，这个基于 Python 3.7/ SQL Server 2016 的 "学生成绩管理系统" 开发完成，由于这里使用的原生 GUI 库比较简单，能做出的功能十分有限。有兴趣的读者可以自己上网去寻找功能更为强大的第三方库，开发出界面更复杂功能更强的应用程序，本实习仅仅作为 Python 结合 SQL Server 2016 应用的一个入门演示案例。

实习 6

VB 6.0 开发 SQL Server 综合实例

微软公司提供了 ADO（ActiveX 数据对象），支持对数据库进行操作，VB 6.0 可作为 SQL Server 2016 的前端开发工具，进行数据库应用软件的开发。

本书实习部分 pxscj 数据库用到两个表（学生表和成绩表）采用上一版的结构。

（1）学生表：xsb，结构如表 P6.1 所示。

表 P6.1　　　　　　　　　　　　　　　学生表（xsb）结构

项目名	列名	数据类型	可空	说明
姓名	XM	char(8)	×	主键
口令	KL	char(6)		
已学课程数	KCS	int		
照片	ZP	image		

（2）成绩表：cjb，结构如表 P6.2 所示。

表 P6.2　　　　　　　　　　　　　　　成绩表（cjb）结构

项目名	列名	数据类型	可空	说明
姓名	XM	char(8)	×	主键
课程名	KC	char(20)	×	主键
成绩	CJ	int		0<=CJ<=100

实习 6.1　VB 数据库开发准备

VB 数据库开发的准备工作包括在 Windows 下创建 ODBC 数据源，创建 VB6.0 项目，在此基础上 VB6.0 项目中连接数据库。

实习 6.1.1　创建 ODBC 数据源

与 WindowsXP 及更早版 Windows 不同，Windows7 的"管理工具"不在控制面板中。在桌面最下方任务栏单击鼠标右键→"属性"，弹出对话框切换到"开始菜单"选项页，单击"自定义"，在弹出对话框中找到"系统管理工具"项，选中"在"所有程序"菜单和"开始"菜单上显示"，然后在"开始"中就可以看到"管理工具"了。

接下来的操作就与 WindowsXP 的一样了，步骤如下。

（1）在桌面单击"开始"按钮，选择"管理工具"→"数据源（ODBC）"，打开"ODBC 数据源管理器"对话框，如图 P6.1 所示。单击"添加"按钮，进入图 P6.2 所示的界面，选择安装的驱动程序为"SQL Server"。

图 P6.1　已有的用户数据源

图 P6.2　选择数据源驱动程序

（2）单击"完成"按钮，出现图 P6.3 所示的界面。为数据源命名"PXSCJ"，选择所在服务器为本计算机名，单击"下一步"按钮，出现图 P6.4 所示界面。

图 P6.3　为数据源命名和选择服务器

图 P6.4　选择 SQL Server 服务器登录认证方式

（3）选择 SQL Server 服务器登录认证方式，在此选择为需要用户输入登录 ID 和密码的方式，输入默认系统管理员 ID 为"sa"，密码为"123456"，单击"下一步"按钮，出现图 P6.5 所示的界面。勾选"更改默认数据库为"项，在下拉列表中选择"PXSCJ"，然后跟着向导完成剩余步骤的操作。最后创建成功，可在图 P6.6 所示的"用户数据源"列表中看到新添加的"PXSCJ"项。

图 P6.5　更改默认数据库

图 P6.6　数据源创建成功

实习 6.1.2　新建 VB 6.0 项目

启动 Visual Basic 6.0 中文版，在弹出的"新建工程"对话框中，选中"标准 EXE"图标，单击

"打开"按钮，如图 P6.7 所示，即创建了一个标准 VB 工程。

右键单击右侧"工程"窗口中的新工程，选择"添加"→"添加窗体"或"添加模块"，可以向项目中添加任意数量的窗体和程序模块，如图 P6.8 所示。本实习项目一共包括 7 个窗体和 1 个模块。

图 P6.7　新建 VB 工程

图 P6.8　向项目中添加窗体和模块

实习 6.1.3　连接数据库

在项目中添加模块 Module1，在其中定义全局变量：

```
Public SqlCon As New ADODB.Connection
Public SqlRes As New ADODB.Recordset
Public SqlCmd As New ADODB.Command
```

本程序中，每个窗体在加载时都要首先打开一个数据库连接：

```
Private Sub Form_Load()
    SqlCon.Provider = "MSDASQL.1"          '窗体加载时打开数据库连接
    SqlCon.Open "User ID=sa;Password=123456;Initial Catalog=PXSCJ;Data Source=PXSCJ;"
End Sub
```

关闭（卸载）时，则要断开相应的连接：

```
Private Sub Form_Unload(Cancel As Integer)
    If (SqlRes.State = 1)Then               '如果是打开状态，关闭 Recordset
        SqlRes.Close
    End If
    SqlCon.Close
End Sub
```

然后，在窗体功能模块的编程中，就可使用这个现成的连接访问 SQL Server 数据库了。

实习 6.2　菜单系统与登录控制

本节介绍系统登录功能的开发。

实习 6.2.1　设计主菜单

向项目中添加窗体 FormXSCJ 作为主窗体。

菜单编辑器是 VB 提供的用于设计菜单的编辑器。从"工具"菜单上，选取"菜单编辑器"命令即可打开菜单编辑器。通过菜单编辑器建立本程序的菜单系统，如图 P6.9 所示，需要在"菜单编辑器"对话框中进行图 P6.10 所示的设置。

图 P6.9　设计完成的菜单系统

图 P6.10　"菜单编辑器"的设置

其中，各个菜单及其子菜单项的具体设置内容如表 P6.3 所示。

表 P6.3　　　　　　　　　　"学生成绩管理系统"菜单项属性

级别	标题	名称	快捷键	其他
主菜单	系统（&S）	mnuSys		
子菜单	登录（&L）	mnuSysLog	Ctrl+L	
	—	mnuSysMNU		
	退出（&X）	mnuSysExit		
主菜单	功能（&F）	mnuFun		
子菜单	学生（&S）	mnuFunStu		
次级子菜单	修改口令	mnuFunStuUpdKl	Ctrl+U	无效
	查询成绩	mnuFunStuQueCj	Ctrl+Q	无效
子菜单	—	mnuFunMNU		
子菜单	教师（&T）	mnuFunTea		
次级子菜单	增减学生	mnuFunTeaStuInsDel	Ctrl+S	无效
	输入成绩	mnuFunTeaCjInsDel	Ctrl+C	无效
主菜单	查看（&V）	mnuView		
子菜单	状态栏（&S）	mnuViewStatus		复选
主菜单	帮助（&H）	mnuHelp		
子菜单	关于学生成绩管理系统（&A）...	mnuHelpAbout		

实习 6.2.2　主窗口及版权声明

在主窗体 FormXSCJ 上拖动一个 Label 控件，设置其 Caption 属性为"学生成绩管理系统"，字体为"华文行楷""28"号字。窗口标题设为"学生成绩管理系统"，运行效果如图 P6.11 所示。

图 P6.11　"学生成绩管理系统"主界面

向项目中添加一个"关于"对话框，按图 P6.12 所示操作。

在"关于"对话框窗体界面上，设计应用程序的版权信息，如图 P6.13 所示，完成后为菜单项"关于 学生成绩管理系统(&A)……"编写事件代码：

```
Private Sub mnuHelpAbout_Click()
    frmAbout.Show
End Sub
```

其中，frmAbout 为"关于"对话框的名称。

图 P6.12　添加"关于"对话框

图 P6.13　应用程序版权声明

实习 6.2.3　登录功能

以教师和学生不同的身份登录，分别进入各自的功能选择模式，如图 P6.14 所示，对菜单的可用性进行控制。

图 P6.14　登录与菜单功能可用性控制

图 P6.14　登录与菜单功能可用性控制（续）

为了能让程序准确识别登录的用户，在模块 Module1 中定义全局变量：

```
Public UserName As String                    '用于保存登录用户名
```

双击 登录 按钮，编写其事件过程代码如下：

```
Private Sub Command_Login_Click()
If Text_Xm.Text = "teacher" Then                   '以教师身份登录
    If Text_Kl = "123" Then                        '教师默认口令 123
        Label_Msg.Caption = "教师登录"
        '菜单可用性控制
        FormXSCJ.mnuFunStuUpdKl.Enabled = False
        FormXSCJ.mnuFunStuQueCj.Enabled = False
        FormXSCJ.mnuFunTeaStuInsDel.Enabled = True
        FormXSCJ.mnuFunTeaCjInsDel.Enabled = True
    Else
        Label_Msg.Caption = "口令错! "
    End If
Else                                               '以学生身份登录
    SqlStr = "select * from XSB where XM='" + Text_Xm.Text + "'"
    SqlCmd.ActiveConnection = SqlCon               '设置所用连接
    SqlCmd.CommandText = SqlStr                    '设置 SQL 语句
    Set SqlRes = SqlCmd.Execute                    '执行命令
    If Not SqlRes.EOF Then
        If SqlRes("KL")= Text_Kl.Text Then         '验证通过
            UserName = Text_Xm.Text
            Label_Msg.Caption = "学生 " + Text_Xm.Text + " 登录"
            '菜单可用性控制
            FormXSCJ.mnuFunStuUpdKl.Enabled = True
            FormXSCJ.mnuFunStuQueCj.Enabled = True
            FormXSCJ.mnuFunTeaStuInsDel.Enabled = False
            FormXSCJ.mnuFunTeaCjInsDel.Enabled = False
        Else
            Label_Msg.Caption = "口令错! "
        End If
    Else
        Label_Msg.Caption = "没有该用户! "
    End If
End If
End Sub
```

其中，如"FormXSCJ.菜单项名称.Enabled = True/False"的语句，用于菜单项功能的可用性控制。若登录用户身份为教师，则使"教师"菜单下"增减学生""输入成绩"两个子菜单可用；若登录者为学生，则相反。

实习 6.2.4　菜单功能代码

为程序"功能"主菜单下的 4 个子菜单（"修改口令""查询成绩""增减学生""输入成绩"）分别编写功能代码：

```
Private Sub mnuFunStuQueCj_Click()
    Form_StuQuery.Show                  '"查询成绩" 菜单项
End Sub

Private Sub mnuFunStuUpdKl_Click()
    Form_UpdateKl.Show                  '"修改口令" 菜单项
End Sub

Private Sub mnuFunTeaCjInsDel_Click()
    Form_CjInsDel.Show                  '"输入成绩" 菜单项
End Sub

Private Sub mnuFunTeaStuInsDel_Click()
    Form_StuInsDel.Show                 '"增减学生" 菜单项
End Sub
```

另外，为"登录""退出"菜单项编写代码：

```
Private Sub mnuSysExit_Click()
    Unload Me                           '"退出" 菜单项
End Sub

Private Sub mnuSysLog_Click()
    Form_Login.Show                     '"登录" 菜单项
End Sub
```

这样，在运行程序时，单击某个菜单项就会弹出相应功能的窗口。

实习 6.3 学 生 功 能

本节介绍学生功能的开发。

实习 6.3.1 修改口令

"修改口令" 对话框，如图 P6.15 所示。

图 P6.15 "修改口令" 对话框

双击 确认 按钮，编写事件过程代码：

```
Private Sub Command_Confirm_Click()
If Text_Newkl.Text = Text_ReNewkl.Text Then        '两次输入口令相同
    SqlStr = "update XSB set KL='" + Text_Newkl.Text + "' where XM='" + UserName + "'"
    SqlCmd.ActiveConnection = SqlCon               '设置所用连接
    SqlCmd.CommandText = SqlStr                    '设置 SQL 语句
    SqlCmd.Execute                                 '执行命令
    Label_Msg.Caption = "修改成功！"
Else
    Label_Msg.Caption = "两次输入不一致！"
End If
End Sub
```

实习 6.3.2　查询成绩

查询成绩功能用于显示当前登录学生的成绩（含照片），界面如图 P6.16 所示。

1. 添加 ActiveX 控件

实现该功能的窗口是 Form_StuQuery，在其上用到了微软 ADODC 和 DataGrid 控件，它们是第三方 ActiveX 控件，需要额外添加，操作步骤如下。

图 P6.16　显示当前登录学生的成绩

（1）在 VB 中选"工程"→"部件"，打开"部件"对话框，如图 P6.17 所示，勾选其中两个 ADO 控件："Microsoft ADO Data Control 6.0(SP6)(OLEDB)"和"Microsoft DataGrid Control 6.0(SP6)(OLEDB)"（前者简称 ADODC，用于连接数据库；后者简称 DataGrid，以表格形式显示指定的数据内容），再单击"确定"按钮，VB 工具栏里就增加了这两个控件的图标。

（2）双击 ᵇ（ADODC 图标），在窗体上放置 ADODC 控件，命名为 QueAdodc；再双击 ䷾（DataGrid 图标），在窗体上放置 DataGrid 控件。

（3）设置控件 QueAdodc 的 ConnectionString 属性，如图 P6.18 所示，在"属性"窗口选择该属性，单击 ... 按钮，系统打开"属性页"对话框，如图 P6.19 所示。单击"生成"按钮，弹出"数据链接属性"对话框，如图 P6.20 所示。

图 P6.17　添加 ActiveX 控件

图 P6.18　设置 ConnectionString 属性

图 P6.19　"属性页"对话框

图 P6.20　配置数据连接

在"连接"选项卡中指定数据源名称为 PXSCJ，输入登录服务器的用户名 sa 和密码 123456，选择初始数据库为 PXSCJ。完成后可单击"测试连接"按钮以测试能否连上，最后单击"确定"按钮。

（4）设置控件 QueAdodc 的 RecordSource 属性，打开"属性页"对话框，如图 P6.21 所示。选择命令类型：1–adCmdText，表示命令为 SQL 语句。在"命令文本"栏写入 SQL 语句：

```
select * from XMCJ_VIEW
```

它表示从视图 XMCJ_VIEW 获取数据。最后单击"确定"按钮。

（5）设置窗体上 DataGrid 控件的 DataSource 属性为 QueAdodc，这样就将 DataGrid 控件与 QueAdodc（ADODC）控件关联起来。右键单击 DataGrid 控件，选择"属性……"项，打开图 P6.22 的"属性页"窗口，在其中设置 DataGrid 所要显示的各列标题、对应数据库表字段,以及列标题的字体、对齐方式和布局。

图 P6.21　设置 RecordSource 属性

图 P6.22　设置 DataGrid 各列的属性

为了能同时显示学生照片，在窗体上拖动一个图像控件（名称 StuPic）及与之对应的 ADODC 控件（名称 PicAdodc）。ADODC 控件 RecordSource 属性页选择记录源"命令类型"为 1–adCmdText，在"命令文本"栏写入 SQL 语句：

```
select * from XSB
```

图 P6.23　设计模式的"查询成绩"窗体

再设置图像控件的 DataSource 属性为 PicAdodc，DataField 属性为 ZP，将图像控件与对应 ADODC 控件关联起来。

最后完成设计的窗体外观，如图 P6.23 所示，要将 QueAdodc 和 PicAdodc 的 Visible 属性设为 False（运行时不显示）。

两个教师功能界面上的 ADODC 及 DataGrid 控件的放置、配置方式与上述类同，读者自己模仿完成设计，这里不再赘述。

2. 编写代码

学生成绩的显示在窗体 Form_StuQuery 加载的事件过程中完成，代码如下：

```
Private Sub Form_Load()
    Text_Xm.Text = UserName
    SqlCon.Provider = "MSDASQL.1"                          '窗体加载时打开数据库连接
    SqlCon.Open "User ID=sa;Password=123456;Initial Catalog=PXSCJ;Data Source=PXSCJ;"
    SqlCmd.ActiveConnection = SqlCon                       '设置所用连接
    SqlCmd.CommandText = "CJ_PROC"                         '设置为执行存储过程
    SqlCmd.CommandType = adCmdStoredProc
    Set StXm = SqlCmd.CreateParameter("@xm1", adVarChar, adParamInput, 8)  '添加存储过程参数
    SqlCmd.Parameters.Append (StXm)
    SqlCmd("@xm1") = UserName
```

```
SqlCmd.Execute                                '执行命令
QueAdodc.RecordSource = "select * from XMCJ_VIEW"   '视图已经生成，将其设为控件数据源
QueAdodc.Refresh                              '刷新显示视图
PicAdodc.RecordSource = "select * from XSB where XM='" + Text_Xm.Text + "'"
PicAdodc.Refresh
SqlCmd.Parameters.Delete ("@xm1")
SqlCmd.Cancel
End Sub
```

最终运行时的实际显示效果，如图 P6.16 所示。

实习 6.4　教 师 功 能

本节介绍教师功能的开发。

实习 6.4.1　增减学生

"增减学生"功能界面如图 P6.24 所示。

实现该功能的窗口是 Form_StuInsDel，ADODC 控件 RecordSource 属性页选择记录源"命令类型"为 2 – adCmdTable，选择 XSB。

1. 浏览和选择照片

在窗体上拖动一个图像控件（名称 StuPic）和一个浏览按钮，其中图像控件的 BorderStyle 属性设为 1-Fixed Single（带固定边框）。

在 VB 中选择"工程"→"部件"，打开"部件"对话框，如图 P6.25 所示，勾选"Microsoft Common Dialog Control 6.0 (SP6)"，单击"确定"按钮，在 VB 工具栏添加通用对话框控件（图标 ▣ ），并将其拖动到窗体上，命名为 PicDialog。

图 P6.24　"增减学生"功能界面

图 P6.25　添加"通用对话框"控件

为了保存照片文件名和路径，在模块 Module1 中定义全局变量：

```
Public FileName As String                  '选择学生照片的文件名和路径
```

双击 浏览... 按钮，编写事件过程代码：

```
Private Sub Command_View_Click()
    '显示打开文件的公用对话框，选择需要加入数据库的照片
    PicDialog.Filter = "图像(*.jpg)|*.jpg|位图(*.bmp)|*.bmp"
    PicDialog.ShowOpen
    FileName = PicDialog.FileName
    If FileName <> "" Then
        StuPic.Picture = LoadPicture(FileName)      '预览照片
```

```
        End If
End Sub
```

2. 增加学生

双击 加入 按钮，编写事件过程代码：

```
Private Sub Command_Ins_Click()
    '获取照片
    Dim iStm As ADODB.Stream
    Set iStm = New ADODB.Stream
    With iStm
    .Type = adTypeBinary                        '二进制模式
    .Open
    .LoadFromFile FileName
    End With

    SqlStr = "select * from XSB where XM='" + Text_Xm.Text + "'"
    SqlRes.Open SqlStr, SqlCon, adOpenDynamic, adLockPessimistic
    If Not SqlRes.EOF Then                      '看是否有此学生记录，有就修改，没则添加
        '已有记录的学生，只需添加照片
        SqlRes("ZP")= iStm.Read
        SqlRes.Update
        Label_Msg.Caption = "添加照片成功！"
    Else                                        '添加新学生记录
        SqlRes.AddNew
        SqlRes("XM")= Text_Xm.Text
        SqlRes("KL")= "888888"
        SqlRes("KCS")= 0
        SqlRes("ZP")= iStm.Read
        SqlRes.Update
        StuAdodc.Refresh
        Label_Msg.Caption = "添加成功！"
    End If
    SqlRes.Close
    iStm.Close
End Sub
```

3. 删除学生

双击 删除 按钮，编写事件过程代码：

```
Private Sub Command_Del_Click()
    SqlStr = "select * from XSB where XM='" + Text_Xm.Text + "'"
    SqlCmd.ActiveConnection = SqlCon            '设置所用连接
    SqlCmd.CommandText = SqlStr                 '设置 SQL 语句
    Set SqlRes = SqlCmd.Execute                 '执行命令
    If Not SqlRes.EOF Then                      '看是否有此学生记录，有才能删
        DelStr = "delete from XSB where XM='" + Text_Xm.Text + "'"
        SqlCmd.ActiveConnection = SqlCon
        SqlCmd.CommandText = DelStr
        SqlCmd.Execute
        StuAdodc.Refresh
        Label_Msg.Caption = "删除成功！"
    Else
        Label_Msg.Caption = "该姓名记录不存在！"
    End If
End Sub
```

实习 6.4.2 输入成绩

"输入成绩"功能界面如图 P6.26 所示。

图 P6.26 "输入成绩"功能界面

实现该功能的窗口是 Form_CjInsDel，ADODC 控件 RecordSource 属性页选择记录源"命令类型"为 1 – adCmdText，在"命令文本"栏写入 SQL 语句：

```
select * from CJB
```

1. 查询成绩

双击 查询 按钮，编写事件过程代码：

```
Private Sub Command_Que_Click()
If Not Text_Kc.Text = "" And Not Text_Xm.Text = "" Then    '查询某学生某门课的成绩
    CjStr = "select * from CJB where KC='" + Text_Kc.Text + "' and XM='" + Text_Xm.Text + "'"
ElseIf Not Text_Kc.Text = "" Then                          '查询某门课的所有学生成绩
    CjStr = "select * from CJB where KC='" + Text_Kc.Text + "'"
ElseIf Not Text_Xm.Text = "" Then                          '查询某个学生的所有课程成绩
    CjStr = "select * from CJB where XM='" + Text_Xm.Text + "'"
Else
    Call MsgBox("请输入查询条件! ", vbOKOnly, "提示")
    CjStr = "select * from CJB"
End If
CjAdodc.RecordSource = CjStr                               '绑定到控件显示查询结果
CjAdodc.Refresh
End Sub
```

2. 输入成绩

双击 加入 按钮，编写事件过程代码：

```
Private Sub Command_Ins_Click()
    SqlStr = "select * from CJB where KC='" + Text_Kc.Text + "' and XM='" + Text_Xm.Text + "'"
    SqlCmd.ActiveConnection = SqlCon                       '设置所用连接
    SqlCmd.CommandText = SqlStr                            '设置 SQL 语句
    Set SqlRes = SqlCmd.Execute                            '执行命令
    If Not SqlRes.EOF Then                                 '若该记录已经存在，则无法重复添加
        Label_Msg.Caption = "该记录已经存在! "
    Else                                                   '添加新的成绩记录
        InsStr = "insert into CJB(XM,KC,CJ) values('" + Text_Xm.Text + "','" + Text_Kc.Text +
"','" + Text_ Cj.Text + "')"
        SqlCmd.ActiveConnection = SqlCon
        SqlCmd.CommandText = InsStr
        SqlCmd.Execute
        CjAdodc.Refresh
        Label_Msg.Caption = "添加成功! "
    End If
End Sub
```

3. 删除成绩

双击 删除 按钮，编写事件过程代码：

```
Private Sub Command_Del_Click()
    SqlStr = "select * from CJB where KC='" + Text_Kc.Text + "' and XM='" + Text_Xm.Text + "'"
    SqlCmd.ActiveConnection = SqlCon                    '设置所用连接
    SqlCmd.CommandText = SqlStr                         '设置 SQL 语句
    Set SqlRes = SqlCmd.Execute                         '执行命令
    If Not SqlRes.EOF Then                              '只有该记录存在才能删
        DelStr = "delete from CJB where XM='" + Text_Xm.Text + "' and KC='" + Text_Kc.Text + "'"
        SqlCmd.ActiveConnection = SqlCon
        SqlCmd.CommandText = DelStr
        SqlCmd.Execute
        CjAdodc.Refresh
        Label_Msg.Caption = "删除成功! "
    Else
        Label_Msg.Caption = "该记录不存在! "
    End If
End Sub
```

至此，这个基于 VB 6.0 和 SQL Server 的学生成绩管理系统开发完成。

附录
学生成绩(xscj)数据库表样本数据

表A.1（a）　　　　　　　　　　　学生信息表（xsb）样本数据

学号	姓名	性别	出生时间	专业	总学分	备注
191301	王林	男	1995-2-10	计算机	50	
191302	程明	男	1996-2-1	计算机	50	
191303	王燕	女	1994-10-6	计算机	50	
191304	韦严平	男	1995-8-26	计算机	50	
191306	李方方	男	1995-11-20	计算机	50	
191307	李明	男	1995-5-1	计算机	54	提前修完《数据结构》
191308	林一帆	男	1994-8-5	计算机	52	班长
191309	张强民	男	1994-8-11	计算机	50	
191310	张蔚	女	1996-7-22	计算机	50	三好生
191311	赵琳	女	1995-3-18	计算机	50	
191313	严红	女	1994-8-11	计算机	48	C++语言不及格，待补考
221301	王敏	男	1994-6-10	通信工程	42	
221302	王林	男	1994-1-29	通信工程	40	C++语言不及格，待补考
221303	王玉民	男	1995-3-26	通信工程	42	
221304	马琳琳	女	1995-2-10	通信工程	42	
221306	李计	男	1995-9-20	通信工程	42	
221310	李红庆	男	1994-5-1	通信工程	44	三好生
221316	孙祥欣	男	1994-3-19	通信工程	42	
221318	孙研	男	1995-10-9	通信工程	42	
221320	吴薇华	女	1995-3-18	通信工程	42	
221321	刘燕敏	女	1994-11-12	通信工程	42	
221341	罗林琳	女	1995-1-30	通信工程	50	准备转专业学习

表A.1（b）　　　　　　　　　　　学生表（xsb）表结构

列名	数据类型	长度	是否可空	默认值	说明
学号	定长字符型（char）	6	×	无	主键，前2位表示班级，中间2位为年级号，后2位为序号
姓名	定长字符型（char）	8	×	无	
性别	位型（bit）	默认值	√	1	1: 男；0: 女
出生时间	日期型（date）	默认值	√	无	
专业	定长字符型（char）	12	√	无	

续表

列名	数据类型	长度	是否可空	默认值	说明
总学分	整数型（int）	默认值	√	0	
备注	不定长字符型（varchar）	500	√	无	

表 A.2（a）　　　　　　　　课程表（kcb）样本数据

课程号	课程名	开课学期	学时	学分
101	计算机基础	1	80	5
102	程序设计与语言	2	68	4
206	离散数学	4	68	4
208	数据结构	5	68	4
210	计算机原理	5	85	5
209	操作系统	6	68	4
212	数据库原理	7	68	4
301	计算机网络	7	51	3
302	软件工程	7	51	3

表 A.2（b）　　　　　　　　课程表（kcb）表结构

列名	数据类型	长度	是否可空	默认值	说明
课程号	定长字符型（char）	3	×	无	主键
课程名	定长字符型（char）	16	×	无	
开课学期	整数型（tinyint）	1	√	1	范围为 1～8
学时	整数型（tinyint）	1	√	0	
学分	整数型（tinyint）	1	×	0	范围为 1～6

表 A.3（a）　　　　　　　　成绩表（cjb）样本数据

学号	课程号	成绩	学号	课程号	成绩	学号	课程号	成绩
191301	101	80	191307	101	78	191311	206	76
191301	102	78	191307	102	80	191313	101	63
191301	206	76	191307	206	68	191313	102	79
191303	101	62	191308	101	85	191313	206	60
191303	102	70	191308	102	64	221301	101	80
191303	206	81	191308	206	87	221302	101	65
191304	101	90	191309	101	66	221303	101	87
191304	102	84	191309	102	83	221304	101	91
191304	206	65	191309	206	70	221310	101	76
191302	102	78	191310	101	95	221316	101	81
191302	206	78	191310	102	90	221318	101	70
191306	101	65	191310	206	89	221320	101	82
191306	102	71	191311	101	91	221321	101	76
191306	206	80	191311	102	70	221341	101	90

表 A.3（b）　　　　　　　　成绩表（cjb）表结构

列名	数据类型	长度	是否可空	默认值	说明
学号	定长字符型（char）	6	×	无	主键
课程号	定长字符型（char）	3	×	无	主键
成绩	整数型（int）	默认值	√	0	范围为 0～100